江南地区传统环境营造技艺生态审美评估研究

华亦雄 著

中国建筑工业出版社

图书在版编目（CIP）数据

江南地区传统环境营造技艺生态审美评估研究 / 华亦
雄著. —北京：中国建筑工业出版社，2018.12（2024.4重印）
ISBN 978-7-112-22875-1

I. ①江… II. ①华… III. ①环境设计 — 生态学 —
美学 — 研究 — 中国 IV. ① TU-856

中国版本图书馆CIP数据核字（2018）第245778号

责任编辑：何　楠
书籍设计：张悟静
责任校对：李美娜

江南地区传统环境营造技艺生态审美评估研究
华亦雄　著

*

中国建筑工业出版社出版、发行（北京海淀三里河路9号）
各地新华书店、建筑书店经销
北京点击世代文化传媒有限公司制版
天津翔远印刷有限公司印刷

*

开本：787×1092毫米　1/16　印张：17　字数：360千字
2019年6月第一版　2024年4月第二次印刷
定价：75.00元
ISBN 978-7-112-22875-1
　　（32973）

《江南地区传统环境营造技艺生态审美评估研究》是华亦雄的第一部专著。作为她的博士导师，华亦雄从研究选题、确定研究思路与方法、无数次的修改直至最终成书，所付出的艰辛与劳苦仍历历在目，这也是许多刚踏上学术道路的青年学者都必须经历的过程。但是如果不经过这样严格的学术训练，年轻人就不可能走得更远。好在凭着她自己的顽强意志，数年的努力终于促成了这部专著的问世。

作为我的弟子，华亦雄一踏上研究的征途便选择了传统环境营造技艺作为研究对象，自2008年起的硕士学习阶段就开始针对传统环境营造技艺进行了广泛的田野考察和古籍查阅。在读博期间她的思考在原有积累的基础上转向对传统技艺的激活研究，并且通过对大量一线设计师的调研与访谈深挖传统技艺在当前式微的症结所在，虽然有点理想化，但作者本人依然怀着为保护传统技艺"尽我所能"的赤子之心，将全部精力投入到创造一种协助设计师应用传统技艺的决策工具的研究中。

我始终认为中国正处在实施可持续发展战略的初期，而影响实施的障碍主要来自于思想观念上而非技术等具体的物质因素上。作者大量的调研工作也证明审美误判成为传统营造技艺被弃置或被误用的主要原因之一。因此能够出现一种引导设计师、甲方从生态审美角度思考传统营造技艺置入设计的评估工具是极具现实意义的。

本书的脉络非常清晰，共分为理论转化、体系架构和实践应用三个部分。

理论转化部分主要是从生态审美理论产生的时代背景、生态审美的特征与相关原则、生态审美观及生态审美行为在环境设计中的自发性现象等入手，找出生态审美理论与环境设计理论之间的关联点，进而将生态审美的原则转化为生态审美评估的基本研究维度，建立相应的理论模型。

体系架构部分是基于评估方法中的层次分析法（AHP法）对生态审美评估指标体系进行建构，首先是建立生态审美评估体系的指标层次并确定评估因子，选取江南地区作为研究区域，从生态效益、文化特质和审美感知三个层面对江南地区传统环境营造技艺的生态审美属性进行细化与提取，然后通过专家调查法及两两比较判断矩阵对最终指标及其权重进行确定，最后依据相关评估体系制定评分标准，设计操作流程。

实践应用部分则是选择涉及传统环境营造技艺应用的设计项目对该评估体系进行测试，通过四组不同传统技艺在四个不同设计团队中所得的评估结果，探讨该评估体系在环境设计决策中的作用及其在促进传统环境营造技艺活态传承中的意义。研究成果能够辅助环境设计师从生态审美的角度对传统环境营造技艺进行再评估，并且能够成为有效的设计决策和沟通工具。

作为这一课题研究的初步成果，本著作难免存在一些不足之处，我很希望作者能够将这个研究继续下去，正如她自己在著作的后期展望中所说的那样，继续优化和细化这一评估体系，并在评估体系的应用过程中潜移默化地让生态审美的观念得到进一步的普及，"探寻真理以及让世界更美好"，这才是学术研究的真正目的。

清华大学美术学院　博士、教授、博士生导师

2018年10月8日

1

概述

最新的技术成果已把我们送到了原起跑线上：智慧。

——（意）克拉迪亚·都娜

1.1　选题的缘起与意义

　　传统环境营造技艺是一种经验技术，是古人在与自然不断地对话与磨合的过程中产生的，对自然元素的巧妙应用是其中关键的部分，古人以因借和顺迎为原则巧妙地利用自然光、气流与水、植物等自然元素，创造出宜人的居住环境，技艺背后蕴含的生态智慧以及某些经济成本低、易操作与维护的技艺仍然可以为今天的环境营造所借鉴。但是反观现实情况，对传统环境营造技艺的"误读"或"误用"现象比比皆是，本选题的研究起点是希望能够找出适宜的评估工具协助设计师们在实践中更好地应用传统环境营造技艺，对传统环境营造技艺的活态传承起到促进作用，这也是本选题的意义所在。

　　对传统环境营造技艺的认识与研究不能光从材料或者技术原理的角度入手。在中国传统观念中，"技"与"艺"是被视为一体的，"技"和"艺"都有"才能、本领"的含义。❶《礼记·坊记》中的"尚技而贱车"中的"技"被认为"犹艺也"。《庄子》中的"能有所艺者技也"以及"道也，近乎技也"，《论语·雍也》所载"求也艺"中的"艺"都与"技"相通。庄子在《庖丁解牛》中所描绘的技艺出神入化又体现着音律之美，技术自身所产生的效用不是吸引观者的重点，由技术生成的艺术性才是它让人过目不忘之处，也就是"技术+艺术"这个整体带给人的享受。以上的技艺词源学研究说明传统环境营造技艺是以创建环境之美为目标的技术与艺术的综合体系。

　　此外，从文化传承的角度来看，传统环境营造技艺往往是对场地归属感或"场所感"的一种暗示，是体现某一地域人们"集体无意识"❷的物质媒介，这使得传统营造技艺的传承对于维护文化生态也有着重要的意义。

　　但现实情况却是：传统技艺一方面化身为奢侈与时尚的符号频繁出现在所谓的高端项目和有闲阶级的生活中，另一方面则是传统技艺在一般项目中的日渐淡出。笔者曾经对相关的从业人员进行调研❸，大多数设计师对采用传统营造技艺并不排斥，但是觉得传统营造技艺包含的内容较多，对技艺运用所能达到的最终效果，特别是视觉形象无法掌控，大众审美不能接受，此外还担心传统技艺的不稳定会导致设计无法实施。设计始终需要兼顾造物造美的两个方面，对传统营造技艺的审美误判成为其被弃置或被误用的主要原因之一。

　　用康德、黑格尔或谢林的超功利传统美学观点来解释技艺似乎无法涵盖审美对象涉及的全部内涵与外延，因为西方经典美学面对的是纯粹的艺

❶ 对《古代汉语常用字典》（商务印书馆）、《王力古汉语字典》（中华书局）、《汉语大字典》（四川辞书出版社）和《现代汉语词典》（商务印书馆）给出的释义进行比较后得出的结论。

❷ "集体无意识"是瑞士心理学家荣格（Carl Gustav Jung）的分析心理学用语。这是一种代代相传的、无数同类经验在某一种族全体成员心理上的沉淀物。荣格认为一个象征性的作品，其根源只能在"集体无意识"领域中找到，它使人们看到或听到人类原始意识的原始意象或遥远回声，并形成顿悟，产生美感。

❸ 调研内容和分析详见第2章中的2.4.1传统环境营造技艺的应用现状分析。

术对象。而在此后涉及营造技艺的美学研究中，诸多学者达成如下共识：只要是合乎功能目的性的（即合目的性，或善）、体现结构合理性的东西（即合规律性，或真），就是美的（万书元，2012）。在生态文明的全球语境下，我们对于建筑室内的审美判断应该是对传统空间美学的一种超越，这需要借助更为深层而复杂的生态哲学和伦理思想（周浩明，2011）。❶ 在提倡生态主义的今天，对美的感知早已不可能只停留在外观形体的层面，而是延伸到环境这个更广大的范畴（郑曙旸，2011）。因此，对于传统环境营造技艺的美学研究似乎处在各种谜团的包围之中，如对复杂设计现象的审美判断、审美倾向与设计实践的关系、大众与设计师之间的审美分歧，不过有一点，不管是在理论研究还是实践研究的层面，都得到了大家的认可，那就是单靠传统美学研究中采用的描述性审美研究方式来解释当前的设计审美嬗变是不够的，对任何设计对象的审美判断或解读都需要增加一个新的维度——生态伦理。

❶ 周浩明. 可持续室内环境设计理论 [M]. 北京: 中国建筑工业出版社, 2011: 114.

1.1.1　问题的提出

意大利设计批评家德福斯科断言：所有被工业社会所弃置的"人工环境"都可以依靠手工艺进行修复和完善，这也是手工艺对于工业社会的根本责任。在西方，技术与艺术的疏离始于文艺复兴时期，因为此后工业技术开始成为营造生活环境的主要手段。工业技术的美带有均质化的特点，而传统技艺的具身性、透明性会创造与之相反的亲切感和人文感，传统技艺的文化属性使得工业文明时期对于传统技艺的研究与应用是从其缓解文化趋同的社会功能上着手的，但是在不同的审美观引导下，传统技艺的应用是否符合生态设计的要求却是个未知数。

近年来，利用传统环境营造技艺体现中国文化的设计作品不在少数，但是在强调奢靡和只强调视觉形象的审美观下，传统营造技艺的应用也陷入了"炫技"的误区。以北京某楼盘设计为例，该设计以探求适合当代中国人居住的别墅产品和"新中式"景观的完美结合为目的，项目中采用了大量的官作技艺，但是技艺运用的重点在于其带来的高成本（包括时间成本与材料成本），比如：浮雕影壁以汉白玉为材，特别聘请河北曲阳的皇家建筑雕刻传人制作；深灰色砌砖的原材料来自大海千米深处，经传统工艺处理后规避了原火山岩的缺陷；院门采取传统木作手法，但是采用了柚木实木通体打造，并且一再强调柚木通常用于欧洲豪华游艇的甲板铺装；为了营造中国风格的庭院景观，造园者耗时 6 年，于全国同一纬度偏北地区寻找 11 种树王。❷ 如果光从创造形式美的角度来讲，该项目中对传统技艺的应用是无可厚非的，但是从可持续的角度来讲，或者用全生命周期法来衡量技艺应用过程中产生的高能耗、技艺成果的高维护费用以及由此对其他区域产生的不良生态后果，技艺的运用带来的只是局部的环境美化，但却破坏了其他区域的自然环境，

❷ 资料来源：楼盘宣传册活页内容。

对保护或促进整个生境之美没有起到积极作用。

与此同时，美国的生态美学家们也在关注着中国正在如何应用和看待传统环境营造方式与技艺。美国生态美学家高博斯特在 2010 年发表的一篇论文中提到现代的中国正如 20 世纪中期的美国一般，面临着诸多环境问题，但是他认为中国完全可以从传统文化中找到解决"文化可持续和生态可持续"[1] 问题的方法，因为中国传统环境设计常常能将审美价值与生态价值很好地结合在一起。

❶ 吴良镛.人居环境科学导论[M].北京:中国建筑工业出版社,2001.

国外学者们近几十年来才从生态美学的角度审视中国传统环境营造技艺中的可持续特质，而国内的研究者们有着近水楼台的优势，因此对传统营造技艺的生态应用早有认知，比如在中国传统工艺美术研究中，"宜"被看作是中国传统技艺美的一个重要概念，"宜"代表了和谐、适应与合理（田自秉，1981），合理适度地运用材料、巧妙地应用地形和气候、有节制的浪漫美学正是中国传统技艺的特征所在，集中着民间智慧的原生性技艺往往比官式营造体系更能体现"宜"这一特点。比如传统民居聚落对于"会呼吸的"地面的处理，为了能够透水，让雨水快速渗入地下，同时保证在夏季地下湿气能被蒸发而起到降温的作用；在铺设地面时，建筑废材如碎砖、碎瓦以及多种天然石材常常被循环利用，通过不同的组合创造出丰富的地面图案（图 1-1），形成了视觉审美与生态价值的完美统一。同时，在民间技艺中也存在着极具生态智慧但是形式美感不强的类型，比如广东的梅县和南雄等客家聚居地区，许多人家往往捉一只乌龟放在暗沟中，乌龟无法从暗沟中跑出，但是那里的蚊虫能够让它"衣食无忧"，它在沟渠内的游动又保证了暗沟不会淤塞。如果从传统审美的角度来说，让一只乌龟在肮脏的污水中四处游动，不管从视觉形象还是从文化意境上，都不能说有什么美感，但是从生态美学的角度来讲，呼吸清爽空气和享受没有蚊虫萦绕的宁静空间带来的是基于全部感官的审美体验，是对传统的静观审美模式的一种超越。

另一个有趣的现象则出现在北京、上海等一线城市中，这些大城市的中产阶级中日渐风行的休闲活动之一就是在业余时间去学习各种手工技艺，比如木工、刺绣等。以上海堤旁树木工房为例，该木工俱乐部成立于 2012 年，

图 1-1　薛福成故居用废弃建材
进行铺装
图片来源：作者自摄。

该俱乐部的发起人李文一本来为一名飞行员。现在俱乐部会定期开办短期的木工学习课程,并且根据学习者的认知程度和年龄层次开设不同类型的课程。在对俱乐部发起人李文一进行的访谈中,他表示俱乐部受欢迎程度很高,课程逐渐从短期班演变成长期课程,并且应学员们的要求还开设了不少儿童木工的课程。

传统技艺一方面化身为奢侈与时尚的符号频繁出现在所谓的高端项目和高收入阶级的生活中,而另一方面则是传统技艺从一般项目中日渐淡出。笔者曾经在 2011 年 5 月参与了清华大学艺术与科学研究中心可持续设计研究所与上市公司东方园林合作的横向科研课题"传统生态低技术在当代城市景观设计中的应用研究"。此课题旨在挖掘与整理可操作性强、生态价值高的中国传统环境营造技术,并且对生态性与艺术性相结合的景观形式设计与传统低技术工艺再生产进行研究。在研究过程中,笔者对相关的从业人员进行了调研,发现传统营造技艺被放弃的原因比较复杂,但是审美观对设计师是否选择传统技艺有着重要的影响。此外,现代工业生产一再强调技术的可控性,大批量生产的低成本考虑也成为传统技艺从一般项目中淡出的重要原因。

另一些高品质的优秀设计中也不断出现传统技艺的身影,比如将古代榫卯与现代家居进行结合的设计作品,榫卯结构既解决了功能问题,又成了产品外观设计的亮点,虽然这些产品中的榫卯结构已经被简化,但是传承了榫卯将力学传递逻辑外显的美学气质(图1-2)。

从上面所举的案例中可以看到,传统技艺的传承首先要解决价值判断,即再认识(Revalue)的问题。在实施可持续发展战略的初期,影响实施的障碍主要来自于思想观念而非技术等具体的物质因素(周浩明,2011)。对于集造物、造美两方面于一体的设计而言,审美态度、审美理解等观念对于技术策略的制定和技艺传承又起着至关重要的作用,而这些审美观念一直随着时代而变迁,在环境问题已经威胁到人类生存的今天,人类的任何设计活动都应该将生态性效益作为设计价值评判的基本要素之一,生态审美终将取代传统审美。从生态审美的角度来重新审视材料、技艺、结构等设计构成要素对于设计的可持续发展具有理论建构和实践指导的双重意义。

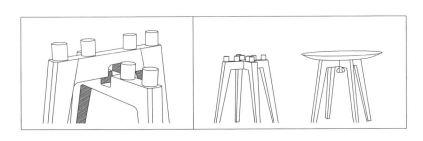

图1-2 当代设计师对榫卯结构
的改良设计
图片来源:作者自绘。

1.1.2　由问题引发的研究假设

当一个事物有助于保护生物共同体的和谐、稳定和美丽的时候，它就是正确的，当它走向反面时，就是错误的（奥尔多·利奥波德，1997）。如何使传统自然审美向生态审美转变，是解决自然生态和审美矛盾的关键，是实行生态管理策略的理论基础（高博斯特，2009）。对于环境设计而言，许多作品呈现出生态和审美之间的矛盾，比如为了形式美而放弃生态性，显示出传统形式美学的局限，这样的矛盾冲突引发了各种设计现象，这使得讨论生态审美的样本十分丰富，也说明生态审美无疑是对传统审美的一种超越，不管是在理论研究还是在指导实践应用层面。

借鉴以往的研究成果并且综合对当前设计现象的分析，本书初始的研究假设以问题形式提出：

如何建立基于生态审美的评估体系对传统环境营造技艺的价值进行再评估（Revalue）？

本书对研究问题的设定，一是受好奇心的驱使，学界对于传统技艺的高度认可与设计实践中传统技艺应用的日渐式微以及传统技艺在一般项目中日渐淡出，但却常常化身为奢侈符号出现在高端项目中，这种种现象引发了关于传统技艺价值判断的思考；另一个原因则是来自于责任感，在后殖民时期全球化的背景下，我国作为一个高速发展的文明古国，正面临丧失民族个性和创造力的危险，"我们可以看一看，我们所使用的一切器物，几乎已经完全抛弃了民族形式，不论穿的、用的，哪一件东西还保持着淳厚朴实的民族形式的风格？"❶（庞熏琹，1953）因此，应该回到自身最富创造力的那部分，寻找"自己的艺术特性"（梁思成，1944）与"伟大文明的创造核心"（保罗·利科，1955），以传统环境营造技艺作为切入点，从生态审美的角度对传统技艺的价值进行再判断以引导其在当代设计中的应用是本文研究的最终目标。

❶　周爱民.庞熏琹与中国图案艺术研究[J].文艺研究，2010（04）：35.

1.2　相关研究成果综述

生态审美包含为了回应全球性生态危机应运而生的审美观与审美方式，环境营造技艺的研究涵盖了建筑及建筑内外环境营造所涉及的所有技术手法，因此与其相关的研究文献与研究成果丰富多样，但都不成系统，呈碎片化状态，以生态和审美为关键词对文献和研究成果进行梳理，尤其是生态这种随着时代发展而出现的新概念，不能生硬地套用到对传统技术和文化史料的研究中，需要进行概念的转化与解释。

1.2.1　生态审美相关研究成果

美学也被称为审美学，因此美学研究大部分是围绕着审美这个问题进行的。由于这个原因，在确定研究假设之前，笔者有很长一段时间纠结于对美与审美本质等形而上问题的困惑，在对美学发展史与各流派理论进行梳理后，发现从20世纪80年代到90年代，国内美学研究从追问"美"和"美的本质"转向了探讨"美学为何"，而国外美学研究则开始了传统美学向应用美学的转向，这与西方发达资本主义国家经由后现代而普遍产生的"终结感"有关。后现代主义艺术的无序性、混乱性、偶然性、游戏性、文本间性等取代了艺术的自律性，支撑自律性艺术的现代美学已无法解释后现代艺术，自律性美学走向了终结，关于"美"和"美的本质"这类问题也走向了一个终结，当然这种认为"美没有本质"的虚无主义观点还是值得商榷的。诚如许多学者所言，自黑格尔以后，美学的发展就从原本的线性发展转变为家族式的放射性发展，犹如"布满星星的夜空"，每一个分支都是闪耀在美学研究夜空中的璀璨明星。经典美学的陨落促发了各种新的美学研究动向，生态美学、环境美学、生生美学等就是美学与生态研究（生态学与生态哲学）交叉后产生的。❶ 其中生态美学可以分为宏观的生态审美哲学，微观的、可操作的生态美学应用分支——城市的设计、生态休闲旅游、自然生态景观设计等（刘彦顺，2008）。本论文的研究范畴从属于生态美学的应用分支，研究的重点落在"如何审美"上，因此，论述中关于美、审美等的定义与概念会根据具体的语境借用以往的研究成果，而略去了对于美、审美究竟是什么等形而上问题的追根溯源。

1. 环境美学、生态美学研究中的生态审美

环境美学与生态美学都是从自然美学中延伸出的新美学分支，都是基于对"自然美"的再认识。因此，从文化立场的角度分析，生态美学与环境美学都是在当代生态危机的语境下产生的❷，而且都是从自然审美的角度对传统美学进行了突破，诚如芬兰环境美学家约·瑟帕玛所言："我们可以越来越明显地看到现代环境美学是从20世纪60年代才开始的，是环境运动和它的思考的产物，对生态的强调把当今的环境美学从早先有100年历史的德国版本中区分了出来。"❸

生态审美是环境美学和生态美学研究的共有部分。环境美学是对黑格尔以来，以"艺术品"为中心的"艺术哲学"的超越，因此它强调的是研究对象与传统美学不同，是"环境审美"而不是"艺术审美"❹，而生态美学的研究对象则是"生态地审美"。因此两者的研究重点不同，前者在于研究"环境审美"与"艺术审美"两者之间的区别与联系，而后者则是在于辨析"是与非"，即"生态审美"与"非生态审美"之间的异同。❺ 因此，本文既会涉及环境美学中对环境审美模式的研究内容，也会借鉴生态美学中对审美方式进行研究的方法。

环境美学以《当代美学与自然美的忽视》的发表为起点，该文由英国学者罗纳德·赫伯恩于1966年撰写发表，赫伯恩因此被称为"环境美学之父"❻。

❶ 从发展时间和理论层次上看，生态美学是环境美学之后生发的，一开始的生态美学的美学哲学部分是基于环境美学的理论框架，但是大多数生态美学家认为环境美学还是根植于人与环境的二元论观点，属于弱人类中心主义，因此在后期发展中与环境美学相分离。此外，西方的生态美学家很多都不是职业美学家，相当多的人从事着与建筑设计、景观设计、大地艺术等相关的实践活动。

❷ 自1922年美国地理学家哈伦·巴洛斯提出了"人类生态学"的概念到1962年美国海洋生物学家蕾切尔·卡逊出版了《寂静的春天》，标志着一个新的"生态学时代"的真正到来，众多研究者们把人与自然相互作用的全球性问题综合定义为全球性生态问题，把研究这一问题的综合科学定义为人类生态学。环境美学和生态美学是当代美学在这种背景下的发展与延伸。

❸ 曾繁仁，程相占.生态文明时代的美学建设——关于生态文明理念与中国美学当代转型的对话[J].鄱阳湖学报，2014（03）：63.

❹ 程相占，（美）阿诺德·柏林特，（美）保罗·高博斯特，（美）王昕皓.生态美学与生态评估及规划[M].郑州：河南人民出版社，2013（12）：73.

❺ 程相占.论环境美学与生态美学的联系与区别[J].学术研究，2013（01）：25.

❻ 这个称呼来自英国学者，参见：Emily Brady.Ronald W. Hepburn: In Memoriam. British Journal of Aesthetics,2009,49（3）：199-202.

❶ 程相占.环境美学对分析美学的承续与拓展[J].文艺研究，2012（03）.
❷ 程相占,（美）阿诺德·柏林特,（美）保罗·高博斯特,（美）王昕皓.生态美学与生态评估及规划[M].郑州:河南人民出版社,2013（12）:48.

❸ （日）齐藤百合子.非美自然的美学[J].李菲译.郑州大学学报（哲学社会科学版）,2012（03）:13.
❹ 同上.
❺ Joseph W., Meeker.The Comedy of Survival: Studies in Literary. New York: Charles Scribner's Sons,1972: 120.
❻ 程相占,（美）阿诺德·柏林特,（美）保罗·高博斯特,（美）王昕皓.生态美学与生态评估及规划[M].郑州:河南人民出版社,2013: 131.

❼ 对环境美学和生态美学两者区别的研究起点是2006年在成都召开的国际美学会上，曾繁仁进行了关于生态美学与环境美学区别与联系的发言，其后程相占、王诺等学者分别从学科源流和"环境"、"生态"的词意辨析角度对这个问题进行了总结。
❽ 此概念转引自《可持续发展原理》，不可避免性挑战指由于人类发展所形成的，如工业生产的发展造成的能源危机、资源匮乏，这种挑战是难以避免的，因为相对于特定生产方式而言，地球所需的特定资源必定是有限的，即使再节约也会用光的。这种挑战具有必然性，不是通过对人类活动加以调控就能解决的。周海林.可持续发展原理[M].北京:商务印书馆, 2006: 627.

赫伯恩在这篇文章里明确指出了环境审美与艺术审美之间的两大区别：环境审美需要观赏者进入其中，而艺术品则需要一定的审美距离；环境是无边界的开放系统，而艺术品则因为框架或底座而有明确的界限。其后的环境美学家们诸如阿诺德·柏林特、艾伦·卡尔松、约·瑟帕玛等，都是沿着赫伯恩的理论思路进一步发展环境美学❶，虽然在环境审美模式上也存在着分析模式和参与模式的分歧，但这些审美模式的研究都是针对环境这个特殊对象而进行的，其中参与模式的提出正是基于"它能成为创造审美生态的基础"，并被"慎重地整合到环境体验的设计之中"❷。

学术界一般将1948年奥尔多·利奥波德所著的《沙乡年鉴》视为生态美学的起点，因为作者是最早在现代生态学知识的基础上提出"大地伦理学"的，虽然书中不涉及系统的审美研究，但是作者零散地提到了一些审美中的根本问题，比如人类行为如何"保护生物共同体的和谐稳定和美丽"，他担心"美国的保护政策关注的仍然是那些由细小的碎片组成的大的环境"❸、"我们还没有学会从小齿轮和螺丝钉的角度来考虑问题"❹，他的这些观点被西方学者概括为"大地美学"或"生态美学"。但是也有学者将1972年加拿大的约瑟夫·米克的论文《走向生态美学》视为生态美学研究的起点，因为米克在论文中第一次明确地提出了"试图根据生物学知识重新评价审美理论"❺，而且米克明显持有"去人类中心主义"观点，比如他认为"生态整体性原理是固有的，而不是人类欲望或期望的投射"❻。

相对而言，国内的生态美学与环境美学研究要略晚一些，1987年鲍昌在《文学艺术新术语词典》中首次提及关于生态美学的介绍，1989年周鸿的《环境美学》一书则可以视为中国环境美学的开端。实际上，中国的生态美学和环境美学的界限从一开始就比较模糊，比如学界公认的第一次以"生态美学"为术语发表的论文是由之翻译的曼科夫斯卡娅的《国外生态美学》，但此文主要是介绍欧美国家的环境美学家及他们的观点，另一篇被学术界视为国内首篇对生态美学进行学理性分析的学术论文是李欣复于1994年发表的《论生态美学》，但是这篇论文的观点是将生态美学纳入环境美学研究的理论框架之中，事实上，李欣复在该文之前还发表过一篇《论环境美学》，生态美学是"环境美学的核心组成部分"是《论环境美学》的主要观点。事实上，此后国内生态美学和环境美学研究中一直将生态美学视为环境美学的一部分，或将生态美学和环境美学混为一谈，直到近几年才有学者对两者的区别和联系进行了深入的解读。❼

环境美学与生态美学都涉及审美体验、审美感知和审美模式等美学概念的讨论，这些概念的内涵和外延在生态文明的语境下都发生了极大的改变。从工业文明到生态文明的文明形态更替是重大的经济社会转型，是人们应对"不可避免性挑战"❽的必由之路，这种转变带来的是在经济社会发展方式、生活方式与文化学术上随之进行必要的重大调整。在经济上就是由传统的

GDP 增长一个指标到兼顾发展与环保的可持续发展；在文化上就是由传统的
人类中心主义到生态人文主义或曰生态整体论；在美学上就是由传统的主体
论美学到生态存在论美学。❶ 值得一提的是，西方的环境美学家都注意到了
中国的生态美学研究所具有的天然优势，比如阿诺德·柏林特就提出了这样
的疑问："直到最近为止，生态关怀在西方环境美学家们的工作中尚未占据
突出位置。事实上，生态在中国学者的环境美学研究中占据首要位置，中国
学者特别强调区别于环境美学的生态美学。这仅仅是文化差异，还是表明了
一种明确的理论分歧？"❷ 但是他同时也确认了生态美学作为一种规范性美
学的特征，"事实上，生态美学可以在这里充当指导性观念，也就是一种决
定所有其他观念的观念"。

　　生态审美是一种带有生态意识的审美，这里所指的生态意识也可以理解
为一种家园意识，因为"生态"（Ecological）的词头"eco"同时有"生态的、
家庭的、经济的"的意思，德国生物学家海克尔于 1869 年将两个希腊词"oikos"
（"家园"或"家"）与"logos"（研究）组合后成功创造了"生态学"一词。
陈望衡认为家园感是人类的一种本质性的情感，他对家园感从"哲学本体意
义"、"伦理学意义"和"人生哲学意义"三个层面分别进行诠释。三个层面
分别对应着"人类对自然、社会的依恋"、"个体对祖国、对民族发源地和对
故乡、对亲人的深深依恋"以及"个体对自然山水的依恋"。❸ 家园意识的解
释使得生态审美的研究维度延伸至历史、地域文化等层面，也使得生态美学
不再仅是生态学与美学的结合，而是建立在生态存在论哲学基础上的新美学。

　　因此，生态审美与传统审美最大的区别就在于它是欣赏者基于对生态系
统以及生命存在的整体理解而进行的审美活动，因此欣赏者能够对以往的非
美或者有缺陷的部分进行正面的审美欣赏（from beauty to duty）。正如环境美
学家霍尔姆斯·罗尔斯顿所举的例子，传统审美观下，我们对"长满蛆的麋
鹿死尸"只会产生"先验的负面的审美判断"，但是从生态审美的角度来看，
被蛆自然降解的死尸对于整个生态系统确是有益的，因此该给予正面的审美
判断。将事物置于一个大框架下，例如生态系统，那么基于这个框架，"事物
变成了我们不得不欣赏的更大的图画"，并且是动态的，如"一出戏剧"。❹
在这个案例中，通过强调整个生态系统的审美价值，使得生态系统中的个体
的经验就变得不那么重要了。

　　事实上，随着人类对自然界的了解，这种审美偏好的转向一直在进行着，
这可以由文学、诗歌、哲学、自然科学等知识中的信息转变传达出来。阿托·汉
佩拉曾举过几个从生态文学中发现社会审美偏好转向的经典案例，如芬兰作
家列克塞斯·基维和 F·E·西伦佩的作品以及英国诗人威廉·华兹华斯的
诗作。❺ 这三位作家的作品都重新呈现了一种人对自然的体验，以某种"去
人类中心"的视点重新审视自然与人的关系，作品带给人们新的体验方式，
让人们去欣赏先前被认为充满敌意和危险的那些景象。❻ 这些作品对公众产

❶ 程相占，（美）阿诺德·柏
林特，（美）保罗·高博斯特，（美）
王昕皓 . 生态美学与生态评估及
规划 [M]. 郑州：河南人民出版社，
2013：48.

❷ 程相占，（美）阿诺德·柏
林特，（美）保罗·高博斯特，（美）
王昕皓 . 生态美学与生态评估及
规划 [M]. 郑州：河南人民出版社，
2013：43.

❸ 陈望衡 . 环境美学 [M]. 武汉：
武汉大学出版社，2007：111.

❹ 同❶。

❺ 转引自阿诺德·柏林特主
编的《环境与艺术：环境美学
的多维视角》中阿托·汉佩拉
撰写的第四章"艺术与自然：
艺术作品与自然现象的相互影
响" p.55-71。

❻ 同上。

❶ William Wordsworth. The Oxford Authors: William Wordsworth.Oxford and New York: Oxford University Press,1992: 22–34.
❷ 把山峦描述为"疣和麻子",引自约翰·多恩的诗"An Anatomy of the World: The First Anniversary"。短语"山岳忧愁"和"山岳壮丽"来自约翰·罗斯金(John Ruskin),出自《现代画家》第五卷的第十九章和第二十章。
❸ 转引自阿诺德·柏林特主编的《环境与艺术:环境美学的多维视角》中艾伦·卡尔松撰写的第五章"自然欣赏和审美相关性问题" p.72–73。

生了极大的影响,从而影响了整个社会的审美偏好,比如华兹华斯在《序言》的第六章创造了对阿尔卑斯山脉的经典描述,在它的影响下,阿尔卑斯山成了一个闻名的旅游胜地——一个让每个人向往的迷人地带❶;而基维和西伦佩的文学作品则给了芬兰人一种体验夏夜的浪漫方式,汉佩拉甚至认为"芬兰夏夜在作家 F.E. 西伦佩创作它们之前并不存在"。而另一个案例就是对山岳的审美态度的转变,在马乔里·霍普·尼科尔森的著作《山岳忧愁、山岳壮丽》中记录了在相对较短的时间内人们评价"崇高自然"(尤其指山峦)的转变过程,即如何从"山岳忧愁"转变为"山岳壮丽"——从把山峦视为"自然的羞愧和病态"、"水疱"、"肿瘤"、"地球脸上的疣和麻子"转变为将其看作是"宏伟壮丽的"、"地球上最庄严、最雄伟的事物"❷。尼科尔森根据诗歌、小说、艺术、理论、哲学、自然科学中的态度和信息的转变解释了人们对山峦的审美偏好转变的过程,证明了人们都是"在大自然中看到了我们被教育去寻求的东西"和"感到了我们被培养去感觉的东西"❸。

由此可见,生态审美的现实意义正在于它是对工业文明催生的人类审美偏好的一次矫正,生态审美在环境设计中的现实功能就是引导人们在生态意识下进行家园的营造。

环境设计的本质是人们实现生活理想、塑造家园的造物活动,环境设计对审美主体的外因(生活环境)进行塑造,并且通过外因的塑造来对作为个体或群体的人(审美主体)产生影响。因此,审美偏好往往会影响审美创造者(设计师)的设计行为,由此而来的设计结果则会影响审美参与者(使用者)和审美关照者(欣赏者)。在当前全球生态文明演进的语境下,生态审美恰恰应该作为审美创造者(设计师)的自觉意识(带有生态意识的审美),进而进一步地影响审美参与者和审美关照者的审美偏好,使人们从观念到行动发生真正的转变,从而实现"诗意地栖居"。

相对国外美学研究的转向,中国的古典美学因为起点就建筑在"天人合一"的自然观上,因此充满了对于生态审美的原生阐释,这成为中外学者的共识。朱光潜、李泽厚等学者对"美"字的释义中都提及了中国审美文化中的"味觉起源"❹,由此证实了中国美学的实用性起点;而对"生生"概念的诠释则可以看作是中国审美观念的生命存在论基础,比如朱光潜先生的"诗境论"和宗白华先生的"意境说"都是以生命论为旨归,以中国人的时空观念来诠释中国传统审美观中的"无我"境界。朱光潜先生在"诗的境界"中说:"刹那中见终古,在微尘中显大千,在有限中寓无限。"❺而宗白华先生也认为传统审美意境即"喻无尽于无限,一切深灭者象征着永恒"❻。从诸位学者对中国传统审美观念的研究中可以发现中国人善于从周边环境中的"一丘一壑、一花一鸟"中"发现"或"表现"无限,这与西方浮士德式的"追求"无限不同,是一种自足式的审美方式,在这"一花一世界"中体现出了"弱人类中心主义"的倾向;中国传统中强调生命个体向生命整体复归的审美观

❹ 李泽厚、刘纲纪、叶朗、敏泽、皮朝纲、陈望衡等学者都将"味觉"视为中国美学基本概念和范畴之一。
❺ 朱光潜《朱光潜美学文集》第二卷 p.50。
❻ 同上。

念与生态整体主义又是不谋而合的；由味觉引发的"品味"等审美模式又与参与审美模式、体验审美模式有着同样的逻辑起点。

对于中国传统审美文化、审美模式和审美判断的重新解读成为近些年中外学者进行对话的重要主题，自 2001 年全国首届生态美学研讨会召开直至 2009 年全球视野下的生态美学与环境美学国际学术研讨会召开，对于生态美学与环境美学的区别与联系、生态审美的内涵和外延等问题由国内学者间的讨论走向了国际的学术交流，柏林特、卡尔松、瑟帕玛、高博斯特、曾繁仁、陈望衡、程相占、王诺等生态美学领域的专家进行了频繁的学术交流，以 2006～2009 年间国外环境美学译作的大量出版和 2009 年在山东大学召开的国际美学研讨会为标志性事件，自此以后，生态美学国际交流日渐频繁。曾繁仁先生的系列著作，如《生态存在论美学论稿》《生态美学导论》《全球视野中的生态美学与环境美学》确立了生态美学作为独立的研究理论的学科定位，并且曾繁仁先生在最近的系列论文中多次提到生态美学的基础与中国古代生命论美学间的关联；袁鼎生先生的《审美的生态向性》《整生论美学》则从生态审美发生的必然性和生态审美对人的化育功能等层面去建构学术体系；王诺的《生态美学：发展、观念与对象——国外生态美学评述》与李庆本的《国外生态美学读本》则是对现当代国外生态美学研究的领域、范畴较为全面的介绍；程相占所著的《生生美学论集——从文艺美学到生态美学》则明确提出了本土化的生态美学——生生美学，并且对于生态审美的内涵、原则进行了本土化的转译，他的另一本著作《生态美学与生态评估与规划》则是首部由中国学者与国外学者合著的生态美学专著，合作者为阿诺德·柏林特、保罗·高博斯特等国际知名学者，该著作明确地指出了生态审美在现实生活中的功能与应用方向，对本文的推进具有极大的启发性。

综合多位美学家对生态审美的观点与解读，可以得出关于生态审美的几点共识：

（1）生态审美的思想基础是去人类中心主义的。

（2）生态审美的终极目标是维护多样性（生物界或文化领域）。

（3）生态审美的本质是一种规范性审美。

（4）生态审美的发生需要借助生态学知识以及伦理观念。❶

（5）生态审美的模式是以参与审美为主，多种审美方式为辅的。❷

2. 环境设计中的生态审美研究

环境设计所涉及的内容和范围在中外的相关学科教育体系中都早有涉及，早在 1980 年 A.Cuthbert 所著的《城市设计教育》第二章《融贯学科》中就提到了将"环境设计"作为带有交叉学科性质的研究方向列入城市设计的教育体系之中（图 1-3）❸，从图中可以看出，如果追溯它的缘起，则可以早至 1910 年；而在《RIBA 学报》所载 1976 年英国皇家建筑师学会剑桥会议的《建筑教育新方向》一文中，则更为清晰地显现出环境设计的宏观、

❶ 艾伦·卡尔松在描述自然环境之美时借用霍斯普斯的观点将审美分为"浅层含义"与"深层含义"两部分。所谓"浅层含义"即为事物表面的自然特征，例如线条、形状与色彩等形式特征，而"深层含义"不仅仅关系到对象的自然表象，而且关系到对象表现或传达给观众的某些特征与价值。普拉尔称其为对象"表现的美"。霍斯普斯谈到了对象表现的"生命价值"。

❷ 这种方式尤其适用于对环境设计作品的审美。

❸ 吴良镛.建筑.城市.人居环境[M].石家庄：河北教育出版社，2003：18.

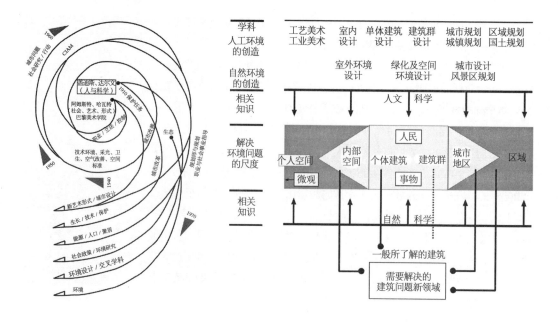

图 1-3　环境设计作为学科概念
出现的最早时间
图片来源：作者根据 A. Cuthbert.
《城市设计教育》第 2 章融贯学
科，Heriot-Watt 大学 MSC 论文，
1960。图表重绘。

图 1-4　建筑的领域与学科系统
图片来源：作者根据 1976 年 2
月《RIBR 学报》所载 1976 年英
国皇家建筑师学会剑桥会议的
《建筑教育新方向》一文之插图
（学科为吴良镛先生补充）重绘。

中观和微观的层级划分及各层级所涉及的领域（图 1-4）**❶**。国内学术界则是从"环境艺术"的角度切入对"环境问题"的思考，最先考虑"环境艺术"问题的学科分支是"室内设计"，1982 年，中国建筑学会决定成立室内环境艺术筹备组，由林乐义等召集了艺术家、建筑师、工程师以及建筑相关专业的专家等 11 人组成，并在同年 7 月召开座谈会。从会议内容来看，这一行动针对的是改革开放初期重要建筑的室内设计要么被海外设计垄断，要么模仿抄袭港台这类现象。会议要求设计、科研、生产和美术工艺等部门有机结合，进行整体设计，通过试点研究，发挥作用。**❷** 在 1987 年 11 月召开的"全国室内设计学术交流会"上，很多参会论文和发言都是从"环境设计"或"环境艺术"的角度重新审视室内设计，指出室内设计绝不等同于"装修"或"装饰"，而是一种以"人"为主角的"时空环境再造"**❸**，不应满足于实用经济或简单的"美观"概念，而应转向对"环境艺术"的需求**❹**。同年 12 月 21日，国家教育委员会正式颁布了关于在《普通高等学校社会科学本科专业目录》中增加"环境艺术设计"专业的决定。随着学术界对"环境"概念的进一步明确，不少设计师提出新的观点，比如建筑师张耀就曾旗帜鲜明地提出了"环境营造说"。他刻意区分了"空间"与"环境"两大本体概念，赋予"环境"以优先地位。他断言，空间不过是环境的一个要素，建筑设计的最终目的不仅是构建空间，更主要的是营造环境。他认为"空间恰如躯壳但缺乏生命"，而环境，被张耀诠释为"供我们实用的空间"，因此更富有生命力。因为实用空间中必须包含"满足人类活动需要的声、光、热等物理条件"，还有更为重要的有别于动物巢穴的"家园感"。而环境的范畴则包括了"从区域规划、城镇规划到建筑群、单体建筑及室内的设计多个层次"。**❺**

❶ 吴良镛. 建筑. 城市. 人居环境 [M]. 石家庄：河北教育出版社，2003：1.
❷ 简讯 [J]. 建筑学报，1982（10）：61.
❸ 蔡冠丽，高民权. 大量性建筑的室内设计 [J]. 建筑学报，1982（10）：61.
❹ 陆震纬，屠兰芬. 住宅室内环境艺术的若干问题 [J]. 建筑学报，1988（02）：22.
❺ 张耀曾. 环境营造说——龙柏"文峰"设计谈 [J]. 时代建筑，1984（01）：16.

随着与"环境"相关设计内容与范畴的进一步明确,在《学位授予和人才培养科学目录(2011年)》中,环境设计成为了下属于设计学的二级学科。2013年9月,国务院学位委员会在《学位授予和人才培养一级学科简介》中具体解释了"环境设计"作为设计学下属的学科方向的定义和内容,章程中关于"环境设计"的定义为:"环境设计是研究自然、人工、社会三类环境关系的应用方向,以优化人类生活和居住环境为主要宗旨。环境设计尊重自然环境,人文历史景观的完整性,既重视历史文化关系,又兼顾社会发展需求,具有理论研究与实践创造,环境体验与审美引导相结合的特征。环境设计以环境中的建筑为主体,在其内外空间综合运用艺术方法与工程技术,实施城乡景观、风景园林、建筑室内等微观环境的设计。"❶

综上所述,环境设计学科涉及领域从尺度上被限定为微观的室内外环境设计,此定义也等同于"狭义的环境艺术设计"❷,但是更值得注意的是郑曙旸教授关于"广义环境艺术设计"的理解:"广义的环境艺术设计概念是以环境生态学的观念来指导今天的艺术设计,就是具有环境意识的艺术设计,显然这是指导艺术设计发展的观念性问题"❸,广义环境艺术设计涉及环境系统中的内化层次❹,从这个角度对环境设计进行解读,使得环境设计与生态审美的终极目标有了共同的指向,而当前的诸多环境设计实践活动也已经证明了这种趋势的必然性,这也暗合了美学研究中的一个传统,现实的艺术创作现象总是先于理论研究而生。

当前环境设计中涉及生态审美的研究有两种类型:第一类将"生态美"作为一种新出现的美的类型进行研究,持这种观点的学者或设计师都认为,作为设计对象的环境最终应该呈现出某种普遍性的特质,因此希望在形式、材料或设计方法上找到"生态美"的共有因素,这一类的学者或者设计师都较为强调美的客观性。第二类则着重研究生态伦理道德引导下各种设计形态的生成过程,这类学者或设计师通常较为认可生态设计具有的开放性特征,研究重点是生态设计的动态过程,强调的是不同语境下生态审美的具体方式。

第二类的生态审美研究充分认可了生态设计的开放性特征,因此得到了大多数国内外设计理论家和设计师的认可,而且此类研究通常结合具体的环境设计案例或实践方法进行阐述。国外生态美学家中,值得一提的是兼具设计师与美学家双重身份的韩裔美籍学者高主锡。高主锡自1978年起就开始借鉴阿诺德·柏林特的"审美场"理论,致力于创造可运用于设计实践的美学理论。❺他认为,能够实现环境设计终极目标的应该是生态设计,只有生态设计能够构建"人性化的、家园式的、供人分享的环境"❻。由于高主锡自己也参与设计实践,因此他认为"基于生态美学观念进行创作"的设计师/艺术家会倾向于创造"以体验、环境为中心"的艺术。❼高主锡的东亚文化背景使得他能够清楚地看到东西方传统审美文化各自的优势,尤其是在应用层面,因此在构建生态美学时,他提出"包括性统一"、"动态平衡"和"补

❶ 国务院学位委员会第六届学科评议组.学位授予和人才培养一级学科简介[M].北京:高等教育出版社,2013(9):416.

❷ 关于狭义环境艺术设计的概念借用了郑曙旸教授在其著《环境艺术设计概论》中对环境艺术设计的定义:"广义的环境艺术设计概念是以环境生态学的观念来指导今天的艺术设计,就是具有环境意识的艺术设计,显然这是指导艺术设计发展的观念性问题。而狭义环境艺术设计概念是以人工环境的主体建筑为背景,在其内外空间所展开的设计。具体表现在建筑景观和建筑室内两个方面。显然这是实际运行的专业设计问题。应该说狭义的环境艺术设计已经在今日的中国遍地开花,然而广义的环境艺术设计观念尚未被人们广泛认知。"

❸ 郑曙旸.环境艺术设计概论[M].北京:中国建筑工业出版社,2007:5-8.

❹ 环境的内化层次概念转引自刘先觉先生所著的《现代建筑理论》中的第六章《环境心理学》,文中认为:"构成环境系统的层次很多,按照时空度规可以把它分成四个层次,即自然环境、人,以及内化和外化层次。"内外层次指人作为认知的主体,对客观世界的自然环境进行反观自照,产生了自然观,并由此辩证地发展而产生了一系列的哲学思想、风俗、习惯、社会意义及构成、伦理道德规范及宗教信仰等,从而形成自然环境通过人而内化的层次。

❺ 程相占.生态美学论集——从文艺美学到生态美学[M].北京:人民出版社,2011:192.

❻ 程相占.论环境美学与生态美学的联系与区别[J].学术研究,2013(01):43.

❼ 程相占.生态美学论集——从文艺美学到生态美学[M].北京:人民出版社,2011:192.

❶ 程相占.论环境美学与生态美学的联系与区别[J].学术研究，2013（01）：43.
❷ 程相占.生态美学论集——从文艺美学到生态美学[M].北京：人民出版社，2011：192.

足"三个原则是美学的生态范式 ❶，其中最后一个概念就是在东方建筑美学基础上提出的 ❷。设计师出身的高主锡首先是将生态美学作为"创造过程的原理"进行研究，然后才将它扩展为环境设计中的审美原理来进行研究。

法国学者米歇尔·柯南所著的《穿越岩石景观》则通过对设计过程的感官体验的详细记录，阐述了如何把景观审美的探讨从品位问题转向多文脉背景下的感知现象学，著作以设计师与地方公路局如何确定沿途景观形态为主要内容。从采石场遗址的发现开始，双方不仅共同对现场的人文、历史、自然、地理条件作了大量的调查研究，而且公路建设与景观设计的全过程融为一体，景观设计师与交通工程师共同协商，一些关键的技术因素，如高速路段的定线、休息区的选址等，都以景观设计的要求为参考。❸ 在这个设计中，设计者更关注文化的多样性，对审美趣味的把握并不是多元化的，设计者努力兼顾不同人群的兴趣，比如城乡人口的不同趣味，驾驶员与步行者的不同需求以及地方史、生态学、考古学或摄影爱好者面对同一景观所表现的不同欣赏方式。值得注意的是，不管是作者柯南还是设计者贝尔纳·拉絮斯都认为设计应该让人觉得乡村是较公路更重要的存在，所以公路应该持应有的敬意，只是沿着乡村自如地前行而已，这充分表达了设计者"去人类中心主义"和"维护多样性"的审美态度。

❸ （法）米歇尔·柯南.穿越岩石景观——贝尔纳·拉絮斯的景观言说方式[M].长沙：湖南科学技术出版社，2006：1-5.

美国在将生态审美与设计管理政策结合方面开始得比较早，生态审美作为设计的基本底线在众多立法中被明晰化与可操作化。究其原因，则是因为一系列的灾难事故引发了民众的环境危机意识，例如发生在加利福尼亚圣巴巴拉市的漏油事件、俄亥俄州的凯霍加河的起火事件，由此引发了基础广泛的环保运动，这些运动形成了社会倒逼之势迫使国家制定出一些有积极意义的政策，比如《荒野法案》（1964）和《荒野与风景河流法案》（1968），两个法案都以生态价值为基础对荒野风景的审美价值进行保护。❹ 特别要提到的是 1969 年的《国家环境政策法案》（NEPA），这个法案的特殊之处在于它特别强调审美问题如何与其他活动相结合，并对此后的立法产生了极大的影响。❺ 此法案的终极目标是"确保所有美国人享有一个安全、健康、多产、有审美和文化愉悦的环境" ❻。法案的另一个目标是指导政府正确地规划和决策，而采用的方法要能"确保将自然科学、社会科学与环境设计艺术结合起来"，避免像以往的政府决策那样只注重经济技术因素而忽略"尚无法量化的环境魅力和价值"。❼ 此后，美国农业部林务局又颁布了《视觉管理系统》（1974），此法案是由林务局的景观设计师们建立的，目的就是解决景观设计和管理中的美学问题，并且成为说明美国千百万公顷森林审美特征的主要方法，该法案使得生态审美与环境设计实践的结合在方法上和技术上都有了可操作的依据。❽《视觉管理系统》采用的具体方法是将陆地相关的地图、照片和实地考察编进目录，并且以"最多样、多变的等级就最具有景观价值潜力"为判断标准，即以多样性为审美判断的前提而不是传统的视觉主导型审

❹ 保罗·高博斯特，杭迪.西方生态美学的进展：从景观感知与评估的视角看[J].学术研究，2010（04）：3-10.
❺ 保罗·高博斯特，杭迪.西方生态美学的进展：从景观感知与评估的视角看[J].学术研究，2010（04）：3.
❻ 保罗·高博斯特，杭迪.西方生态美学的进展：从景观感知与评估的视角看[J].学术研究，2010（04）：3-10.
❼ 同上。
❽ 同上。

美，把陆地放入"独特、普通或是最细小的"种类等级。国外的生态美学家很大一部分同时是环境设计师，这些学者对生态审美的研究往往与设计实践紧密结合，这也使得生态美学天生就具有应用美学的特质。

国内也有诸多设计师在尝试将自己对生态观念的解读融入环境设计理论研究中，吴良镛先生在其著作《人居环境科学导论》中就对道萨迪亚斯的"人类聚居学"进行了解读，并且将道氏对生态问题的研究作为理论框架中的重要部分，论著中虽然没有关于审美的直接理论阐述，但是吴良镛先生从设计方法的角度特别强调了关于人居环境形象创造的三项指导原则。三项原则分别从设计范围、设计环境和形式处理的角度进行阐述：①处理不同层次空间时，设计者要"外得造化，中得心源"[1]；②处理不同环境时，设计者要"巧为因借，相得益彰"[2]；③处理外在形式时，"一法得道，变化万千"[3]。他还强调"设计者杰出的直觉和想象力、创造性的思维往往是方案具有魅力和获得成功的原因所在"。

刘先觉先生在其著作《现代建筑理论》中提到了关于生态美学的评价标准问题。刘先觉先生认为应该从创造的人工环境与自然之间的关系是否融洽以及人工环境能否促进整个环境的生态发展两个层面入手。[4] 刘先觉先生在观点中明确表达了生态审美是一种有底线的审美价值论。刘先生认为，影响生态审美的价值观念是"从对象物质形态的单向考察发展到对对象与自身多种关系及意义的考察"[5]，"整体观"、"多样性"等判断标准都是基于这种价值观。对生态审美而言，生态伦理或曰环境观念正是其底线和意义所在。

国内真正以"环境"作为专业设计对象的学科自 20 世纪 80 年代初期才出现，以奚小彭为代表的环境艺术设计专业的先行者们在国内提出了"环境艺术"的概念。80 年代末期，国内设计界在环境意识上的进一步发展推动了之后的环境艺术设计专业的创立。1987 年国家教育委员会正式提出在高校中设立环境艺术设计专业，拉开了这个专业的发展序幕。二十多年过去了，环境艺术设计一路走来，目前国内以"环境艺术"、"环境艺术设计"命名的专业虽然比比皆是，但是由于相应理论研究的匮乏，始终无法形成明确统一的指导观念。郑曙旸教授对这一现状提出了自己的忧虑："由于社会基础的限定，符合设计生态观念的环境艺术设计尚难实施，致使专业的设计创作实践有其名无其实，当然就更谈不上广义的符合环境概念能够支持可持续发展需要的艺术设计。"[6] 其后，郑曙旸教授提出的广义环境设计概念，即带有环境观念的艺术设计，明确地将环境伦理作为设计方法及设计审美需要遵循的基本底线。

由周浩明教授撰写的国内首部关于可持续室内环境设计理论的研究著作《可持续室内环境设计理论》中对于设计实践中出现的生态审美判断进行了总结，即生态性对审美性的超越与生态性和审美性的统一[7]，这个结论是根据形态要素的多元化以及新形式对传统美学形态的超越而产生的，但是这恰

[1] 吴良镛.人居环境科学导论 [M].北京：中国建筑工业出版社，2001：146-149.

[2] 同上.

[3] 同上.

[4] 刘先觉.现代建筑理论 [M].北京：中国建筑工业出版社，1999：183.

[5] 刘先觉.现代建筑理论 [M].北京：中国建筑工业出版社，1999：19.

[6] 清华大学美术学院环境艺术设计系艺术设计可持续发展研究课题组.设计艺术的环境生态学 [M].北京：中国建筑工业出版社，2007：122.

[7] 周浩明教授的原文中称为"艺术性与生态性的完美统一"和"艺术性与生态性的分离特征"，此处引用略有改动，因为笔者认为周浩明教授在这里所提的艺术性与传统美学中所说的优美、崇高等审美范畴是同一内容。

恰说明了生态审美的规范性特征，即审美判断的标准已经由单一的形式美标准转向了以生态伦理为底线的开放性评判系统。

清华美院博士韩风的博士论文《环境设计的生态审美观》对生态审美理论的"生态审美观"部分进行了系统阐释，批判了"以大为美"、"以奢为美"等非生态审美观，并且总结了生态审美观的三大原则：①和谐共适的整体观；②循环适度的发展观；③动态体验的时空观。

以上这些环境设计领域关于生态审美的理论研究都受到或是生态美学或是环境美学理论的影响，以及来自于学者们对于已有环境实践的思考，除去理论层面"自上而下"的研究，还有不少国内设计师以实践的方式来验证自己关于生态设计的观念，其中不少的作品得到了国际设计界的关注与认可，由于篇幅所限，不可能在论文中一一列举。如果以设计实践作为切入点来分析的话，俞孔坚与王澍是当前较具有代表性的两位设计师，前者从保护自然生态的多样性入手进行景观设计，而后者则从文化多样性（特别是传统技艺与材料）的保护方面进行环境营造。

2013年美国学者桑德斯出版了论著《设计生态学：俞孔坚的景观》，该著作中对俞孔坚的诸多设计作品以及作品背后的生态理念进行了解读，作者认为在中国高速发展的过程中，俞孔坚检验了许多"西方尚停留在理论阶段的新理念"，这使得他的作品无论在理念还是实施方面都达到了新的境界，并且作者对于俞孔坚在坚持生态立场方面的努力非常认同，认为俞孔坚的设计指导思想本质就是尊重寻常景观，并且尽可能尊重自然形态，即使是破坏性的自然过程，如洪水，而且这一思想在他最广为人知的项目，如上海世博会的后滩公园、秦皇岛汤河红飘带、中山岐江公园中都得到了贯彻与体现。❶ 从这些现存的设计作品中可以看到俞孔坚始终坚持的三个基本设计原则："设计尊重自然"、"设计尊重人"以及"设计关怀人类的精神需求"。❷ 在这三个原则中，"尊重自然"是放在首位的，这与他后来提出的"生存的艺术"与"野草之美"的理念相吻合，从生态审美的角度来解读，这正是"主体间性"在环境设计中的具体体现。

如果说俞孔坚是从一开始就有着用生态设计来解决人居环境危机的责任感和使命感，王澍则更像是一位醉心于中国传统文化的文人，不过文人造物本身也是中国传统文化中的重要内容。不管是60m²的办公室设计还是几公顷的校园环境，王澍都坚持将他对中国传统空间的理解（或者称为传统的理想生活模型）融入自己的设计之中。比如他在为好友陈默设计办公室时，就根据传统的中国建筑理念来分割室内的空间，他并不认为应该将建筑看作是在某种坚固的基础上向上竖立的存在，因此整个创作过程变成了如何解决水平方向上无所不适、不拘一格地延展的问题。❸ 王澍对于传统文化的这种理解在他对象山校区的营造中也得到了表达，在他记录象山校区营造过程的论文《那一天》中，他用诗意的语言不断地重复自己如何从传统民居中去感知

❶（美）桑德斯.设计生态学：俞孔坚的景观[M].俞孔坚等译.

❷ 俞孔坚.定位当代景观设计学：生存的艺术[M].北京：中国建筑工业出版社，2006（10）：26.

❸ 王澍.设计的开始[M].北京：中国建筑工业出版社，2002：14.

中国人特有的生活体验，比如对象山的观看方式、比如传统民居中外明内暗的采光方式。无形的文化最后要通过物质载体得以表现，因此王澍对传统营造程序、传统技艺及材料非常重视。象山校区施工的过程中，他充分尊重各位工匠的自主性设计，"后来工匠问我，是不是就像他们在家乡那样随便砌，我说对了，就跟在家里一样"❶，还有由工地木作师父现场改良的楼梯扶手，竟然让他"心中几乎是狂喜，工人太聪明了"，最后他总结出"设计因此超越个人创作和工程师的专业控制而演变成一种以手工建造为核心的集体劳作，不知不觉间，一种不同的建筑营造观开始在工地上形成"❷，甚至采用旧瓦片的想法也是由工人出于降低成本的考虑提出的建议。王澍并未明确地提出关于审美的理论，但是用参与审美模式来解读他营造的环境恰恰能够理解他的设计意图，对传统文化和工匠的尊重同样也实现了维护文化世界多样性的目的。

❶ 王澍.那一天[J].时代建筑，2005（04）：20.
❷ 同上。

由此可见，在第二种类型生态审美研究中，生态审美介入设计实践的各个阶段，包括具体设计主题的确定，对设计技术、材料的选择策略，目的是使所有这些行为都符合在"1"中列出的生态审美原则。

3. 述评

综上所述，生态美学、环境美学和环境设计中的生态审美研究分别有"自上而下"和"自下而上"的两种研究方式，不过借由这两条主线正好可以看出研究生态审美的现实意义是研究其如何对人类实践活动产生积极的影响。同时也可以看出，作为一种规范性审美，生态审美的研究重点应该是"如何生态审美"而不是"什么是生态审美"。

至此，生态审美的研究重点与本文初始的研究假设基本重合，落到了以应用为导向的"如何生态审美"上。

1.2.2 营造技术相关研究成果

我国历代会典中都将营造与车舆、服饰等一起纳入礼制范畴，现存关于营造典制的系统著作《营造法式》在《宋史·艺文志》中被归入五行一类，与葬经、相书等相提并论，更有刘伶酒后所云："我以天地为栋宇，屋室为裤衣"，可见在中国传统文化中，建筑本身的个性常常是被忽视的，建筑与车舆服饰一样被看作身份的符号，随着身份的变化可以随时更换，建筑单体并不以追求永恒为目标。传统营造活动与强调建筑本体的现代建造理念不同，更强调其所创造的生活环境、象征意义等非物质因素。这种整体的设计思想基本贯穿于所有的造物活动中，因此环境营造技艺的研究范围扩展到包括建筑在内的所有生活环境塑造技艺。

1. 建筑学背景下的营造技艺研究

自1929年中国营造学社成立起，对于营造技艺的研究就未间断，从一开始对典型性的营造技艺遗存的静态研究开始，一直到现在转向对各区域营造技艺进行动态过程的研究。因此积累了大量的前期资料，但是早期的研究者大都是深受西方结构理性思想影响的一代，所以对建筑结构本体，也就是大木作的关注较多。虽然在后期研究中，梁思成先生已经意识到装饰技艺比如小木作与彩画作的重要性，但是关于这方面的研究无法进行到与"大木作"相当的深度，这使得室内外微环境的营造技艺研究成为尚存许多研究空间的领域。

此外，关于营造技艺的研究也从一开始对典型性的营造技艺遗存的静态研究转向对各区域营造技艺的动态过程研究。中国自然科学史研究所编著的《中国古代建筑技术史》、傅熹年先生的《中国科学技术史：建筑卷》、刘致平先生的《中国居住建筑简史——城市、住宅、园林》、张良皋先生的《匠学七说》、孙大章先生的《中国民居研究》、李允鉌先生的《华夏意匠》、郭黛姮先生的《华堂溢采——中国古典建筑内檐装修艺术》、李浈教授及其团队对传统营造技术研究的系列成果等都从整体上对中国传统营造技艺进行了一个梳理，积累了大量的测绘资料。而近两年在国家自然科学基金资助下出版的建筑遗产保护丛书，如沈黎所著的《香山帮匠作系统研究》（2011）、宾慧中所著的《中国白族传统民居营造技艺》（2011）、张玉瑜的《福建传统大木匠技艺研究》（2010）、上海交通大学出版社出版的"江南建筑文化丛书"（2009）以及由建筑工业出版社编纂的"中国民居建筑丛书"（2009）等专著则注重于对营造技艺的动态研究，其中对于匠师、仪式和技艺演变的研究为人文学科的跨界研究提供了必要的原始资料。

营造技艺的美学研究常常作为建筑美学研究的一部分，相关成果大致可以分为两类，一类是立足本土，注重对中国本土建筑特别是传统建筑的分类与美学特征、美学价值的研究，以侯幼彬先生的《中国建筑美学》为代表，该专著以中国古代建筑的主题——木构架体系为研究主题，从推导木构架体系成形的历史原因入手，对中国建筑所承载的文化、审美等各要素进行了全面而系统的分析。专著中对中国传统建筑进行的"正式"与"杂式"的分类以及对于"硬传统"和"软传统"的概念界定成为以后中国传统建筑研究的基本概念与界定方法。另一类则是立足于对国外建筑美学理论的译介及分析，以万书元的《当代西方建筑美学》、《当代西方建筑美学新潮》为代表，专著中对西方出现的建筑现象、审美观念进行了多维度的分析，值得注意的是书中对于生态建筑的阐释与理解，"从某种意义上说，生态学就是现代人对原

❶ 万书元.生态建筑的美学表述[J].南方建筑，2001；30.

始智慧进行重新解释的一门学问"。❶ 这种理解将生态这一概念从生态学本身的限定中解放出来，使得生态设计研究的逻辑起点可以立足于技术的演变历史，尤其是技术与建筑审美形态演变的相互关系研究。

2. 设计学背景下的传统造物技艺研究

对造物理念及中国传统造物文化的研究，早期以王家树先生、田自秉先生、杨永善先生等对工艺美术史的系列研究以及张道一先生的造物研究为代

表，后期则有柳冠中先生在系统科学和西蒙的"人为事物的科学"的基础上提出的设计事理学，其以"事"作为思考和研究的起点，从生活中观察、发现问题，进而分析、归纳、判断事物的本质，柳冠中先生及其研究团队通过对古代设计器物中事与物发生规律的研究，对传统造物思想体系及技术体系进行了系统深入的原创性探讨。尚刚先生关于工艺美术史的系列著作、李砚祖先生关于工艺美术研究的系列著作和论文中既有对传统技艺中人物关系、美学特征的总结，也有对专项传统手工艺的详细记录与分析，各位前辈学者早就对传统手工艺如何在当代设计中进行有效传承进行了思考，为本文的研究指明了大方向。

在王琥教授所编著的《设计史鉴》（2010）丛书中的《中国传统设计技术研究》及《中国传统设计审美研究》中，对传统技术的精细化、适人化及审美化特征进行了分析，并通过各种实物分析对中国传统设计持有的务实审美观进行了佐证与总结。海军撰写的《设计之重》（2012）从理论研究的角度对传统造物系统具有的整体性特征进行了总结，并且提出传统设计必须作为一种设计资源进行转化才能够在当今设计中得到真正的传承，专著中对传统技艺所处语境的解读方法对本文的研究具有指导意义。

还有大量关于造物原理与相关技术的记录散见于对各种不同门类器物研究的著作中，比如王世襄先生所著的《明式家具研究》《清式匠作则例》，杭间教授所著的《手艺的思想》，杨志强编著的《石桥营造技艺》，陈克伦所著的《泱泱瓷国：古代瓷器制作技术》等。

此外，相当一部分与传统环境营造技艺相关的内容存在于历史典籍中，比如对传统造园手法进行系统阐释的《园冶》（计成），从文人生活层面对传统环境营造技艺进行记录的《长物志》（文震亨），对传统造物技术进行分类记录的《天工开物》（宋应星），对于营造技艺体系进行系统官方记录的《营造法式》和民间记录《鲁班经》，姚成祖编撰的《营造法原》以及大量的古代游记与名园记中散落的与传统环境营造技艺相关的记录与描述。

3. 述评

此前笔者还以"营造技术"为主题词对中国知网数据库进行过一次检索，共获得文献 1574 篇，经过仔细筛选，剔除了植物学、经济学与管理学的相关文献后，最终获得实际样本 110 篇。通过对所得样本的研究年度、文献类型和研究对象的数据进行分析，得出结论：当今营造技术的研究已经进入了由模糊的整体概念向具体的地域性研究的转向❶，数据库文献分析与"1"中相关研究成果的发展趋势一致，这与深层生态学对"地方性知识"的强调是一致的，也与生态审美研究中对"地方性审美经验"的研究有了共同的逻辑起点。

而"2"中所提供的研究成果则是从研究起点就将技艺纳入到审美的范畴之内，并且各位前辈学者采用的史论研究方法对于理清技艺演进与审美观

❶ 分析数据具体信息详见附录二。

念之间的关系极具指导意义。

1.2.3　与审美评估相关的研究成果

价值判断影响设计观念，设计观念指导实践活动，本文的研究目标从价值判断入手，必然会涉及评估方法的应用，因为"评估就意味着确定某些预期目标的价值或者将特定价值赋予到某些目标上"❶，指标评估方法作为生态学的研究方法也较适用于生态审美评估❷。通过对知网近5年相关研究成果的统计，发现涉及审美评估的研究成果集中在景观设计、工业设计以及摄影艺术这几个领域，其中涉及景观设计的类别最为丰富，包括植物造景、公路景观、高校绿地格局、滨河景观、乡村景观和石景，涉及的主要方法有层次分析法（AHP）、美景度评价法（SBE）和审美评判测量法（BIB-LCJ），这三种方法都是心理物理学派（Psyehophysical Paradigm）的研究方法，其所测得的主要是公众的一般审美态度。除此之外，还有专家学派和经验学派。❸依据生态审美的相关定义看，生态审美是对传统审美的一种超越，本身就是对现有大众审美观的矫正，因此本文还是以专家评判法为主要方法指导评估指标的收集与确定。

与传统营造技艺相关的审美评价往往融入综合价值评价的指标体系中，比如《传统村落评价认定指标体系（试行）》中的定性指标部分就包含有"工艺美学价值"判断，评判内容包括建筑造型、结构、材料以及装饰所表现出来的审美价值；《苏南建筑遗产评价体系》、《呈坎非法定保护类建筑遗产价值评定体系》中"艺术和技术价值"指标也涉及关于审美价值的评判。

关于景观美景度及审美态度的测量为审美评估提供了美感量化的途径和研究方法，关于传统营造技艺的评估体现了对于传统精英遗产标准的超越，在笔者所能找到的资料范围内，尚未出现关于传统环境营造技艺的生态审美评估专项研究，但是这两个领域的已有研究成果为本文的推进提供了可参照的研究方法。

1.3　研究范围的限定

本文的研究对象"传统环境营造技艺"以"传统"和"环境"作为前缀词对营造技艺进行了限定，因为论文的研究目标指向是技艺在当代设计中的有效传承，避免仅仅作为一种延续了的学术自然积累，而是一种积极的、动态的思辨之学。

1.3.1　传统环境营造技艺的界定

"传统环境营造技艺"在此可以解读为有关环境的传统营造技艺，在环境设计的语境中，"环境"应指人为建造的第二自然，即人工环境（郑曙旸，

❶ 彼得·罗希，马克·李普希，霍华德·弗里曼.评估：方法与技术[M].重庆大学出版社，2007（4）：1.

❷ 荆其敏.生态建筑学[J].建筑学报，2000（07）：10–11.指标评估方法：指标评估法通过一些系列指标，对城市设计成果在满足人和环境内在需求及价值方面的优劣程度及可实施可能性的评价。

❸ 俞孔坚.景观：文化、生态与感知[M].北京：科学出版社，1998.

2007）。"环境"一词还包含了物质与非物质的双层含义，而不是单纯地看成建筑空间、城市空间、室内空间或者景观空间的综合（娄永琪，2008）。❶从生态学的角度来说，许多事件和过程都与一定的时间和空间尺度相联系，不同的生态学问题只能在不同的尺度上加以研究，其研究结果也只能在相应的尺度上应用。❷因此本文将研究的范围进一步限定为微观的人居环境或者称为生活空间，即以身体为中心的直觉空间与物质空间。环境营造技艺就是为创造某种特定生活空间而采用的较为成熟的方法或手段。基于这样的定义，研究范围的限定会突出技艺所包含的物质与非物质因素及两者之间的相互关系。

关于另外一个限定词"传统"，设计学及相关专业都有过大量的著述，比如建筑师黑川纪章就把建筑传统包含的内容分为看得见和看不见的两部分：看得见的传统指建筑样式、装饰或作为象征流传下来的东西；看不见的传统指思想、哲学、宗教、审美意识、生活方式等（刘先觉，1999）。❸中国建筑史研究中对传统建筑的时间分界线一般定为20世纪初。有学者将传统性定义为社会系统对某一状态（包括形与意）先觉性的肯定并巩固其主导地位（娄永琪，2007）。工业设计中的传统则往往是指工业时代之前，传统技艺很大程度上指手工艺技术。❹综合上述观点，本文所论述的传统环境营造技艺则是特指工业化以前的手工艺社会中为创造某种特定生活空间而采用的较为成熟的方法或手段。

营造技艺非物质的因素在《保护非物质文化遗产公约》中的定义为：传统营造技艺作为人类生活生产实践中重要的意识遗产，它所包含的非物质文化遗产信息不局限于营造技能，而是涵盖了传统营造过程中所有的意识形态的、具有重要价值的文化遗产；同时还涉及相关的工具、食物等内容。从文化遗产保护的角度界定的相关营造技艺本体的范围略显宽泛，因此本文拟从环境设计及传统造物这两个角度对传统环境营造技艺所包含的研究内容进行梳理，并且通过各研究内容在两种分类系统中出现重合度的高低确定研究的中心和边缘区域。

1. 从环境设计的角度确定技艺体系

一般的环境设计及其施工操作已经形成一套非常成熟的运作流程，广泛地应用在各项工程当中，从生态审美的角度对传统环境营造技艺进行再评价是本文研究的重点，再评价的目的是为了引导传统技艺在当代环境设计中的应用，因此从环境设计的角度来确定的技艺体系既是研究生态审美对象的基点，也是研究技艺有效传承的基础。

借鉴诸位学者对于营造技艺的分类，笔者将传统环境营造技艺分为设计技艺、管理技艺与施工技艺。设计技艺与管理技艺中包含的非物质因素，伦理观、审美观等文化因素对技艺的影响较大，但并不直接作用于物质形态的塑造，可以视为隐性技艺，研究内容包含将设计、估算与各工种协调整合的

❶ 这个概念引自娄永琪教授在其著作《环境设计》中对环境设计研究对象的定义："生活方式、互动、体验及其空间环境应该成为环境设计的核心研究对象。这包括生活方式及其背后的伦理考量：人与人、人与物、物（其他生物）与物在物质空间环境中的互动，互动产生的体验以及互动发生的环境（包括界面和空间等）本身。"
❷ 杨京平，田光明.生态设计与技术[M].北京：化学工业出版社，2006：197.
❸ 刘先觉.现代建筑理论[M].北京：中国建筑工业出版社，1999：362.
❹ 工业设计对于传统技艺的定义从系列论文中总结得出：（意）马可·赞诺索所著的《设计与社会》、（意）斯丹法诺·马扎诺所著《设计和谐》、（英）S·埃万斯所著的《简朴》、（英）汤姆·米切尔所著的《产品设计的错误观念》、（意）克劳迪亚·都娜所著的《看不见的设计》等。

思维方式，注重运动性和多视点特征的设计图纸，强调象征性和适应性的设计工具以及旨在保持建成环境可持续性的管理维护技艺；而施工技艺则直接参与到空间生产与创造的过程中，可以视为显性技艺，研究内容包含通风技术、采光技术、降温隔热技术及声环境营造技艺等。

2. 从传统造物系统的角度确定技艺体系

传统环境营造工程常常与车舆、服饰一起被归入历代会典的"工部"中，加上较早实现的建筑模数化施工，环境营造被拆解为建筑、景观、室内陈设诸物件的组合，从造物的角度来研究传统技艺的著述也比较丰富，而且从造物的角度来研究往往能够摆脱当代学科划分的壁垒，更好地解读传统环境营造技艺体系的整体性，能通过物本身共有的特点对其进行分析，例如材料、工艺等。

中国的物质文化系统分类一直存在着官作研究与民作研究之分，这一点也是大多数学者的共识。从总体上讲，官作体系的设计物，通常反映了社会强势阶级（皇族权贵、官绅氏族和依附于他们的文化阶级）的价值取向、审美情趣；而民间生活用具、用物和生产工具，则反映了社会弱势阶级（广大市镇、乡村的升斗小民）的价值取向、审美情趣。[1] 两个系统的异同之处都体现在对文化资源和物质资源的占有和社会利益分配的巨大差异上，使两者的主要差别都体现在涉及审美的选材、形态方面。官作系统的建筑、器物普遍有材料质地考究、材料加工细致的特点，官作技艺也普遍具有科技含量高、工序繁多、装备精良的优点，但是由于其所针对的设计对象只是占少数的上层阶级，因此官作设计也有着不可回避的致命缺陷：延传的时效性较短；品类的统合性较低；传播的地域性较小（王琥，2010）。王琥教授对于官作体系的批判可能过于严厉，但是民作系统的生命力来源于大多数中国人的生活方式，其普惠性是毋庸置疑的。

按照侯幼彬先生的观点，传统的建筑营造技艺也可分为"官式"与"杂式"，这两个体系应该分别与造物系统中的"官作"和"民作"相对应，官式营造技艺比较成熟，现存匠人队伍规模相对较大，传承意识和培训活动的开始都较早，但是同时也存在着过于依赖成熟的技艺体系，过于强调技艺的历史价值与纯粹性以及技艺结果的装饰性等问题，反而将技艺的运用局限在了古建筑遗产修复、仿古建筑与中国地域风格的内外环境营造领域，在当代环境设计中，官式技艺演变成了创造传统符号的工具，这无疑也是生命力不足的一种表现。而"杂式"环境营造技艺也就是通常所说的原生性营造技艺，此类技艺是凝聚着民间智慧的"土法"，是一种物化了的生活态度和生活方式，比如建材的地方化就是共同性的特征，木材、砖石、竹子、陶瓷、生土都可以成为营造的主材，但是各地区不拘一格的做法又体现了杂式营造技艺的适应性和多样性特点。本书的研究重点则是民作、杂式系统这一块，因为这类技艺多随着人们生产、生活形态的变迁而兴衰，在当前强调中国文化自

❶ 王琥.设计史鉴：中国传统设计审美研究[M].南京：江苏美术出版社，2010：196.

觉、集体寻找失落故园的情况下，对这一部分技艺的研究更有现实意义。

3. 两个技艺体系的重合部分

这两个技艺体系各自有着不同的特点，从环境设计角度进行的分类注重的是整个设计流程中出现的全部技艺类别（以传统环境营造过程为依据）；而从传统造物角度进行的分类关注的是物质构成所涉及的技艺要素，因此两个体系中重合的部分又可以分为三个部分：

（1）与物质性空间、器物塑造相关的技术原理及方法。

（2）与非物质性的空间意境、氛围塑造相关的环境观念、审美趣味及设计观念。

（3）两者之间的互动关系。

技术作为人的本质力量的显现,合目的性(善)是其成为技术的本质原因,也是其物质性的部分，但这个目的是只满足了人类自身需求（美）还是同时兼顾对整个生态系统的关照（善）❶，来对技艺非物质部分的判断。传统环境营造技艺被认为是一种本真的技术、诗意的技术，正是基于（1）、（2）部分具有同一的指向性，比如天人合一、生生不息、物尽其用等，因此传统技艺的（3）成为一种良性的互相促进的关系，这使得大多数传统技艺能够实现真善美的统一，这种互动关系也成了研究"如何生态审美"的契机。

1.3.2 尺度范围的限定：微观环境

2013年9月,国务院学位委员会在《学位授予和人才培养一级学科简介》中将"环境设计"的研究范畴明确为"微观环境"❷,《现代汉语词典》中对"微观"的定义是"小范围的或部分的"❸。在其他的相关学科中也涉及了对"环境"的研究，比如建筑学、城市规划等专业，通过不同学科对"微观环境"的定义进一步明确本文的研究范围。

1. 微观环境在环境分层结构中的定位

对于环境进行的分层研究存在于各相关学科中，规划学中将城市环境分为宏观、中观和微观，宏观城市环境包括城市整体布局和景观要求、城市景观轮廓等，中观城市环境包括各种建筑及其所形成的外围开放空间，城市微观环境包括各种室内空间、室外连接空间以及细部处理。❹建筑学中的层次划分也分三个层级，各层级包含的空间类型与规划学相近。❺但是也有学者将环境分为宏观和微观两个层级，比如城市轨道交通研究中对于行人行为及流线的研究只分为宏观和微观两部分，宏观层面关注的是交通空间中的设施布置及人流动向，微观层面主要研究个体行为以及个体之间的相互影响，而且研究者发现"微观手段在研究个体行为方面有其不可替代的优势"❻。关于环境设计涉及的研究范畴"微观环境"，早在1982年中央工艺美术学院的教授奚小彭就对其进行过解读，奚先生认为环境艺术应该是"微观环境的艺术设计"，设计对象包括室内环境、建筑本身、室外环境、街坊绿化、园林

❶ 古人并不是有意识地去进行生态思考，但是对天地的敬畏所形成的朴素生态观念无疑在事实上促成了对生态系统的保护。

❷ 2013年9月，国务院学位委员会在《学位授予和人才培养一级学科简介》中具体解释了"环境设计"作为设计学下属的学科方向的定义和内容，章程中关于"环境设计"的定义为："环境设计是研究自然、人工、社会三类环境关系的应用方向。以优化人类生活和居住环境为主要宗旨。环境设计尊重自然环境，人文历史景观的完整性，既重视历史文化关系，又兼顾社会发展需求，具有理论研究与实践创造，环境体验与审美引导相结合的特征。环境设计以环境中的建筑为主体，在其内外空间综合运用艺术方法与工程技术，实施城乡景观、风景园林、建筑室内等微观环境的设计。"

❸ 中国社会科学院语言研究所词典编辑室.现代汉语词典（第5版）.北京：商务印书馆，2005.

❹ 唐孝祥.传统环境美学观与现代城市住区环境美的创造[J].新建筑，2000(06): 196.

❺ 荆其敏.生态建筑学[J].建筑学报，2000(07): 55.

❻ 许婷.城市轨道交通枢纽行人微观行为机理及组织方案研究[D].北京交通大学交通运输规划与管理硕士学位论文,2007(12): 18.

❶ 奚小彭于1982年在中央工艺美术学院室内设计专业讲授《公共建筑室内装修设计》课程的录音。
❷ (比)普利高津.从存在到演化[M].上海:上海科学技术出版社,1986.
❸ 戴复东.创造宜人的微观环境——室内设计漫谈[J].室内,1988(05).
❹ 周榕.微规划——微观城市学方法论研究[D].清华大学建筑学院建筑学博士学位论文,2006(04).
❺ 周榕.微规划——微观城市学方法论研究[D].清华大学建筑学院建筑学博士学位论文,2006(04).

❻ 周浩明.可持续室内环境设计理论[M].北京:中国建筑工业出版社,2011:27.
❼ 唐孝祥.传统建筑美学观与现代城市住区环境美的创造[J].新建筑,2000(06).
❽ 张春阳,孙一民.创造舒适的园林微观环境——座椅设置与人的心理、行为要求[J].中国园林,1989(04).
❾ 李伯华,曾菊新.基于农户空间行为变迁的乡村人居环境研究[J].地理与地理信息科学,2009(09).
❿ 周榕.微规划——微观城市学方法论研究[D].清华大学建筑学院建筑学博士学位论文,2006(04):67.

⓫ 张娜.生态学中的尺度问题——尺度上推[J].生态学报,2007(10):4254.
⓬ HuangJH,HanXG. Biodiversity and ecosystem stability. Chinese Biodiversity.1995,3(1):31-37.
⓭ DeleourtHR.Dynamic Plantecology:the spectrum of vegetation change in spaceand time. Quaternary Science Review,1983,1:153-175.
⓮ DeleourtHR.Dynamic Plantecology:the spectrum of vegetation change in spaceand time. Quaternary Science Review,1983,1:153-175.

设计、旅游点规划等。❶

从以上各位学者不同角度的诠释来看,微观与宏观的分别主要还是基于空间尺度上的区分,只是一种强调差异性的属性分类而不存在价值的评判,正如普利高津所言,"微观的简单性"这一古老的格言再也不适用了❷,建筑师戴复东则认为"宏观、中观、微观应全面重视、相互匹配",而且特别强调"首重微观"❸,而当代城市规划研究成果也表明"城市复杂系统的特性,首先表现为一种微观特殊性,这些微观特殊性的差异与多样构成了城市复杂性的根源"❹,因此"系统研究不得不从宏观性状的描述,转向微观作用机制的探查"❺。依据上述这些学者的观点,我们可以看到由于微观环境对人类行为与生活空间的直接作用,其重要性与其他环境类型是等量齐观,甚至是有所超越的。

2. 微观环境研究的重点

表面上看来,环境层级的划分似乎只表示了从规划到室内环境设计在空间度量上的习惯性差异,但更深一层的含义则是规划设计、建筑设计与室内环境设计之间在宏观与微观上的巨大差异,微观环境的设计是与人类关系最为密切的一环。❻因此,微观环境的质量对于人们的情感影响作用最为直接❼,对使用者的心理行为分析成为微观环境设计的主要依据❽,微观作用方式主要是通过文化的演进、观念的更新、生活方式的变迁、主观意愿和评价、客观地理环境、村镇规划等形式作用于用户空间行为,直接影响用户的行为动机、行为抉择和行为方式。❾综合上述研究成果来看,微观环境的研究重点可以从以下几个方面进行总结:空间的微观性,意味着其理论实用域的非普遍性,仅仅在一个局部范围内起作用;时间的微观性,意味着对于环境的短暂现象和更变现象非常关注,突破了宏大叙事理论的永恒幻象;研究对象与对象关系的微观性,意味着研究以个体环境为对象,强调环境个体特质的具体性、特殊性与差异性;研究视角的低微化,则更强调沉浸于真实生活中,更重视微观规律的作用,对自下而上的实践方式更为重视。❿

3. 微观环境的尺度限定

虽然学界对环境的宏观、中观和微观分类传统由来已久,但是在对三个具体环境层级进行具体的尺度限定方面一直存在着各种探讨。

不管是在基础生态学还是应用生态学中⓫,尺度都被看作为核心问题,因此关于尺度有详细的分级。⓬以宏观生态学为例,该研究领域的尺度分为4个尺度域⓭:微观尺度域(1~500a的时间范围和1~10^6m²的空间范围);中观尺度域(500~10^4a的时间范围和10^6~10^{10}m²的空间范围);宏观尺度域(10^4~10^6a时间范围和10^{10}~10^{12}m²空间范围);超级尺度域(10^6~$4.6×10^9$a的时间范围和大于10^{12}m²的空间范围)。⓮宏观生态学以地球生态系统为基础进行尺度划分,即使是微观尺度域,其范围也极为巨大,并不适用于本论文研究,但是生态学尺度划分表现出的时空二重特征,却是值得借鉴的,因为对于传统营造技艺的研究不能够脱离对技艺形成演化过程的探讨，从而与一定的时间尺度相对应。

　　曾经有人说过，规划师、建筑师和室内设计师分别是以米、厘米和毫米为单位的，这种说法形象地从空间容量差异上描述了三种环境给人的尺度感。而在具体的尺度界定方面，赫尔研究得出了人在社会环境中具有的四个人际空间距离。赫尔的研究认为，人在社会环境中的距离可分为密切距离、个人距离、社会距离和公众距离。每种距离又各自分为接近相和远方相，有学者据此认定微观环境设计中应该注意的距离尺度可以分为密切距离（0 ~ 45cm）、个体距离（45 ~ 120cm）、社会距离（120 ~ 360cm）、公众距离（360 ~ 750cm）。❶另有学者认为，应以人的感官知觉和运动方式作为尺度限定的主要依据，因为人在环境中的运动方式，如步行、骑自行车、驾驶机动车等也对尺度感觉产生影响。0 ~ 0.5m 的距离，属于非常亲密的交流和感知距离，在这个尺度内，人可以感觉到周围的一切细节，嗅觉和触觉在这个尺度内十分突出，成为视觉和听觉的补充；0.5 ~ 7m 之内人可以通过视觉、听觉、嗅觉清晰地感受对象的特征；30m 之内是视觉清晰感知的极限，人可以把握对象的外观特征、材质以及人的面部特征、表情的细节，因此有学者将此定义为微观尺度的距离节点。❷在 260m 之内可以感知到对象的整体轮廓，材质和细节已经不再清晰，声音、气味都超出了感知的范畴；400m 是对人体运动感知的极限，超出这个距离，人只能感觉到对象的存在。❸韩风在其博士论文《环境设计的审美观》中根据以上几个距离节点对各层级环境的空间尺度进行了一个具体的限定（表 1-1），本文研究的环境尺度范围也借鉴了这种分级方式。

❶ 张春阳，孙一民.创造舒适的园林微观环境——座椅设置与人的心理、行为要求 [J].中国园林，1989（04）.
❷ 此部分观点援引自韩风的博士论文《环境设计的生态审美观》第四章"生态审美视角下的环境设计相关实践分析".
❸ 此部分数据分别来自日本建筑学会的《建筑设计资料集成》（具体参见：日本建筑学会.建筑设计资料集成（人体·空间篇）.雷尼国际出版有限公司，2007.5:92），其他几个距离节点选取了人体工程学与环境行为学关于视觉与距离研究中的控制节点（具体参见：徐磊青.人体工程学与环境行为学 [M].北京：中国建筑工业出版社，2006:108-112）.

各层级环境空间尺度分级表　　　　　　　　　　　　　　　　　表 1-1

尺度	距离(m)	感知体验内容	感官作用	行动状态
微观	0 ~ 0.5	强度极高的亲密感知距离，可感知到对象的一切细节，如温度、气味、材质和细微的声音	视觉、听觉、嗅觉、味觉、触觉一同发挥作用	相对静止的状态
	0.5 ~ 7	中等强度的交流距离，清晰体验到对象的特征，无交流和视听困难	视觉、听觉为主，嗅觉随着距离的增加而逐渐不敏感	步行或骑车
	30	交流的极限，可感受到人的表情和心理变化，对象的形态、材质、色彩清晰，细节可以淡化，整体形态更为突出	视觉为主，听觉对较大的声响可以接受，交流需大声说话	步行或骑车
中观	260	事物具体特征弱化，只能把握对象轮廓和运动状态，大致辨认人体，细节被整体代替	视觉为主，对动态更为敏感，听觉只对巨大声响有反应	步行或骑车
	400	超出了人体感知极限，人成为整体中的一部分，形成背景与环境	视觉整体和运动感的把握，听觉辅助	步行、骑车或汽车
宏观	400 以上	只能感知到对象的存在和运动特征，建筑、人与周围环境融为整体	视觉宏观的整体性	骑车或汽车

1.3.3 研究对象的地域限定

本文选定江南地区作为研究的地域范围，主要基于两个维度的考虑：一方面是因为其在中国审美文化中的特殊地位，另一方面因江南地区经济发达，环境营造技艺相对成熟，尚有大量的技艺实例遗存，能够为研究提供大量的实证材料，是理解本区域传统营造技艺的重要参照。在众多学者的眼中，江南之所以能够成为一个极具典型性的地域限定，是由三个层面的因素综合而决定的，即地理范围（随着人们地理知识的扩大而变易❶）、经济含义（代表一个先进的经济区❷）、文化概念（透视出一个文化发达的范围❸）。在学术界，将江南作为研究对象从 20 世纪中叶就已经开始，著名人类学家和汉学家施坚雅（William Skinner）在他的《中华帝国晚期的城市》中把明清时的中国分为九大区域，江南就是其中的一个区域单元❹；而从文化地理上看，江南文化圈的概念已经得到了广泛的认同❺。

江南地区的香山帮古建筑营造技艺和北方官式古建筑营造技艺是南、北方主要的营造技艺流派，这两个分支的匠人队伍规模较大，由于早期都有官方力量的扶持，相对于其他技艺形成了较为完善成熟的体系，传承意识和培训活动也开始地较早。除了香山帮以外，江南地区还留存有大量原生性较强的营造技艺，对这一类技艺并没有建立起有效的传承和保护体系，因此多随人们生产、生活形态的变迁而兴衰，尤其在今天民间技艺显得更为脆弱和濒临灭绝，其所承载的生态智慧以及经济又生态的技艺部分也将随之消逝。同在江南地区，两种类型的技艺境遇如此不同，缺乏生态观念的审美判断是原生性技艺被排除出传承之列的主要原因。正是由于江南地区的这种历史地位及现存技艺状态的多样化保证了研究样本的丰富性和全面性，能够保证研究的深入，并期望能够通过研究为探寻传统营造技艺在当代环境设计中的有效传承找到具有操作性的方法。

1.4 研究方法

全书分为两个部分，第一部分是厘清生态审美研究的范畴和重点，据此确定从哪几个维度对传统环境营造技艺进行生态审美；第二部分是构建关于传统环境营造技艺的生态审美模型，并将此模型转化为对传统技艺的评估体系。因此，本书既需要借助人文科学的研究方法进行思辨，也需要借助统计学的研究方法进行辅助分析。

1.4.1 历史学文献研究方法

对江南地区传统环境营造技艺的研究离不开对文献史料与以往研究成果的具体分析。对文献细致阅读后的重点案例分析是进一步认识的基础，本书不作与具体案例无直接关联的大段背景叙述。尽可能引入有助于技艺个案理

❶ 周振鹤.随无涯之旅.释江南[M].北京：三联书店，1996：334.
❷ 同上。
❸ 同上。
❹ 施坚雅.中华帝国晚期的城市[M].北京：中华书局，2000：242-252.
❺ 赵世瑜，周尚意.中华文化地理概说[M].太原：山西教育出版社，1991：10.

解的具体方法，比如示意性复原图以及列表、绘画作品参照等。同时要注意对于文献的认识，它不仅是理解技艺的信息来源，也表达了文献作者的观念，这种观念同样是研究的对象。此外，对于史料性文献要注意信息的甄别，因为"史料"不是"史实"，前人所遗留的文献传达了重要的历史信息，但所传达的也可能是经过主观加工，甚至歪曲的信息，对这种主观性的研究认识也有助于对传统技艺的形成和演变规律进行理解。

1.4.2 人类学田野考察方法

本书的研究对象有很大一部分是散落在民间的传统技艺，对它们的研究只有深入到具体环境中，才能发现其在现实生活中的使用状态，并且能够获得第一手资料与文献进行比较研究，从而发现技艺演变的规律以及被保留的部分，进而分析这些至今保留的部分哪些是由于审美的原因而得以留存，哪些部分又是由于经济性的原因。

本研究的田野考察基本分为三个阶段：第一阶段为研究基础调研，此次考察的目的是调研研究样本的丰富性，通过对不同类型空间中现有技艺遗存及相关行业的调研，发现研究的基础样本典型性强，具有研究的价值；第二阶段为验证阶段，通过文献的收集和整理，再次进行实地考察，进行对比研究和验证，从而选取生态审美评价的指标因子，建立相关模型；第三阶段则是选取具体的设计样本，通过对设计样本所在地具体技艺的选择和评估来验证评估体系的可操作性。

1.4.3 设计评估方法

评估就意味着确定某些预期目标的价值或者将特定价值赋予到某些目标上[1]，评估活动可以追溯到科学的初创期。早在三个世纪前，就有研究者试图采用数量测量的方法针对社会问题进行评估，探寻某些社会现象产生的原因，比如死亡率、发病率和社会解体等事件。[2] 但是到了20世纪中叶，美国社会科学界已经认为评估研究是最有活力的研究领域。

同样地，评估在设计领域也越来越多地成为一种常态活动，以欧洲的可持续性评估为例，这类评估贯穿于设计的各个阶段，比如辅助设计、评价监督、辅助决策、产品选择等。[3] 这类评估的现实意义不光是能够有效辅助设计活动，还在于它能提高设计参与各方的生态意识，对促进整个社会的环境意识具有重要意义。[4] 在欧洲出现的可用相关评估包括两种类型：政府开发与公司开发。政府开发的有英国的 BREEAM 评估、芬兰的 PIMWAG 评估等，这类工具通常会用在政府大型项目中；公司开发的有荷兰的 BEES、Eco-Quantum 等，这类评估通常能较好地适应市场。[5] 由于可持续性评估在欧洲的开发非常频繁，评估的细化程度已经到了令人选择困难的地步，因此欧盟于 1998～2001 年间推进了示范性项目 BEQUEST（European Commission,

❶ 彼得·罗希,马克·李普希,霍华德·弗里曼.评估:方法与技术 [M].重庆:重庆大学出版社,2007（04）:1.
❷ 同上。
❸ 张彤.绿色北欧——可持续发展的城市与建筑 [M].南京:东南大学出版社,2009（01）:30.
❹ 同上。
❺ 同上。

2000），而后又于2004年制定了可持续社区评估方法的指导手册（Andreas Blum, et al,2004），这两个项目的目标都是帮助评估人员和决策者更好地选择评估方法和工具。与国外评估工具以"评估群"的模式急速增长相比，国内设计评估工具的开发尚有很大的空间。

国内外的研究者公认设计评估具有阶段性，英国设计管理界认为设计评估按照先后顺序分为需求评估、前期评估、中期评估、后期评估，而且认为评估同时需要面对设计中的各项因素及各因素的互动关系。❶中国学者刘和山则认为设计评估的最终目标是"筛选出最佳方案"，为了达到这个目的，需要在设计进度中不断比较和评定。❷美国的设计评估在20世纪后期分化出设计前评估与用后评估。❸清华美院的刘新教授在他的博士论文《实事求"适"——商品设计评价体系研究》及随后的系列论文中，强调了评估的阶段性，并以图表的方式形象地表述了前期评估、中期评估和后期评估的引导及优化设计方案的作用。本文所涉及的生态审美评估目的是协助决策方和设计师判断所选传统营造技艺是否能够应用于将要实施的设计项目，属于设计的前期评估。

关于审美价值的评估，设计界常用的是美景度评价法（SBE）、层次分析法（AHP）和审美评判测量法（BIB-LCJ）❹，SBE法和LCJ法目前应用最多的领域为测量不同人群对某种景观（自然风景为主）的审美观、审美趣味、审美标准等，并且大部分研究得出的结论是不同人群（比如专家和公众）有着普遍一致的自然风景审美观❺❻❼❽，但是这个结论主要用于以视觉效果为依据的审美评估。不少学者同时发现，生态价值与视觉质量之间没有直接的联系，许多综合评估的验证结果显示，公众认为视觉质量最好的景观，其生态价值可能较差❾，基于这个发现，某些学者提出应该避免视觉主导的景观特征类评估❿，这与生态美学家高博斯特指出的现有审美价值评价体系存在的问题相同："通过设计可以使我们审美地感知生态系统；但当我们对这种设计的价值认识得越来越充分时，却几乎没有人去研究知识生态学在生态审美欣赏中的作用。"因此，本书在设定生态审美评价模型时将会针对以往评估体系的不足，不再仅仅以视觉质量作为唯一的评判标准，而注重引入生态效益、文化特质等因子后形成对生态审美价值的判断。

在具体的设计评估方法层面，本书选择以层次分析法（AHP）为主。该方法是由美国数学家萨蒂提出的实用的评估方法，主要是通过将人们的主观判断转化为清晰的层次模型结构，并且通过每一层元素之间的比较、判断和计算，获得每个要素的权重，人们可以通过对每个要素的评判，获取不同方案的得分数比较，选择最优方案。AHP能够较好地将定量分析与定性分析结合在一起，因此能够较为有效地应用于"难以完全用定量方法解决的评价课题"。⓫本次评估涉及审美感知、文化特质等定性分析因素，但是生态审美又强调生态知识的介入，因此采用该方法能很好地将不同类型因素组合在同一体系中，并且用指标的形式将其细化与外显。

❶ 骆娟.工业设计方案评估者视角差异研究[D].湖南大学设计艺术学硕士学位论文,2013(03).
❷ 骆娟.工业设计方案评估者视角差异研究[D].湖南大学设计艺术学硕士学位论文,2013(03):10.
❸ （美）塔纳尔·奥兹迪尔,（美）迪伦·斯图瓦特.风景园林设计项目的经济绩效评估[J].冯艺佳译.风景园林,2015(01):70-85.
❹ 于雅鑫.12种木兰科乔木的固碳释氧和降温增湿能力及景观评价研究[D].中南林业科技大学硕士学位论文,2013(05).
❺ 俞孔坚.自然风景质量评价研究[J].北京林业大学学报,1988(06):7.
❻ 俞孔坚.论景观概念及其研究发展[J].北京林业大学学报,1987(4):433-439.
❼ 董建文,福建中.南亚热带风景游憩林构建基础研究[D].北京:北京林业大学,2007.
❽ 俞孔坚,吉庆萍.专家与公众景观审美差异研究及对策[J].中国园林,1990(2):19-23.
❾ 王云.风景区公路景观美学评价与环境保护设计[D].中国科学院博士学位论文,2007(05):13.
❿ 王云.风景区公路景观美学评价与环境保护设计[D].中国科学院博士学位论文,2007(05):15.
⓫ 刘新.实事求"适"——商品设计评价体系研究[D].清华大学博士学位论文,2006:148.

利用 AHP 法进行设计评估需要经历"建立结构层次"—"构造判断矩阵"—"层次单排序一致性检验"—"层次总排序检验"几个步骤。❶ "构建结构层次"需要设计者尽量客观准确地选择评估因子,组成合理的层次结构,而其后的步骤则需要引入数学方法,获得准确的权重信息。根据 AHP 法的研究步骤,接下来的第二章会根据生态审美理论建立基本的研究纬度,并将研究纬度转化为具有普遍性的评估层次——准则层,将生态审美理论进行转移,将其转化为细化评估因子的确定原则。第三章则是依据第二章所确定的选取原则,以江南地区为例,对传统环境营造技艺的具体评估因子进行选取,借助文献、田野考察、专家访谈等方法对评估因子进行论证,并且构造判断矩阵,进行一致性检验,完成理论模型的转化。第四章则是对评估体系进行验证,选取适宜的设计项目,对项目中有可能应用的传统环境营造技艺组进行评估,通过分值比较得出最优结果,为设计提供决策依据。为了保证验证活动的科学性,分别选择了四个不同的设计团队进行测试。

❶ 刘新. 实事求"适"——商品设计评价体系研究[D]. 清华大学博士学位论文, 2006:149.

1.5 研究的框架结构

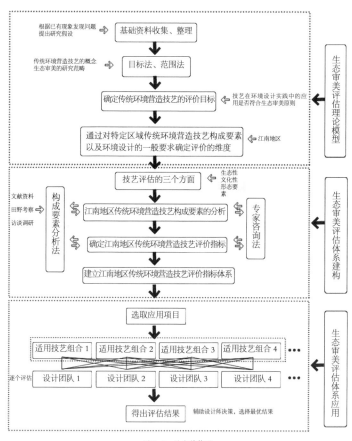

图 1-5 论文结构图
图片来源:作者自绘。

1.6　研究的创新点

本文的创新之处包括理论与实践两个方面。

理论上的创新：

（1）从环境设计的角度明确了"传统环境营造技艺"的概念与范畴。

（2）将生态美学、环境美学中的生态审美研究转化到当前的环境设计理论研究中，明确了生态审美在环境设计中的作用和终极目标。

实践上的创新：创建了对传统环境营造技艺进行再评估（Revalue）的可操作工具——传统环境营造技艺的生态审美评估体系，确定了评估指标、评估层级、评估流程，并进行了实践验证。

1.7　本章小结

"创造人类未来的生存方式"的出路不仅在于发明新技术、新工具，更在于发现激起人类追求单纯、和谐、美好的智慧，才能在人类继续进化过程中陶冶人们内在的潜能[1]，知识的发展是线性的，随着时代的进步而有先进、落后之分，但是智慧却无"先进"、"落后"之分。家园的建设一直汇聚各个时代人类的终极智慧，中国先祖在营建家园的过程中积累了大量的极具生态智慧的传统技艺，在当前的设计实践活动中已经有许多设计师对其进行了创新性的应用，但是这些实践大多数还停留在实验性项目中，如何以一种有效的方式激活传统技艺在一般环境设计实践中的应用是一个值得探讨的问题但似乎又是困难重重[2]，笔者怀着对先祖们的生态智慧的尊重和敬仰，尝试从生态审美的视角剖析传统环境营造技艺，期望能够为同类型研究或设计决策提供可以借鉴的理论与方法。

[1] 此观点摘录于柳冠中教授在2014年在淄博医疗、环保及相关产业设计创新国际论坛上的发言。

[2] 传统环境营造技艺的实施常常受到设计项目的性质、经济成本要求、设计周期等因素的制约，从相关的调研调查中可以看到大多数设计师对其也抱着一种"想用用不了"的无奈。

传统环境营造技艺生态审美评估理论模型的建构

> 解决生命的问题，不仅要在理论中埋头，还要更多地从实践出发。
>
> ——（美）梭罗

依据 AHP 法建立评估体系时，最关键的步骤就是理顺各层次结构、各指标以及层级与指标之间的逻辑关系，即为何选择这些指标项，应该依据评估目标进行设定。本评估体系的目标是从生态审美的角度对传统环境营造技艺进行再评估（Revalue），也就是在面临技术选择时，能对不同技艺的生态审美价值进行比较评估，选择出多个选项中的最优项。

由于本评估体系的层次结构组织依据与指标因子选择依据都需要依托于生态审美理论，因此首先需要对生态审美理论进行解读与转化，找到两者内在的联系，将生态审美理论转化为层次结构构建与指标选取的可操作原则。因此，在本章主要需解决的问题为两个：

（1）生态审美理论指导下的各层次结构及同层级评估因子之间的逻辑关系是如何的？

（2）生态审美理论如何转化为选择各层级评估因子的选取原则？

在历史较为悠久的人文学科中可以发现这样一个规律：前辈们的思想、体系、理论、范式总是在后继者的批判性思考中被传承。美学发展历史更是如此，克罗齐风趣地称这个为"各个支流家庭的争吵"，比如：做了柏拉图 20 年学生的亚里士多德提出了与他的老师几乎对立的美学思想；康德将美学纳入到自己建立的哲学体系中，但是到了黑格尔那里，原本领域宽广的美学摇身一变就成为"美的艺术的哲学"；做过海德格尔的学生和助手的马尔库塞和伽达默尔，他们师徒三人的美学观点又各不相同。这或许可以说明一点，美学的问题必须放在具体历史时代和文化语境中来进行思考。

站在美学史的角度来看，生态美学也可以看作为一种回归。波兰美学史家塔达基维奇（W. Tatarkiewicz）曾经根据西方美学理论将美的概念分为三种，分别是"最广义的美"、"纯粹审美意义上的美"和"审美意义上的美"，其中"最广义的美"是指希腊原始美，这种美包括了伦理学与美学，是需要借助道德判断进行识别的美。

当前，全球对生态环境保护和社会可持续发展共同目标的关注对美学发展的影响是不容忽视的，如果说早在几个世纪前某些哲学家、美学家认为主客二分思维方式下运行的社会模式不利于生命自由发展只是一个模糊的预测，那么最近这一个多世纪以来的空气污染、粮食短缺、能源危机等全球性问题则已经成为研究不可回避的时代背景，这个时代迫切地需要人们在对"纯粹审美意义上的美"的追求上加入道德伦理的约束，这也是生态美学生成的根本原因，是对"最广义的美"的再肯定。

因为本书篇幅和主题的限制，无法在文中历数经典美学走向"终结"之后产生的各种分支与流派，而与环境设计学科研究内容交叉较多的就是环境美学与生态美学，与环境美学相比，生态美学应用分支更注重研究微观的、可操作性的具体设计，从几位生态美学先行者的毕生努力方向就能够看出，比如奥尔多·利奥波德就将生态美学研究与自然环境保护运动结合在一起，贾苏克·科欧作为一名建筑师和景观设计师，则将生态美学演化为构建人性化、家园式的环境设计理念，保罗·高博斯特则一直致力于如何让生态审美观来指导森林景观的设计与后期管理。

设计作为造物造美两面一体的社会活动不可避免地受到美学观念转向的影响，其中包括设计观念、设计方法的转变，甚至是对固有形式美法则的重新认知。从这些纷繁复杂的设计现象中可以看出，随着自然科学的发展及人们对生态认知程度的加深，不管是设计者还是受众都在经历着传统审美观与生态审美观碰撞所引起的困惑与迷茫，并且这种碰撞还附带着物质与非物质、国际化与地域化、传统与现代等其他观念之间的交锋。使用何种技术、材料、工艺才能既符合生态法则（此处设计的生态性被视为基本的功能要求）又符合人们的审美需求（商业设计的要求）或引导人们的审美观念（优秀设计的要求），在实践中是需要设计师仔细推敲的。如何对既具有生态价值又具有审美价值的传统环境营造技艺进行判断呢？建立一个科学有效的辅助决策工具以供设计师们使用是较为可行的路径。

每一个具体的环境设计项目运行前，设计师都需要对项目所在区域进行前期调研，这其中就包括对本土技艺的调查。如果在设计师完成方案设计的同时利用某个评估体系对这些本土技艺进行一个评估以确定它们是否适用于本项目，从而给出一个合理的技术设计决策，这对于传统技艺的推广和传承无疑是有帮助的。

2.1 美学转向与设计发展趋势的内在联系

美学史可以划分为三个阶段：本体论、认识论、语言论。[1] 本体论阶段从古希腊开始至文艺复兴，与此时期对应的设计还处于整体一元的状态，设计师主体是集构思、施工于一体的手工艺者；认识论阶段则是从 17 世纪到 20 世纪初，涵盖新古典主义、启蒙运动、德国古典美学，与此时期对应的设计已经在大工业生产的影响下，开始了设计的分工细化，设计与施工开始分离；语言论又经历了两个有着内在联系的对立阶段，20 世纪初到 20 世纪五六十年代的结构主义思潮和 20 世纪六七十年代至今的解构主义思潮，与此时期对应的设计进入了多元化、多样化的发展阶段，但是从设计的形而上到形而下的各个层面中都有着一些共性，下面就从设计观念、设计方法和形式美法则三个层面进行分析。

[1] 蒋孔阳，朱立元.西方美学通史导论[M].上海：上海文艺出版社，1999（09）：23.

2.1.1　自然美的回归与设计观的内在转变

主客二分的哲学传统可以追溯到古希腊时期注重科学观察法的哲人们，人作为观察的中心和主体，外在的一切事物都成为对象，因而事物价值判定的一个重要标准就是其对人类是否有价值。这种观念指引着无数人前赴后继地去揭秘自然、改造自然，不断发明新技术，利用自然资源合成某些东西又拆解某些东西，希望克服对未知的恐惧，走向确定的、可控制的理性生活。这样的理念体现在环境设计中，具体表现就是紧锣密鼓的设计施工进程与时间安排、对于项目所在地周围自然资源的所谓科学规划法、以经济效益为第一的材料及施工方式选择，不得不承认这样的可控性及效率为当代人提供了功能多样以及高舒适度的空间，但是这同时也带来了建筑能耗高、人居环境越来越与自然疏离以及高额房价加剧社会贫富分化、自然资源作为外部成本逐渐成为奢侈与豪华的象征而只从属于少数阶层等一系列环境与社会问题。

人类一直在做的事情就是"制造问题、发现问题、解决问题"，在一系列的问题产生之后，哲学家们回到了问题的起点，因此引发了对形而上主客二分方法的批判，兜兜转转一圈，西方的爱智慧者们突然发现在东方文明中的"天人合一"、"物我同一"、"缘起性空"等观念其实是对待自然的正确态度，而这些哲学观点的基础就是主客一元。在这种哲学基础上所发展的设计观开始转变为环境整体设计观，强调设计物对环境的影响，比如生命周期法、旧建筑或旧物的再设计等，设计观的内在转变也经历着由"浅层生态主义"向"深层生态主义"的转变。

大面积的绿化、在室内空间中引入绿色景观、多采用自然材料等手法往往被冠以环境友好的生态设计，其实决定的因素却仅仅是为了满足人们的视觉审美，这种浅层生态主义的做法在当前的商业设计中较为盛行，比如说在"绪论"中提到的某楼盘花了 6 年时间在同一纬度找到 11 棵树王作为楼盘生态设计的个案，这些案例中设计者对形式美感以及绿色符号意义的思考往往大于对生态问题的全盘考虑。而"深层生态主义"则意味着设计物作为融入自然环境的一份子，可以为了不影响环境而作出各种调整，包括挑战经典形式美学原则或者是大众审美原则。以中村拓志的近期作品为例，设计师在东京惠比寿地区设计一栋高级出租公寓的时候真正做到了不砍伐场地内的每一棵树，以至于设计工期被长时间的延长、对机械工具的放弃以及由此带来的挑战传统形式美法则的最终建筑形态。设计师的个人笔记中详细记录了施工过程中出现的各种状况，比如工程进度落后，工人对复杂地形的抱怨："这怎么作业呢？！一定要砍掉树！"但是设计师在面对这些压力时看到的却是"不晓得为什么，树好像很开心地摇晃着叶子"。❶整个设计师笔记都以优美动人的语言来记录，尤其是最后那句"树好像很开心地摇晃着叶子"，这一方面可以看作设计师诗人情怀的抒发，另一方面，从生态哲学的角度看，这

❶　森林里的嬉游曲 [EB/OL].犀牛建筑网 .http://www.rhino-3d.com/thread-8662-1-1.html.2014-10-20.

图2-1 建筑立面造型适应树木
形态
图片来源:作者根据中村拓志《恋
爱中的建筑》中插图重绘。

可以看作建筑师对"主体间性"的理
解的一种直接表达。建筑最终呈现的
立面是没有任何所谓节奏、韵律的,
立面上所有的凸起或者凹进全部是顺
应原有树木的形态进行伸展和改变的
(图2-1),如果将立面图上所有的树
木去除,整个建筑立面看上去就是怪
异而无规律的。设计师甚至请了专业
的技术人员用激光测出了每棵树在地
底下的树根形态以及树枝的位置,设
计前期就将它们标示在图纸上,将窗
台和阳台的边界顺应这些树枝进行改
变(图2-2)。由此带来的是建筑的
每一个部分都在愉快地和场地进行交
流,为了场地中的树木改变开窗的方
向,这既带来了每个户型的空间多样
化,更重要的是,还由此改善了入住
者之间的关系,因为每户都不一样,

图2-2 建筑物不破坏周围树木
的树根
图片来源:作者根据中村拓志《恋
爱中的建筑》中插图重绘。

"有泳池的,可以邀隔壁来玩水;有大露台的,可以一起野餐;有书房的,也
可把林荫日光斜射进来时的慵懒读书时光分享给其他住户。"❶ 在这个案例
中,生态设计创造的物质空间甚至重新塑造了人与人之间的相处方式。

❶ 森林里的嬉游曲[EB/OL].
犀牛建筑网.http://www.rhino-
3d.com/thread-8662-1-1.html.
2014-10-20.

2.1.2 介入式审美与设计方法的变更

　　美学(aesthetics)这个概念,来自于希腊语"aithēsis",就是"感性"、"感
觉"、"生命的呼吸"的意思,是一个与人的感性生命和肉体存在特别相关的词,
但是在经典美学中,将美等同于艺术后,便将审美看作为无功利的、静观的、
以视觉和听觉为主的人类活动,例如康德就一直认为存在由"'客观的符合
目的性'的概念来固定下来的美"。又如在黑格尔的审美判断中就认为建筑
是最低级的艺术,因为它不是按照心灵的规律,而是按照机械的规律创造的,
物质性的材料和形式具有绝对的优势,而诗歌是最高的艺术形式,因为它可
以最大限度地摆脱物质层面的影响。在他们之后的叔本华、尼采的"激情说"

却重提了人类的综合感官与美的关系，至海德格尔，则正式地将对西方形而上学的批判引入了对美学的研究，直到马尔库塞提出了新美学的论点："美学这门学科确立了与理性秩序相反的感性秩序"，感觉的固有价值得到了重新审视。审美活动不再被限定于视觉和听觉，审美活动也不限于静观的方式。从梅洛－庞蒂的身体美学开始，一直到环境美学和生态美学，都一反传统审美的主客二分，强调的是一种"介入性"的审美体验。环境美学家柏林特将这个观点进行了拓展，他认为环境经验演化了一种"身体化审美"，这种"身体化审美"存在于我们的各种欣赏活动中，比如"亲自参与到一部展开的小说中"、"生活在富有活力的美妙的乐音中"，或者"进入一幅画的景观中"，值得注意的是，柏林特所举的三个案例中的"我们"都是以"参与状态"介入的，因此他所用的描述是"生活在音乐中"而不是聆听音乐，是"参与到小说中"而不是阅读小说。在参与模式下，"我们与环境的身体性结合能在活跃的知觉中融为一体"，这种状态下，参与者可以充分地体会到何为"身体化审美"。

　　以物质世界为基础进行的设计活动早就开始了以身体为中心的实践模式，比如在中国传统的园林设计中，设计者就充分重视了环境元素对人类五感的全方位关照，只是当介入式审美成为一种明确的理念提出后，设计师从无意识的尝试走向了有意识的探索。比如深受梅洛－庞蒂哲学思想影响的法国设计师贝尔纳·拉絮斯就进行了一系列强调介入式审美方式的环境设计，设计师通过景观装置设计、室内设计和景观设计来不断探索这一方式，其中最为成功的一个案例是法国喀桑采石场高速路段景观设计。拉絮斯将自己对于当代世界所有深度体验逐渐消失的关注注入了这个设计中，努力地创造出一种让使用者与自然更感性地融合的方式，拉絮斯的理想是创造一种"景观诗学"来形成一种再次唤醒主体向世界敞开的意外体验，"它与古典艺术概念相距甚远"。 ❶

　　在采石场高速路段景观设计中，拉絮斯从人类的两种感知方式视觉与触觉入手进行设计，设计师用诗意的语言描述了利用触觉设计的场景："触觉体验通过与身体相接触的物体、植被、植物的存在而被加强；近距离使我们留意到岩石的物质事实，注意到入侵采石场的植物的物质事实，并留心预先设置好的供游人探究的自然环境的物质事实。触觉体验使岩石块与岩石粒显现出来，使植物的脆弱与柔软呈现出来，使我们脚踩的或餐桌上的木头的弹性与纹理显现出来。" ❷ 从这段描述中可以看到介入式审美采用的还是一种现象学观察方法，设计师正是秉持了这种观念，所以没有粗暴地将公路两侧的景观处理成混凝土或其他材质塑造的挡土墙，公路的路线甚至因此作了调整。

　　在设计草图的表达上也相应地呈现出动态、模糊的特征，设计师充分尊重场地原有的自然元素及人文痕迹，因此，设计很多时候还是采用的现场设

❶（法）米歇尔·柯南.穿越岩石景观——贝尔纳.拉絮斯的景观言说方式[M].长沙：湖南科学技术出版社，2006：67.

❷（法）米歇尔·柯南.穿越岩石景观——贝尔纳.拉絮斯的景观言说方式[M].长沙：湖南科学技术出版社，2006：29-30.

观景台

图 2-3　拉絮斯绘制的采石场公路草图
图片来源：作者根据（法）米歇尔·柯南 . 穿越岩石景观——贝尔纳·拉絮斯的景观言说方式[M].赵红梅译 .2006.中插图重绘。

计方法，设计草图很多时候更像是现场写生作品（图 2-3）。"草图诞生于与具体地形的相遇之中，这种相遇，每两个星期就会重复一次。"图纸呈现的方式和样式与传统木作师父在施工现场绘制的图纸有着某种程度的相似，包括工程实施过程中的"集体主义"。"在对景观创造的参与上，景观设计者所参与的工地服务与工程师和驾驶者们是没有什么差别的！思想、语言、图像、手势和行动的交流，在拉絮斯周围建立起一个共同合作的整体，并调动起一股相当大的探索感性世界的行动力量，它们连接在一起，从而创造出了喀桑的多样景观类型。"

2.1.3　生命关照中的形式美法则嬗变

　　数千年来哲学家和美学家关于美的形式与内容之争一直没有停止过，前文提到的美学家塔达基维奇（W.Tatarkiewicz）曾归结出三种不同的美之概念❶，其中的"纯粹审美意义上的美"❷和"审美意义上的美"❸与传统设计创作中讨论的美的概念接近。

　　甚至在某个哲学家的一生或一部著作中关于形式与内容的观点都会发生转变，比如在康德的早期著作《美的分析》中，前部的论述秉持的是典型的形式主义，而到了著作后面论及"美的理想"的部分又从形式主义转到了对人道主义内容的偏重，"按照美的理想所作的判断不能是一种单纯的审美趣味的判断"，他认为真正美的东西，从道德观念来看，也要是"完善"的。❹当然，哲学意义上的形式的内涵与外延都远远超过设计学上所指称的形式，康德、席勒、黑格尔所称的"形式"是一切物质与非物质内容的外在显现。❺如果以"材料媒介"、"技巧手法"、"艺术审美"、"形而上概念"对已有的涉及"形式"的语汇进行分类，可以发现包含要素与内涵完全不同的形式概念。比如毕达哥拉斯学派提出的"和谐形式"意指"要素间的有序排列"，而黑格尔的"感性形式"则指"内容、生命、情感、经验等非物质因素的外在表现"；康德所说的"先验形式"与英伽登所提的"范畴形式"则完全是形而上的概念；但是设计学上的形式无法摆脱对物质现象的研究，包含材料、比例、尺度、色彩等物质元素的特质及其组织方式的阐释。

　　形式概念的演变甚至使得"形式美"、"形式美感"这类词语在美学研究中被批判，甚至弃置，但是"分立是意识形态上的，而不是实践上的"。❻当价值判断不再从个体或少数的利益出发（这个少数还包括着类的概念，比

❶　彭锋 . 西方美学与艺术[M].北京：北京大学出版社，2005：14.
❷　源于欧洲体系美的基本概念的"纯粹审美意义上的美"。这种美的概念，只涉及那种引起审美经验的东西，但是，这一概念实际上又囊括了这个范围内的所有东西，包括心理产品以及色彩与声音。
❸　审美意义上的美，也仅限于视觉所把握的东西。在这一意义上，只有线条与色彩等形式要素才是美的。而近代，总的说来，则只在日常语言中才这样使用。
❹　朱光潜 . 西方美学史[M].北京：人民文学出版社，1979（05）：431.
❺　据塔达基维奇（又译塔塔凯奇）的考证，形式这个术语源于罗马时代，拉丁文的形式是"foma"，在许多近代语言中，被毫无改变地采纳。"形式"堪比"存在"范畴比肩的古老、生命力持久抑或思维触角遍布美学艺术学的各个层面方向。塔达基维奇在《西方美学概念史》中列举了 11 种形式含义，波兰著名现象学美学家英伽登在力作《内容和形式之本质的一般问题》中区分了 9 种。此部分注解引自张旭曙的论文《西方美学中的"形式"：一个观念史的理解》。
❻　布鲁诺·拉图尔访谈：艺术与科学（资料来源：art.china.cn/voice/2015-01/20/content_7621729.htm. 布鲁诺·拉图尔是当代科学知识社会学研究和法国新社会学派的重要人物。）.

图 2-4　安缦法云酒店
图片来源：作者自摄。

如对整个生态系统而言，人类也只是少数），形式作为外在显现必然会随之
改变，对于设计物所呈现出的形式美必然是"理念的感性显现"。以空间组
合的形式美法则来说，传统美学讲求的是中轴对称、空间界限明确，到了结
构主义时期则呈现出流动、含糊、无中心的形式趣味，在生态价值至上的设
计理念下，对设计形式的思考也在逐渐向形而上的本质层发展，具体的表现
就是对形式美的判定不再局限于技术手法、材料媒介的限定，甚至不再受艺
术审美层的风格形式和审美范畴的影响。

　　这种倾向可以从当代设计多元化的表现形式中感受到，以两个从外观
形式上迥异的环境设计作品为例来进行分析。在展示的图片上，显而易见，
两个作品所呈现的形式差异性非常之明显，一个是中国传统村落的空间组
织方式、建筑形态及室内陈设（图 2-4），一个是现代的高层建筑（虽然说
立面上布满了绿色植物）（图 2-5）。如果从材料媒介的层面来分析，一个
是自然的、乡土的、易得的材质，一个则是人工的、工业化的、复合的材质；
如果从艺术审美的层面来分析，一个是 16 世纪优美的中国田园风格，一个
是 21 世纪的现代主义风格，但是两者都被称为成功的生态主义设计。这个
中国传统村落风格的建筑群是修建在杭州的安缦法云精品酒店，酒店是在
保护村落法云村的基础上进行开发的，因此充分保持了村落原有的格局，
应用大量的本土营造技艺来对酒店环境进行营造，做到了对原有自然环境
和人工环境的充分尊重；另一个则是在米兰建成的"垂直森林"，设计师将
树木植入了这栋现代建筑，通过这些植物能够有效地改善建筑周围和每个
住户生活区域的微环境，植物也为生物多样性提供了可能，建筑营造出了
人与自然和谐共存的人居环境。虽然从形式上两者没有任何的共通之处，
但是两者都被称为生态设计，表现出的是有生态意味的美，这说明生态审
美是由审美经验的深层结构决定的，而这个深层结构必须借助于生态学知
识进行理性判断，不能仅仅停留于一般的形式美感的层面。这也可以解释
有些生态设计体现出的是"艺术与审美分离"❶的状态，比如德国教授用
废弃建材重新修建的自用住宅，如果脱离生态学知识，用传统形式美法则

❶　艺术与审美分离这一说法以
及说明案例援引自周浩明教授的
《可持续室内环境设计理论》。

图 2-5　米兰生态高层公寓
图片来源：作者自绘。

来审视，这个建筑完全就是杂乱无章的临时建筑，但是用审美经验的深层
结构来分析的话，则不得不承认它是一个符合生态审美的设计作品。

2.2　生态审美与传统环境营造技艺价值再评估之间的关系

　　如第一章中所述，生态审美是整个时代转向过程中产生的一种新的审
美观念和审美方式，对于设计而言，这种观念的转变首先出现于实践层面，
继而引发了诸多理论家与批评家对于观念与设计行为转化之间一般规律的
探讨。

2.2.1　生态审美的产生与传统技艺价值再评估的共同前提

　　对美学家而言，环境问题已经不只是理论问题而成为现实问题。同样地，
对设计师而言，生态设计也不是设计趋势而是设计现实。以往和当前产生的
各种设计思潮、方法和技术都在不断减少环境负荷、减少能源消耗这个大前
提下被重新思考，时间和空间的界限被模糊了，比如以时代特征（传统与现代）
或风格为主导的设计方式日渐式微，政策法规已经从顶层设计对设计的生态
性进行要求，相关部门已经制定了一系列绿色建筑设计、室内环境质量指标
的相关规范。生态审美观正日益成为指导设计师实践行为的准则，无怪乎西
方学者称生态美学为"规范美学"，即规范人类"应该"如何审美。笔者较
为赞同程相占教授对生态审美所下的定义："生态审美是相对于此前的非生
态审美而言的，它是为了回应全球性的生态危机、以生态伦理学为思想基础、

❶ 程相占.生生美学论集——
从文艺美学到生态美学[M].北
京：人民出版社，2011：151.

❷ 此部分内容来自2013年国
际竹建筑双年展上对可持续设计
的部分介绍。

❸ 设计竞赛的统计数据来自网
页信息统计，以"旧物改造"为
主题词进行搜索，搜索结果去除
了以个体单位为组织方的竞赛，
比如以一个社区或者一个学校参
与的。

❹ 张曼，刘松茯，康健.后工
业社会英国建筑符号的生态审美
研究[J].建筑学报,2011(09):4.

借助于生态知识引发想象并激发情感、旨在克服人类传统审美偏好的新型审美方式与审美观。"❶程相占的定义肯定了生态审美产生的历史必然性。对于设计师而言，持有生态审美观、懂得已有技术手段、材料媒介的生态审美也是历史必然，正如HWKN的设计师马赛厄斯·霍尔维驰创造的新词"生态标志性"（econic），设计师用这个词来描述随之产生的新设计文化，该词将当代环境营造的标志性（iconicity）与生态关注（ecological concern）结合到一起，并且想通过环境的营造来展示给大家看，可持续环境设计在审美和空间上都是令人兴奋的。❷

（1）生存危机的普遍认知

"对自然的热爱永远是一个善良灵魂的标志。"康德的这句话似乎可以总结当今人类普遍的生存危机的根源。自从将自然看作外部资源而剔出经济成本后，人类与自然的关系就日渐疏远了。2010年上海世博会的众多展馆都强调生态的主题，在城市未来馆中有几个展示让人印象深刻，它们利用巨大的装置将地球上所有资源的剩余总量、年消耗率的数据形象化，每年的资源消耗量之大与全球剩余总量之少的对比以直观的方式呈现时，每个人都忍不住发出这样的惊叹："难道就只有这么点资源了吗？"现实生存环境的恶化已经使得以往隐性的生态危机暴露出来了，比如近两年国内多地频发的雾霾事件，如何低碳、生态、健康地生活成为人类的共识，这在不少的设计作品中也得到了体现。国际和国内都开始了不少以旧物设计为主题的竞赛，2009～2014年旧物改造的设计竞赛就有二十余项。❸竞赛理念通常都代表了某一学科的先锋观点与发展趋势，旧物改造设计竞赛的频繁举行不管是对设计师还是普通大众的价值观、审美观都能够产生深刻影响，比如2011年在芬兰赫尔辛基举办的"Trash Hotel"国际设计竞赛邀请了18个来自不同国家的团队用各种方式对废旧物品进行改造，创造出了各种新的美学形式，作品的色彩、肌理、形态、结构都与具有平均美特征的普通商业设计完全不同。当时由清华美院周浩明教授带领的参赛团队中的设计师陈军就受到了很深的影响，在他回国后进行的设计实践中就一直将旧物设计的理念融入商业设计之中。

再以英国为例，自英国步入后工业社会开始，由生态文明引发的社会变革在设计领域的体现就是创作观念深受生态美学的影响。以建筑设计为例，20世纪60年代生态建筑是唯一一个建造数量逐年增长的建筑类型，由原来的技术衍生物转变为建筑主流，生态建筑地位的转变说明"生态效益"已经转变为设计的决定性前提，而且近两年的趋势还强调与地域文化相互结合。❹

再以近些年颇受业界赞誉的"洋家乐"民宿环境设计为例，这些民宿都是利用浙江莫干山地区农民的老房子为基础进行的酒店改造，经营者的理念是尽量少耗费能源，具体表现为："没有空调、没有煤气，夏天靠电风扇，冬天则依靠每个房间安装的火炉,烧的是本地废木料、木屑压缩制成的柴禾。雨水则由门前蓄水池承接,可以得到循环使用。垃圾会被分类,可循环的类型如树叶、苹果皮会埋在地下。"❶ 传统技艺的应用在"洋家乐"环境营造中成为常态,比如各种乡土材料的编织形态的存在。

无独有偶的是欧洲雪山小屋的最新设计趋势也是更好地利用本地材料和工艺,瑞士建筑师阿德·库黑尔(Arnd Kuchel)在恩嘎丁山谷设计自宅时,"建筑所用的石材和木材都取自当地,我们雇佣的工匠也都是当地人"。❷

从以上这些具体案例中也可以看出生态审美观的形成是人们对生存危机的认识加深及生态意识普及后的必然结果,在当前的设计实践中以不同的方式呈现,也是设计师对传统技艺进行再认识的思想基础。

(2)理性与感性和解后的必然

在生态美学的研究中,不少学者都提到中国的美学观点与当代的环境美学、生态美学有着高度的相似性,这与中国哲学的一元论传统有着极大的关联。李泽厚在《中国美学史》中认为中国美学与西方古典及现代美学的不同起源于社会结构的不同,李泽厚认为西方的民主精神在氏族社会向奴隶社会过渡时,已经将氏族血缘关系对社会阶级的影响降到了最低,而中国古代更具"人情味"一些,虽然奴隶社会也是统治与被统治的关系,但是这种关系仍然"同基于氏族血缘的宗法关系紧紧结合在一起"❸,而且在漫长的封建社会时期,这种影响一直存在,因此所有的社会关系,例如政治经济关系,都与伦理道德融为一体。注重伦理关系使得中国美学具有了美与善、情与理、认知与直觉、人与自然高度统一的特征。反观西方美学的发展史,有学者直接将西方美学的发展归结为一部"感性与理性斗争"的历史,从柏拉图强调"理式"开始,西方古典美学一直将理性置于感性之上,直到叔本华、尼采开始将感性提升至生命的高度,感性才取得了和理性平等的地位。但是在二元分立的基础之上,感性与理性始终不能和平相处,不是"理性至上"就是"感性解放",审美、伦理与艺术之间的关联始终未被激活。直到环境美学家、生态美学家们从哲学的根源上破除了二元对立,回归到一元融合的基础上,才使得感性与理性分立对抗的问题得到解决。

正是由于中国人从开始就很好地平衡了直觉、感情和理性,并且认为伦理关系不应仅仅局限在人与人的社会关系中还应该扩展到人与自然的关系之中。首先,"外在自然物的美不是根源于它的某种同人无关的特别的属性",因此自然不是与个体无关的外部,而是"同人的生命的保存和发展密切相关"❹,自然中出现的合乎规律的形式、运动的节奏韵律同人的内在的感性体会是一体的,两者之间存在着"某种互相吻合、一致、同一的关系"。正是理性与感性的和解使得伦理与审美紧密联系在一起,两者融合的观念指导着传统的造物行为、技艺创造,这也使得中国传统技艺产生的思想基础就是建立在生态伦理之上的。

❶ 吴妙丽.莫干山下的低碳"洋家乐"[N].浙江日报,2010(03).

❷ 加拿大木业协会.欧洲雪山木屋的最新设计趋势.FT中文网,2015[2015-2-27].

❸ 李泽厚.中国美学史 [M].北京:中国社会科学出版社,1984(07):28.

❹ 同上

（3）重建日常生活世界的需要

在胡塞尔的相关论述中，他认为生活世界是一个"预先存在的有效世界"[1]，按照笔者的理解，预先存在意味着"普遍的目的"而不是某种特定的意图，有效则意味着"每一种目的都是以它为前提的"[2]。诗意属于生活世界，日出日落也属于生活世界，但是伴随着精神生产和物质生产的分化等社会大分工以及阶级和国家等各种分离性因素的出现，非日常生活世界逐渐产生。非日常生活世界的两个层面分别基于社会活动领域和人类精神生产或知识领域，前者包括社会化生产、经济、政治等，后者则包括科学、艺术和哲学等。[3]非日常生活世界正是由现代文明所带来的，在它形成的初期，非日常生活世界极大地解放了个人的创造力，个体获得了更多改变世界的能力，也获得了更为平等的人际关系。[4]但是随着非日常生活世界的日益膨胀，它对日常生活世界形成了过分的挤压与冲击，带来的后果是人的脱域与异化，日常生活世界的消失以及由此引发的自在感、安全感的缺失。[5]当今的各种社会问题、环境问题可以说都是由这两个世界不平衡发展所导致的张力带来的（表2-1）。

❶ 张延国.胡塞尔的"生活世界"理论及其意义[J].华中科技大学学报（人文社会科学版），2002（05）：15.
❷ 同上。

❸ 贺明.日常生活世界的传统聚落空间解读[D].华中科技大学硕士学位论文，2004：18.
❹ 同上。
❺ 同上。

❻ 同上。

日常世界与非日常世界的对比 [6]　　　　　　　　　　　　　　　　　　　　表2-1

日常生活世界	非日常生活世界
重复性：活动方式的基础是重复性思维和重复性实践	创造性：活动方式以科学思维和技术理性为依托
自在性：活动方式以传统习俗、经验和常识为基础	自觉性：精神生产和社会活动以现代艺术和哲学所代表的主体意识和人本精神为基础
自发性：自发的调控系统以天然情感、家庭、道德和血缘宗法为基础	社会性：基于理性和公众意志的各种规则、制度和法规的社会活动方式
日常生活世界的特点是重复性思维和重复性实践占主导地位，而非日常生活世界则是以创造性思维与创造性实践占主导地位，前者为人提供的是安全感和家园感，后者为人提供的是自由创造和竞争的空间。	

环境设计从某种意义上说就是要塑造人们的生活空间，正如斯克鲁顿所言："建筑仅仅是对某种合适东西的感觉的应用，这种感觉支配着日常存在的每个方面。在提议一种建筑美学时，人们可以说，日常生活的美学是至少必须提议建筑美学的。"[7]大多数传统技艺本身就是从"日常生活"中产生的，是为了营造或维护某种日常生活状态，不少设计师在重新发现日常生活世界的意义后，继而发现回归日常生活世界是避免破坏文化生态、营造诗意栖居的有效路径。比如被称为现象学建筑师的斯蒂文·霍尔，他的设计起点往往是人的知觉与建筑空间的不确定性，他的作品所塑造的空间与时间关系总是互相转换的，与现代主义建筑中时间作为空间依附的关系不同，而达成这一点的设计方法就是在处理各种功能空间的时候预留很多不确定与不清晰的元素处理，有着许多复杂化、陌生化以及即兴的创作，这和中国传统环境塑造

❼ （美）史蒂文·布拉萨.景观美学[M].彭锋译.北京：北京大学出版社，2008：29.

中常用的手法有相似的地方，斯蒂文·霍尔本人也意识到了这一点，因此在他游览了中国几个南方城市后，在北京大学进行的第一场讲座就是关于中国园林——网师园，并且宣称他所有的思想在苏州园林中都已经包含了。此外，回归日常生活世界也意味着更注重环境的细节处理，因为日常生活世界的特征就是重复性实践占据主导地位，事件本身的单调性会使得置身其中的人更加强调对环境细节真实质感的捕捉，回归日常生活世界所产生的审美方式必然是介入式的审美方式，强调主体与环境之间的整体关系，这正是生态审美的基本特征。

2.2.2 生态审美概念的相对性与传统技艺价值认定的多元化

占据目前世界主导地位的工业文明（Industrial culture）一度被认为是唯一的进步与发展模式，直到这种模式借由资本和技术强力在生态圈内造成了大面积的损伤，如破坏了各种生命群落的栖息地、生活习惯，导致众多物种、大量本土文化及其包含的价值观念的消亡❶，人们才开始意识到它的不完善。工业文明中产生的各种非生态审美观和审美活动也呈现多样化的形态，比如以刺激消费为目的的"有计划废止"设计、消灭了维修与回收习俗的现代工业以及诸多以大为美、以奢为荣的"奇奇怪怪"的建筑。

以深层生态学为哲学基础，以生态伦理作为底线的生态审美首先是对传统审美的一种超越，其次是对工业文明下产生的诸多"非生态审美"的矫正，因此在研究时会格外强调生态审美概念的相对性，注重由此带来的价值认定的对比研究。

2.2.3 对传统技艺进行生态审美判断时涉及的相关原则

生态审美的缘起是人们对生存环境的反思，生态审美观是建立于万物平等基础上的审美观念，生态审美方式要求人类在兼顾整体生态利益的基础上对客体进行审美，这就意味着人们要学会用批判性的眼光来重新审视传统审美活动中存在的"不辨益害"的错误。对于设计师而言，则意味着对设计功能内涵及感性形式的重新认识。

1. 尊重为本——强调主体间性与对话模式

传统美学建立在主客二元对立的主体性哲学基础之上，因此把存在确定为人对世界的创造、征服，主体成为存在的依据；生态美学则建立在主体间性哲学的基础上，把存在确定为自我主体与世界主体的交往融合。❷在这样的认识下，人与自然的关系就应该是马丁·布伯所说的"我与你"的关系，也是大卫·雷·格里芬所说的"世界的返魅"，这也意味着当人们获得自然资源，创造适合自己的人居环境时应该本着尊重自然的态度，形成与自然对话的态度。这种认识在很多生态文学家对人居环境的描述中可以明确地感受到，比如在生态短篇小说《奔跑》中，主人公晨跑时的环境中出现了"树林"、"溪

❶ Mosquin, Ted. The Roles of Biodiversity in Creating and Maintaining the Ecosphere,2005 (4).

❷ 杨春时.论生态美学的主体间性[J].贵州师范大学学报（社会科学版）,2004（01）:82.

流"、"猫头鹰"、"臭鼬"、"霉菌"、"雌鹿"等对象，但是从描述中可以看到作者对这些自然之物并不是依照传统的审美观进行评判的，比如作者描写男主人公的自我感受为"他像这个危险的星球和人为改变的大气层之间的一颗轴珠，让地球平稳运转"[1]，当他听到溪水声时想到的是"让散发着淡淡霉味的岸边枝叶和霉菌保持湿润"[2]，而当他遇到雌鹿时，"他和她并排跑了一会儿，直至她消失在丛林里"[3]。

❶ （美）朱利恩·卢茨·沃伦.奔跑 [N].光明日报，2014[2014-4-25].
❷ 同上.
❸ 同上.

不管是主人公对自己如一颗轴珠般的自我评判和他与雌鹿共同晨跑的经历，还是他对霉菌的肯定性评价，包括作者在描述雌鹿时用的人称代词"她"，都体现出了作者对自然事物所持有的尊重以及对其中美学特质的发现，特别是以往传统美学中持批判态度的自然物。可以看出生态审美秉持的态度，即生命体之间的互相审视，即使作为审美主体的人类也应该以一种平等的姿态来欣赏存在于自然界中的万物，而不应该抱着功利主义的目的（对人是否有利）来评判自然物的美与不美。

生态审美应该采取一种对话的模式，就设计程序而言，设计物的生成本身也是对话与交流的结果。以环境设计为例，任何设计项目的第一步都是对场地的考察及与业主间的交流，与自然对话也是许多优秀设计师的共性，比如在《景观设计学》中就高度评价了日本设计师在设计前去静静地体悟场所特质的做法，那些设计师都认为场地上原有的阳光、树影、微风已经告诉了他们该如何设计。而在室内设计、展示设计、家具设计等项目中，第一步也是采集业主们或使用者的信息，并且与他们对话，了解他们对空间的需求。只是在以往的设计过程中，这样的交流与对话大多数还只是从小部分人的需求出发，让自然环境为"这些人"营造舒适的空间，让空间变得更适合"那些人"的使用。而从生态审美的角度来审视传统技艺，价值评判的范围应该是扩大至整个生态系统，即这个技艺对促进生态系统的健康有利就是美的，反之则不美。

2.理性为基——生态与文化知识作为审美欣赏的基础

鲍姆嘉通给美学下的定义是一门"感性认识的科学"（a science of sensitive knowing），有别于理性科学中的逻辑知识，这门学科中产生的是"审美知识"；审美知识存在的目的是发现和解释"如何把模糊不清的、由感官感受到的杂多之物转换成清晰的知觉意象"[4]。因此，不少研究者认为审美判断与理性知识没有关系，但就算是提出无功利审美的康德也认可知识在前审美判断中的作用，近代的环境美学家、生态美学家则普遍认为知识（特别是生态知识）是协助人们进行生态审美的关键因素，比如利奥波德认为生态学、历史学、生物学、地形学、生物地形学等知识和认知形式能够改变和强化我们的感知。其中卡尔松对生态知识参与审美欣赏的认识最为肯定，甚至因此提出了"认知立场"，他将"欣赏艺术"与"欣赏自然"进行了对比，卡尔松认为既然"严肃而恰当的艺术欣赏"需要艺术史及艺术批评知识的介

❹ Cooper, David A. Ed.A Companion to Aesthetics. Blackwell Publisher Ltd, 1995: 40-44. 这种理论曾经被国内一些持"存在论"的学者称为"认识论美学"而备受诟病，其核心观点是坚持审美不同于认识，审美活动的目的不在于获得知识。

入，那么"自然史知识"就是欣赏自然时必备的，而自然史知识由"自然科学，特别是地质学、生物学和生态学所提供"。❶ 柏林特则认为生态审美是一种规范性审美，需要借用生态知识来规定人们该如何审美。在环境设计中最典型的一个例子就是对沼泽、荒野设计策略的改变，沼泽荒野在传统的如画风景观中是不被认为具有美感的，但随着生态科学的发展和生态知识的普及，不管是设计师还是普通大众都认识到了沼泽荒野的存在有利于维持整个森林生物的多样性和生态系统的健康，由此，沼泽荒野在当今的景观设计中通常被认为因具有生态美而得以保留，并且有美学家和设计师甚至提出了"荒野美学"的观点。

❶ 程相占.生生美学论集——从文艺美学到生态美学[M].北京:人民出版社,2011:158.

虽然关于知识是否参与审美欣赏在美学界颇有争议，但是知识对于审美欣赏的作用对设计师来说不难理解，因为任何设计的完成都需要兼顾理性知识（对功能、场地的分析）和感性形象生成（包括物质与非物质）。只不过随着生态责任逐渐演变为设计师职业道德的一部分，设计师开始自觉地将生态判断加入功能设计中，并且将设计项目的生态效益（善）作为判断设计美学价值的重要标准。

除了生态知识以外，另一个参与审美判断的理性因素就是文化的影响，杜威在其对弗莱的形式主义批评中就明确地提出了文化对景观审美的影响。

如果一个艺术家有可能在没有利害和态度、没有价值背景、脱离他先前的经验的情况下处理一个景致的话，那么他就可以在理论上根据它们的关系专门地将线条和色彩看作线条和色彩。❷ 但是，这是一个不可能满足的条件。而且，在这种情况下，就没有任何可以让他充满激情去面对的东西。❸ 在一个艺术家能够根据其绘画所特有的颜色和线条关系展开对他面前的景致的重构之前，他会以由先前的经验带给他的感知的意义和价值来观察这个景致。❹

❷（美）史蒂文·布拉萨.景观美学[M].彭锋译.北京:北京大学出版社,2008:39.
❸ 同上.
❹ 同上.

文化常常以隐性的方式融合到审美判断中，这已经得到了很多美学家的认可，有许多设计师则希望通过量化的方式来确证这一点。以景观设计为例，通过照片实测、问卷调研获取样本数据，进而分析文化在人们的景观审美偏好中的影响，比如毕尧夫等人（Buhyoff et al., 1983）就用了同样的 11 张照片来比较土生的美国测试者（聚集成一个群体）的偏好与来自荷兰、瑞典和丹麦的测试者群体的偏好，并且通过数据采集和分析得出了结论："丹麦人和荷兰人更喜欢平面和开放的景观，而美国人和瑞典人更欣赏林地和山峦景色。"❺

❺（美）史蒂文·布拉萨.景观美学[M].彭锋译.北京:北京大学出版社,2008:39-45.

以此类推，对传统技艺的价值再判断同样离不开生态与文化知识的介入，尤其是站在文化传承的角度对技艺进行评判时。

3. 感性为用——技术促成感性形象塑造方式的多样性

设计作为造物造美两面一体的人类活动，虽然在美学研究中，形式美感已经成为一个贬义的概念而很少被提及，但是感性形象的塑造始终是设计无法回避的目标之一，特别是对于环境设计这类具有公共性特质的设计类型而言，形式美感与公众接受度的关联度以及两者之间互为影响的关系都是设计形态演变的主要因素。从符号学的角度对当代环境设计形式美感的演变进行解读的话，可以发现设计形式已经由"风格主导型"转向了"生态主导型"，这可以从技术符号、句法符号两个方面进行解读。

工业文明初期，技术符号（technical codes）曾被看作构成建筑物风格的最小结构单位❶，设计师往往通过塑造技术符号的标识性，进而形成一种以技术为核心的创作方法，比如风格化明显的高技派、粗野主义等，但是随着生态性日益成为设计创作的基本要求，以风格塑造为目的的技术符号创作逐渐让位于以"生态性"为主导的技术应用，生态成为选择技术手段的前提，也可以认为技术符号带来的形式美感越来越由技术的最终目标——减少对环境的影响、减少对资源的消耗来确定，因此设计师不再倾向于用高技术、低技术这类以技术产生的时代、消耗能源的类型、技术产生的结构形式等作为标准来限定技术在设计中的应用，而偏向于采用适宜技术，并且在生态的这个大前提下对技术符号所产生的形态采取了开放的审美态度。

句法结构（syntactic codes）意指最小单体的组织及连接方式，并且借用重复、变异、穿插等修辞手法创造出建筑物不同的艺术语汇。❷在生态意识尚未被强调的界面设计中，设计师往往将侧重点放在创造各种新的连接方式及修饰技巧上，塑造不同的形式来传达诸如高贵、清新、温暖、柔和等各种情感信息。而当生态法则成为设计的基本前提以后，原有的形式美法则诸如节奏、韵律、比例、对称、均衡等就从必要条件变成了充分而不必要条件。某些界面设计可能既符合生态法则又符合传统的形式美法则，而有些则可能符合生态学法则但与传统的形式美法则相背离。

虽然对视觉形式的各种推敲依然是环境设计的重点，但是设计界参与审美模式的无意识实践活动已经相当丰富，各种体验设计、非物质设计、场所精神塑造便是对于设计的非视觉动力模式的探索。

2.3 生态审美介入传统技艺价值再评估的路径

"是"与"应当"的关系问题最早由英国哲学家休谟提出，他认为"是什么"解决的是知识层面的事，即经验事实的真伪如何；"应当是什么"针对的则是道德层面的事，即是否符合道德规范。❸在生态观念尚未介入设计审美活动时，设计者往往从"是什么"的角度对设计作品呈现的形态、样貌、工艺作出各种描述，并由此推导出设计作品隶属于何种风格、作品的形式特征又受到哪些因素的影响、审美活动呈现出哪种"描述性"的特征。简单来说，通过描述特征评论者可以将各种设计物归入某一风格系统，比如建筑上一旦出现大量垂直线条的高耸天窗、烟囱和顶塔等构件，它便被认定为哥特

❶ Charles Jencks. Language of Post Modern Architecture. London: Academy Edition, 1984.

❷ 同上。

❸ （英）休谟.道德原则研究 [M].曾晓平译.北京:商务印书馆, 2001: 23-56.

风格的建筑，而长形带窗、自由立面的体块式建筑则会顺理成章地归为现代风格。从某种意义上说，以是否具有典型性的结构、装饰、工艺细节等形式元素为分类依据的风格系统依然是一个封闭系统，因此立足在此系统上的审美评价主要以设计物呈现"某种形式美"的典型性程度为评判标准。

但是生态审美不是从形式风格上去描述的，这使得对促成形式产生的技术进行的生态审美也呈现出"规范性"特征，即技术是否符合某种价值判断，只要它们都满足作品尽量少地对生态环境产生负面影响的规定性原则，就可以称之为"美"的，审美判断也从"是哪种美"走向了"应当如何才美"。

2.3.1 研究对象的特殊性

《康熙字典》对"技"的解释包含以下信息。第一，中国传统观念中将"技"与"艺"视为一体，字典中引用《礼记·坊记》中的"尚技而贱车"作注解，后面特别注明："犹艺也。"此外，字典还引用了《庄子》中的"能有所艺者技也"以及"道也，近乎技也"，都表明了中国传统技术观中技与艺两者之间模糊的界限。《康熙字典》对"艺"的解释中有一条就是"技能，才能"，并引用《论语·雍也》中的"求也艺"作为注解，与"技"的解释互为佐证。第二，"技"所涵盖的范围还包括劳动者，《康熙字典》中对"技"的另一层解释为"工匠"、"艺人"，将技术视为人类力量的延伸，强调技术与人的关系是中国传统技术观的重要特点。

《新华字典》中"技术"一词的中文解释与《柯林斯高阶英汉双解学习词典》中"technology"一词的释义是完全相同，两者都认为是"在劳动生产方面的经验、知识和技巧"[1]，当然"也泛指其他操作方面的技巧"，技术与劳动者及艺术完全被分离开来，技术被看作是被观察的客体，是主客二分思维方式下的产物。生态审美的研究首先就是建立在主客一元的思考方式上的，而技艺除了表明技术的主体性特征，也强调了人与技术之间的关系特征。此外，营造技艺已经作为一个约定俗成的概念在建筑学、遗产保护学、人类学等研究成果中存在，因此以技艺作为研究主体也有利于与已有的研究基础进行对接。但是，以技艺为研究对象，并不代表完全舍弃技术这一概念的论述，当研究重点为对象的科学价值和生态价值时，课题依然会以技术指代研究对象。

❶ 中国社会科学院语言研究所修订. 新华字典[M].北京: 商务印书馆, 2011: 1567.

2.3.2 建立相应的生态审美理论模型

对于环境设计而言，"如何生态审美"的问题最终还是要落到怎么将生态审美观转化为设计师的自觉意识，进而指导设计实践（图2-6）。陈望衡在谈到环境美学未来走向的时候认为："环境美学的大体走向将沿着以下几条路线前进：一是探讨人与自然的关系。二是思考经济价值和审美价值的关系。三是围绕'宜居'和'乐居'这两个出发点展开。四是对城市环境的关注。五是通过探讨生态、工程与环境的关系使环境美学进一步走进现实生活，

❶ 阿诺德·柏林特.环境美学[M].张敏，周雨译.长沙：湖南科学技术出版社，2006: 15.

真正成为'日常美学'。六是进一步构建环境的美学评估体系。"❶史蒂文·布拉萨在其著作《景观美学》中构筑起了关于景观审美评估模型的三重结构，即生物学法则、文化规则以及个人策略，但是该模型的建构基础是审美经验，如果演化成评估体系则是以获取个体对景观的审美态度为目标的。本文建构的生态审美理论模型也将采取三重维度，但是模型演化出的最终评估体系则是以有效的设计辅助工具为目标，因此在维度的选择上会以上文所列出的生态审美判断相关原则为依据："尊重为本"即所选技艺在满足功能要求的同时，尽量地减少对环境的影响、能源的消耗和经济成本，技艺的应用能够产生一定的"生态效益"；"理性为基"即对所采用技艺的判断应该兼顾文化生态的层面，尤其应注意技艺应用对于地域文化创新传承的影响，技艺所具有的"文化特质"；环境设计最终还是要落实到感性形象与形态的塑造上，但是根据参与模式的研究，技艺的应用除了创造视觉上的形式美还应该兼顾其他感官的体验，即"审美感知"。

从理论研究的角度来看，生态审美的理论模型可以转化为多种方式介入设计实践，比如针对设计师的生态审美教育或者针对设计作品的生态审美分析，鉴于本文的研究目标，生态审美理论模型将会转化为相应的评估模型。

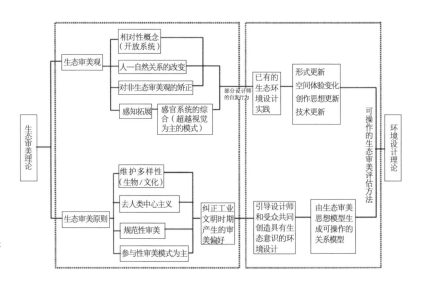

图2-6　生态审美理论与环境设计理论的转换
图片来源：作者自绘。

2.4　生态审美评估模型的建立

纵观历史，设计史上每一次新形式的出现都重复着新审美观引发新的风格取代旧观念、旧形式的过程，设计世界常常经历被某一种主流风格所统治的局面，虽然从后现代风格开始审美就越来越具有开放性特征，但是作为历史必然的生态审美则呈现出完全的开放性特征，这种开放性的产生正是由于生态审美是以"生态伦理"作为审美基础，因此可以超越以往的唯风格评判标准。这种开放性的表象对某些设计师和普通大众往往也意味着模糊和混乱，比如对传统环境营造技艺的误读或误解就是其表征，在分析了生态审美理论模型的基本维度之后会发现将其转化为可操作的评估模型来辅助设计师对设计方案、设计技术、施工技术或设计物的生态美价值进行评估是可行也是有必要的。

2.4.1 传统环境营造技艺的应用现状分析

在研究之初，笔者通过深度访谈和问卷调查等方法针对设计师群体对传统环境营造技艺的审美态度进行了调研。具体的步骤是：先与10位从业多年的环境设计师（包括室内设计与景观设计）进行深度访谈，获得他们对传统环境营造技艺的基本认知态度和审美态度。第二步进行调研问卷的设计❶，问卷调研期望获得以下几个信息：①对传统环境营造技艺概念的认知度信息收集，以此检验概念的创新性；②对传统环境营造技艺组成因子的审美态度的调查，以此检验设计师群体对传统环境营造技艺的真实审美态度；③设计师在实际设计中应用传统环境营造技艺的意向调查，因为在前期访谈中发现此部分涉及的原因较为复杂，涉及设计师的审美态度、项目的具体情况以及市场接受度等综合因素，因此采用填空题的方式，以求获得更为真实和多样的答案。

❶ 调研问卷详细内容见附录三。

问卷通过问卷星网站❷链接和手机微信的形式发放，发放对象为设计师群体和设计专业高校教师群体，数据来源涵盖国内十多个省份，信息采样区域分布较广、信息来源符合调研要求。问卷以有奖问答的方式发放，最后共回收550份。

❷ "问卷星"是全球最大的中文在线问卷调查、测评、投票平台，专注于为用户提供功能强大、人性化的在线设计问卷服务。

问卷的选择题部分获得以下信息：

（1）性别与审美偏好之间的关系

从调研获得数据上看，设计师群体对于"传统环境营造技艺"的了解程度偏低，其中女性对传统营造技艺的了解程度普遍低于男性。

但是，女性对于由传统营造技艺形成的感性形象感知度普遍高于男性（由第6题、第8题和第9题的数据比较得出此结论），女性对于乡土材料、传统结构和乡土植物的审美偏好度远高于男性。

（2）身份与审美偏好之间的关系

本次调研对象由职业设计师及设计院校的教师和学生组成，从调研所得数据看，职业室内设计师和职业景观设计师对于传统环境营造技艺的认知度普遍高于在校师生。

但是对于传统技艺塑造出的感性形象的认知，不同行业的设计师之间存在明显的差异。

1）环境设计从业人员对乡土材料的审美偏好普遍高于在校师生，而景观设计师略高于室内设计师。

2）环境设计从业人员对传统结构的审美偏好普遍高于在校师生，但是室内设计师明显高于景观设计师，这应该与传统结构在室内设计中应用范围更广有关。

3）环境设计从业人员对乡土植物的审美偏好略高于在校师生，室内设计师与景观设计师之间没有明显差异。

（3）文化程度与审美偏好之间的关系

从调研获得的信息可以看出，调研者文化程度越高对传统环境营造技艺的认知度也越高❶，硕士和博士的认知度均分最高，但是博士学历人群选择"很不了解"这一项的比例高于其他学历，呈双向极值分布，这应该与高学历人群进一步专业细分，博士人群回答问题持更为严谨的态度有关。

同时，调研人群对于传统营造技艺塑造的感性形象（乡土材料、传统结构和乡土植物）的审美态度评分随着学历提高呈增长趋势，这说明对于传统环境营造技艺的审美欣赏与相关知识（对地方文化的理解、生态知识等）的介入有关。

（4）在设计项目中采用传统环境营造技艺的意向统计

从第10题关于使用意向的调查来看，在项目中确定会使用传统技艺的人数低于半数，大多数人的使用意向介于"可能"和"一般"之间，属于模棱两可的状态（表2-2）。

传统技艺应用意向表   表2-2

选项（使用意象）	小计	比例
不太可能	9	1.64%
不可能	28	5.09%
一般	112	20.36%
可能	172	31.27%
很有可能	229	41.64%
本题有效填写人次	550	

根据"身份 - 应用意向"与"文化程度 - 应用意向"的交叉量表分析来看，愿意使用传统环境营造技艺的人群中，环境设计从业人员在设计项目中选择传统环境营造技艺的几率高于在校师生，文化程度高的人群选择传统技艺的几率高于低学历人群，由此再次证明人们对传统技艺的审美态度与认知程度（专业知识及文化知识）之间有密切的联系。

（5）不应用传统环境营造技艺的原因分析

此次调研有125位被调查人员填写了不使用传统技艺的原因，在对填写信息进行初始检验和归因分析后，删除了18份无效回答，对剩余107份回答进行分析（表2-3）。

❶ 高中以下文化程度调研人数只有12人，且从身份 - 文化程度交叉变量分析图中发现，有11人并不是环境设计从业人员，因此高中以下的样本信息准确度不够，忽略不计。

不使用传统技艺的主要原因   表 2-3

不使用传统环境营造技艺的原因	列举此理由的人数
需要视项目具体情况而定	8
不太了解	2
工艺太过复杂（难以控制）	21
大众审美还不能接受（市场不接受）	34
施工成本过高（人工）	42
安全性不够	6
耐久度不够	6

综合初期对个别设计师的深度访谈和调研问卷获得的答案，传统环境营造技艺在一般项目中的淡出主要是由于以下几个原因：①审美观的问题（设计师自己觉得不美或客户觉得不美）；②施工可控度差；③人工成本高；④材料不易清洁；⑤安全性；⑥无法通过审计；⑦无法精确预算。这些原因中出现频次最高的是"施工成本过高"，这说明传统环境营造技艺作为技术产品确实不符合现代生产追求效率和可控性的要求，但是模糊性和适应性恰恰是生态智慧的重要体现，这是设计之外才能解决的问题，但是从本质上说也是一个再评估（Revalue）的问题，而出现频次位居第二的则是"大众审美还不能接受"，这说明设计师这个专业人群已经意识到传统审美观念的滞后性，作为设计师，一方面应该具有引导人们走向高尚审美的责任，另一方面设计师确实需要一个能够帮助他进行技术选择和决策以及说服其他决策方的有效工具。因此，建立一个基于正确审美观的技术选择评估体系显得尤其具有现实意义。

以相关专业的成熟经验为例，指导意见介入越早，建筑环境性能改善

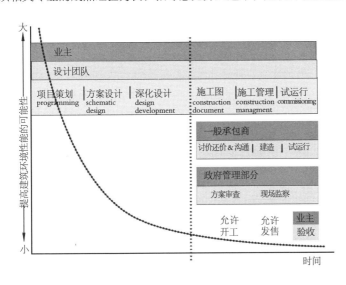

图 2-7 评估在设计不同阶段的效能
图片来源：作者自绘。

❶ New building Institute. Benefits Guide-a design professional's guide to high perfromance office building benefits.Washington:2004.

的潜力越大（图2-7）。❶而在产品设计领域，田口玄一创造的"三次设计法"中很重要的步骤就是在设计初期对不同方案进行评估和比较。事实上，当代设计评估工具的发展趋势是趋向于形成评估工具群，工具群通常由决策辅助工具、设计辅助工具与标签工具共同组成，分别介入设计的不同时期。本文所研究的生态审美评估模型可以转化为决策辅助工具和设计辅助工具。

2.4.2　生态审美评估模型的基本结构

前面的理论阐述了将生态审美理论转化为技艺价值再评估的原则，即强调主体间性与对话模式、生态与文化知识的介入及注重非视觉动力因素的介入。在具体的评估技术层面，则准备采用层次分析法（AHP），在第一章中已经介绍过该方法的具体步骤，即"建立结构层次"—"构造判断矩阵"—"层次单排序一致性检验"—"层次总排序检验"，这其中的关键步骤就是"建立结构层次"。在这个步骤中，要求评估体系设计人员根据评估问题及目标进行科学理性的分析，并且选择出相应的评估因子，而且设计人员需要对各层级和同层级评估因子之间的逻辑关系进行梳理。

1. 各层次间的逻辑关系

AHP的基本原理是将复杂的评估目标看作为一个大系统，大目标化解为不同的小目标，每个小目标下再划分出评判的具体因素。评估目标可以分成多个层次，由上至下的层次之间是整体与部分的关系，同一层次中出现的各要素是并列关系。

本评估体系的总目标是对传统环境营造技艺的生态审美价值进行评估，因此第一层级（总目标层）已预先设定，第二层级是对目标问题的分解，根据2.2.3的三个原则分别设定为生态效益、文化特质和审美感知。

2. 层级设定及指标选择的原则

强调主体间性和对话模式是整个评估体系得以建立的总原则，即在设置结构层级及选择评估因子的时候，避免以人类中心主义、无整体观的视角进行设置与选择。

强调生态与文化知识的介入主要是针对第二层级（准则层）而言，这从准则层各要素的名称上可以看出。将生态效益、文化特质和审美感知都置于同一层级，正是对于生态审美思维过程和判断特征（需要生态及文化知识介入）的规范化、数量化的外显。

强调非视觉动力因素的介入主要是针对第三层和第四层指标因子选择而言，尤其是审美感知层级下的指标因子，注重从"五感"的角度对因子进行筛选。

3. 本评估体系指标设定需要注意的地方

因为评估对象具有很强的地域特征，因此评估层次的构建需要注意对

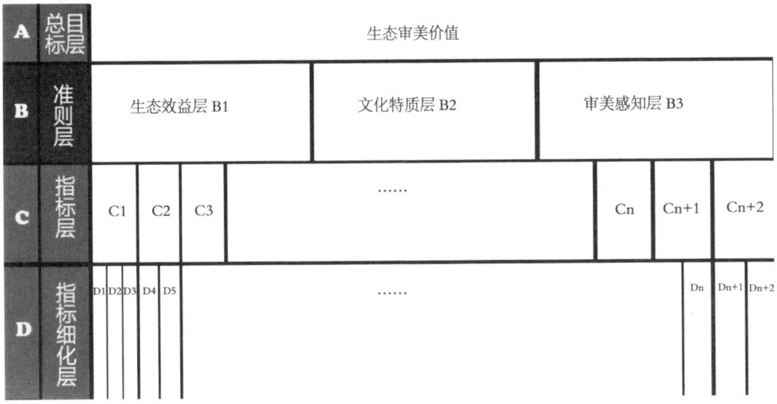

图 2-8 生态审美评估模型的基本结构
图片来源：作者自绘。

具有不同地域特征的对象的适应性。总目标层和准则层应该是对评估对象普遍性特征的描述，而指标层则应该根据对象地域特征的不同而进行变化（图 2-8）。

2.4.3 生态审美评估模型的应用范围

生态审美评估模型建立的初衷是为设计师们提供一个辅助设计工具，能够帮助设计师们来评定设计方案、设计作品或营造技艺。根据层次分析法的建构方式，生态审美评估模型作为评估体系的雏形还需要进行评估因子的组建，评价因子将组建分成三个层次：①总目标层 A（生态审美价值）；②准则层 B：生态效益 B1、文化特质 B2、审美感知 B3；③指标层 C（根据具体评估对象作进一步细化）。

对于传统环境营造技艺的应用来说，生态审美评估模型可以作为设计师进行技艺选择决策的辅助工具。绪论中列举了对传统环境营造技艺的种种误用，追根究底，是因为缺乏了 Revalue（再认识）这个环节，建立生态审美评估模型正是解决本文主要问题的关键：如何从生态审美的角度对传统环境营造技艺进行再认识进而促成其在当今环境设计中的创新与传承。

2.4.4 生态审美评估因子的地域性限定

评估因子是整个评估体系的基础部分，评估因子选择恰当与否会直接影响到评估体系的科学性。评估因素要经过筛选、调查、分析处理，最后构成一个多层次的研究框架。生态审美评估模型所涉及的评估因子必须强调评估因子的地域性限定。"地域性"涵盖的范围包括自然环境和人文历史两个方面❶，技艺所在地区的自然环境、历史条件下形成的生活方式、行为类型都会影响到对指标的选取。不管是物质层面(物理特性)还是非物质层面(文化、意象、美感)的生态研究，都会因地域条件的限定而产生变化，而重视多样性既是生态学的基本观念，也是生态审美的研究基础。以传统空间技术——

❶（美）史蒂文·布拉萨.景观美学[M].彭锋译.北京：北京大学出版社，2008：216.

院落设计为例，在南方多雨地带，院落尺度狭小演变成为天井的形式；而北方少雨地区院落的尺度较大，形成了四合院、地坑院等各种形态。形态与特殊的气候条件之间关系密切（表2-4），这势必使得针对不同地域设定的评估因子各有特点。

因此，在选择具体评估因子即设定指标层时必须根据设计对象的地域进行相应的限定，这也意味着生态审美评估模型并不是一成不变的，它是由具有普遍性的准则层（研究维度）和根据对象地域性变化的指标层组成的。

不同地区的院落形态　　　　　　　　　　　　　　　　　　　　　　表2-4

地域	广州竹筒屋	浙江民居	北京四合院
天井剖面及平面			
历年平均降雨量	1720mm	900～2000mm	483.9mm

2.5　本章小结

本章从美学理论的角度论述了生态审美观生成的背景及其对当代设计的影响，并且推导出了生态审美判断所需的三个维度：生态效益、文化特质与形式美感。根据此研究维度建立生态审美评估模型的雏形，由于生态审美评估模型各评估因子的确定受地域性影响较大，在接下来的研究中将根据具体的研究对象细化评估因子。

在研究之初，笔者仅仅是根据前人关于营造技术的南北流派之分以及已有文化圈的分类确定了"江南"这一研究范围，随着对生态审美评估模型的深入研究，发现评估指标体系与地域性之间的关联性会影响到指标因子的具体选择，因此在下一章中首先会对江南的地理及文化范围作一个详尽的阐释以进一步细化研究样本的选取范围。

江南地区传统环境营造技艺
生态审美评估体系的确立

　　南方戗角兜转耸起，如半月状，虽不若北方之庄重，然揆诸环境气候，亦无不宜，轻巧雅逸，是其特趣。

——（清）姚承祖

　　依据上一章建构的评估体系基本结构，确定了评估体系的目标层及准则层，本章将分别进一步细化"生态效益层"、"文化特质层"和"审美感知层"下面的具体指标，由于第三层、第四层的细化指标必须具有"地域性"特征，因此首先需要从地理与文化概念上对江南作进一步的限定。

　　江南的地理区域在历史的变迁中是不断变更的，《左传·昭公三年》中有"王以田江南之梦"的记载。《史记》中也有秦时蜀守若伐楚取江南的记录。**❶**《尔雅·释山·十一》记载："河南，华；河西，岳；河东，岱；河北，恒；江南，衡。"此处所谓的江南，当指长江以南地区。至汉代，江南的地理边界开始扩展，包含了今天的江苏南部、浙江北部、安徽全境和江西全境。唐时设置江南道，范围一直扩展至今天的湖南、湖北及川贵境内。明清时期，随着江南道范围的进一步细分，形成了江西、江苏、两浙等行政区域。因此，地理概念上的江南分为广义和狭义两种，广义的江南一般指"长江以南，但不包括四川盆地"。**❷**

　　狭义的江南则是以典型文化所在区域为范围的，著名人文地理学家陈正祥先生认为，狭义的江南是王安石诗句所称"春风又绿江南岸"的江南，即长江下游段南岸。具体的地理范围包括"江苏省的南部，浙江省的北部和安徽省的东南部；以太湖为中心，面积约3.6万平方公里"。**❸**这部分地区除了地形地貌有着一致特征，即以平原为主、间以丘陵，河流湖泊密布，而且长期以来是全国经济和文化的进步地区。

　　下面将按照生态审美评估模型的三个准则层分别进行评价因子的确定，即生态效益层、文化特质层和审美感知层的评价指标细分。

3.1　生态效益层关联因子

　　生态伦理作为生态审美的基础，是它区别于"传统审美"的基本特征，因此技艺运用是否能带来相应的生态效益成为评估准则层的基本组成部分。

　　对于江南地区传统环境营造技艺生态效益因子的选择依然需要从技艺生成的观念、技艺涉及的物料及能源应用几个方面进行考虑，并且兼顾微观环境的研究范围。

3.1.1　主体间性环境观

　　江南地区自然环境优越，地势平坦，平原辽阔，江海环抱，湖泊河港

❶（西汉）司马迁《史记·秦本纪》。

❷ 陈正祥.中国文化地理[M].北京：三联书店，1983：11.
❸ 同上。

纵横，水资源丰富。❶亚热带气候温和
湿润，日照充足，无霜期长，雨量充沛，
土壤肥沃，非常适合农作物的生长。❷
因此，江南地区至明清已经拥有较为
发达的农业技术，据张问《张颙墓志
铭》载，万春圩计 127000 亩，"岁得
米八十万斛"，每亩平均产量六斛二斗。
而水稻作为主要的粮食作物，由此延
伸出一系列相关的风土物候，形成了
江南特有的稻作文化。

　　江南地区发达的农业技术使人们
从掌握自然规律改善生存环境中较早
地体会到了人的本质力量，在这个过
程中也发生了由于农业过度开发而导
致生态环境恶化的情况，比如江南地
区向来有围水圩田的历史，曾经也发
生过"使湖果复旧，水常弥满，则鱼
鳖虾蟹之类不可胜食，芰荷菱芡之实
不可胜用，纵民采捕其中，其利自溥"
的情况，因此江南地区较早形成了主

图 3-1　苏州明月村村民公约
图片来源：作者自摄。

图 3-2　苏州明月村永禁采石碑
图片来源：作者自摄。

体间性的环境观，注重对自然环境的适度开发。这种观念在江南地区众多
的乡规民约中得到了体现，比如苏州明月古村的明月禅寺中就有两块石碑
分别刻着村民的自发公约：不能随便砍伐自宅前的树木，以及不能随便开
采山上的石材（图 3-1、图 3-2）。

3.1.2　材料获取与利用方式

　　第一章从当代环境设计和传统造物的角度对传统环境营造技艺体系进行
了分析，材料的处理与组织是两个体系重合部分的重点，而对材料的获得方
式以及对材料的巧妙处理也正是传统技艺生态性的主要体现，比如就地取材、
物尽其用，这些看似简单的处理原则同样指导着当代的生态设计实践，以某
种乡土材料作为创作实践重点的设计师也不在少数，比如哥伦比亚竹建筑设
计师西蒙·维列、以纸为材料的日本设计师坂茂和尝试砖、瓦、石多种乡土
材料的中国设计师王澍，这些设计师都通过探索乡土材料形成了自己极具地
域特点的设计语言。随着资源、能源与环境问题的日益凸显，传统工业材料
诸如黏土砖、钢筋、水泥等消耗性结构材料也逐渐成为人们诟病的话题，前
工业社会的传统材料在生态性方面的优势日益明显，尤其是对材料朴素的全
生命周期的利用方式已经成为今天设计者们研究的重点。

❶　方行.清代江南经济：自
然环境作用的一个典型 [J].丝
语·品著，2008（04）：77.
❷　同上。

1.材料的易得性

借助生命周期法对建材的评估模型（LCA）进行传统营造材料的分析是比较科学的方法，这类评价往往包含材料生产过程、建造过程、使用过程和报废过程4个阶段，而且有相关的研究表明，许多建材，比如混凝土，对环境影响最大的不在建造过程，而在于建材的生产过程。[1] 传统营造材料经常采用的就地取材方法明显地规避了这一弊端，比如《鲁班经》谈及建造民宅的开篇就是："凡伐木日辰及起工日，切不可犯穿山杀。匠入山伐木起工，且用看好木头根数，具立平坦处斫伐，不可了草，此用人力以所为也。"[2] 笔者在安徽宏村考察时对碧园园主作过访谈，据园主的阐述，碧园铺地、水池驳岸、部分墙体用材都是来自于村头河滩的鹅卵石，原因有两个：第一是经济，就近取材，节省运输费；第二个就是方便日后的维护。在随后的实地考察中，笔者对宏村40栋民居的室内外环境进行考察后，发现80%的老宅子都采用了鹅卵石，根据对当地居民和本地学者（汪森强）的访谈得知，这样的材料选择应该是出于和碧园主人一样的考虑。

由姚承祖撰写的《营造法原》是对江南地区一般营造技术的总结和记录，由书中所列施工程序能够看出江南地区大部分的营造材料都是就近获得的，以其中的第一章"地面总论"为例，第一章中涉及的营造材料为4种——石、砖、土、木，4种材料都是在营造地就近获取。但是每种材料都可以根据不同的需求变化出多种形态。以"石"为例，石材组织和应用形式共有13种，分别为三角石、一领一叠石、一领二叠石、一领三叠石、绞脚石、侧塘石、阶沿石、礓石、边游礓石、乱石、糙塘石、夯石、糙垫石，大部分石材可取材于自然河道驳岸、农田、河塘等处（图3-3）。

2.选材方式的科学性

江南地区虽然长期以来经济发达，但是从来没有长时间地成为政治中心，这使得此区域的营造活动不可能出现和北方封建统治者一样的规模，比如动

[1] 这部分研究成果来自于 Ortiz 等针对 2001~2007 年间 26 篇就 LCA 方法在建筑行业中应用研究的相关文献所作的综述。
[2] （明）午荣.鲁班经[M].易金木译注.北京:华文出版社, 2007: 2.

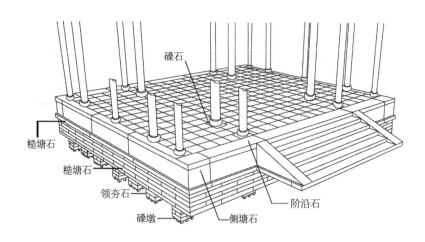

图 3-3 地面营造材料
图片来源:雍振华教授未竟书稿,
雍振华绘制。

用全国的财力物力来获得各种稀有材料，以紫禁城修建为例，皇宫营造时的材料准备工作就持续了 11 年。❶ 与主流政治中心的疏离以及士人追求"质真"的审美需求，使得江南地区对环境营造中材料的选择一直崇尚"制具尚用，厚质无文"的准则。

（1）注重功能与物性的适应性

即使是同一类材料，其物理属性也会有很大的差异，不同物性的知识一直是传统工匠经验传承的重要内容，以《营造法原》为例，书中出现了关于江南地区常用木材特性以及如何在厅堂、殿堂中使用的总结。比如关于选取木材的歌诀："屋料何谓真市分，围篾真足九市称（上等），八七用为通行造（中等），六五价是公道论（下等），木纳五音是造化，金水一气贯相生，楠木山桃并木荷，严柏椐木香樟栗，性硬直秀用放心，照前还可减加半，惟有杉木并松树，血柏乌绒及梓树，树性松嫩照加用，还有留心节斑痈，节烂斑雀痈入心，疤空头破槽是烂，进深开间横吃重，务将木病细交论。"

不同结构处的木料选择：牌科用料，挑出之材，若昂尤须择香樟、栗树等硬木，以其能负重，而日久不致伸缩翘变。其余杂木，不可用也。

再应用千厅销并吻桩木科，需用柏树。柱头及角斗之料，需用樟木，或硬木为妥。

对不同材料性能的总结：用料选硬货，永葆万年青。

同样是木材，根据其物性的不同，文人及匠人还赋予它们特定的精神品格，苏式家具制作常常以"文木"为主，文木主要指花梨、香楠、铁梨、杞梓木等硬木，取其质坚古雅的特点❷。此部分内容涉及文化特质准则层指标，因此在 3.2 节中会进一步阐述。

（2）选材标准法则化

自明清开始，江南地区的文人就积极参与到环境营造的理论及实践活动中去，这使得该区域关于环境营造的典籍不在少数，比如《长物志》、《园冶》、《闲情偶寄》、《群芳谱》、《石谱》等，而另一类营造典籍则是由工匠所纂编的，比如《工段营造录》、《梓业遗书》、《营造法原》等，这两类典籍中都对材料选择进行了总结，只不过文人著述更注重定性描述，而工匠们则已经进入了实数化的记录阶段。❸ 两类文献互为补充，可以清晰地看出江南传统环境营造的技艺传承脉络，也可以看出材料选择标准早就进入了法则化的阶段，比如早在《营造法原》之前的《工段营造录》中的木材比重一篇就借鉴了官方则例的内容，将各木材比重作为考察建筑部件以及计算工地内外运输的人工定额的参照，将其固定为民间选材的标准，这部分的内容在其后作为南方营造技艺总结的《营造法原》中依然得以保留，只是在描述语言上更为口语化，这一点从上文所引的歌诀中可以看出。

3. 节材方式的多样性

传统的工艺标准"材美工巧"，其中的"巧"应该就包含着对材料的充

❶ 引自《故宫建设材料准备历时 11 年》http://news.sina.com.cn/c/sd/2010-10-18/125421298621.shtml.

❷ 祝纪楠.《营造法原》诠释[M].北京：中国建筑工业出版社，2012（10）：171.

❸ 此部分结论可详见马峰燕硕士论文《江南传统建筑技术的理论化》中第二章"明清江南技术的文本化、则例化和学科化"的论述。

分利用，长期以来在妙造自然的文人造物传统、稻作文化的影响下，江南地区民间细腻精巧的物用理念直接影响到了营造过程中的材料使用方式。

（1）拼合法

在《营造法原》中提到里口木和瓦口板的做法："里口木，瓦口板，俱能一锯二用，借以节省物力。"而在提到枋和门槛做法时，则是"材料不足，拼高，并可酌加五分"，也就是可以采用小材拼接的方式来满足主要构件的尺寸。除了枋有这种处理，对于柱子也可以采用"合柱"的方式："段柱有两段合，三段合，四段合，又谓之合柱鼓卯。""至于用柱之制，如在殿庭，其材不足时，有以数料拼合者。"拼合圆柱的方式有二段合、三段合、四段合，用以拼合的榫、卯有明卯、暗卯和"盖鞠、暗楔"等形式（图3-4）。❶拼合之法一直沿用至今，如遇用料需要特别大时，则可以圆木为中心，四周用细木料包裹拼合而成，并于四周围以铁箍加固（图3-5）。❷拼合之法不光应用于梁、柱等承重构件，在家具设计中也应用颇多，并且一直沿用至今。笔者考察苏州相城区的新鸿基家具厂及南通的亚振家具厂时发现小料拼接在家具生产过程中依然是常用的节材方式（图3-6、图3-7）。

此外，浙东地区的工匠还发明了一种根据柱子的弯曲度来调节梁枋长度的方法——讨照法。讨照法用照篾、照盘、墨斗、竹制画签等在梁枋与圆柱的交界处进行画线，通过一卯对一榫的讨退，使得枋子与不规则的柱头结合严实吻合。❸这个方法使得许多弯曲的木材也能够用作柱子，在浙东民居中经常可以看到曲率明显的柱子，将弯曲木材用作梁的手法在民间也很常见（图3-8）。这些都是节约木料控制成本的有效方法。

（2）废物利用

在《营造法原》第十五章"园林建筑总论"中有关于花街铺地做法的则例：

❶ 祝纪楠.《营造法原》诠释[M].北京:中国建筑工业出版社,2012（10）:171.

❷ 祝纪楠.《营造法原》诠释[M].北京:中国建筑工业出版社,2012（10）:100.

❸ 陈栋.中国传统建筑工艺遗产的原创性问题探讨[D].同济大学硕士论文,2008:58-59.

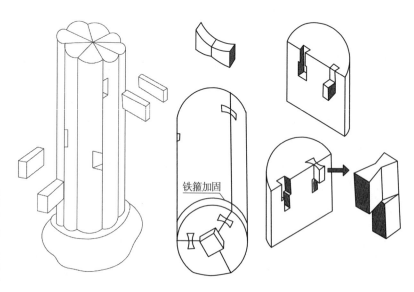

铁箍加固

图3-4　小料拼接成柱子
图片来源:根据祝纪楠.《营造法原》诠释[M].北京:中国建筑工业出版社,2012.中插图重绘。

图3-5　小料拼接的柱子以铁箍加固
图片来源:根据祝纪楠.《营造法原》诠释[M].北京:中国建筑工业出版社,2012.中插图重绘。

"以砖瓦石片铺砌地面，构成各式图案，称为花街铺地。堂前空庭，须砖砌，取其平坦。园林曲径，不妨乱石，取其雅致。用材凡砖、瓦、黄石片、青石片、黄石卵、白石卵，以及银炉所余红紫、青莲碎粒、断片废料，皆可应用。银炉碎粒，桂辛先生谓即炉甘石，昔朱缅造艮岳假山中，即用以补石隙。至于式样构图，随宜铺砌。色泽配合，亦须注意。吴中园林花街样式，构集之佳，色泽配合之美，不胜枚举。"

在接下来的具体做法中，姚承祖罗列了4种材料混合铺地的具体做法和27种铺地纹样图例（图3-9），而在实际的施工过程中，铺地样式繁多，确实是"不胜枚举"，而这一切都来自于对"断片废料"的再利用（图3-10）。

在"杂俎"一章中论及城垣修建，则"所有拆下旧城砖石等料，皆用于里面，所添新料须用于外面，各料多寡临期酌定"，同样也是对废弃建材的再利用。

在民作系统中，对废弃材料的再利用手法更为多样。在笔者对苏州民间手艺人箍桶匠周师傅的访谈中得知，他用来做各种圆木桶的材料都来自于建

图3-6 当代家具中的小料拼接
图片来源：作者自摄。

图3-7 当代家具中的小料拼接
图片来源：作者自摄。

图3-8 曲木应用
图片来源：作者自摄。

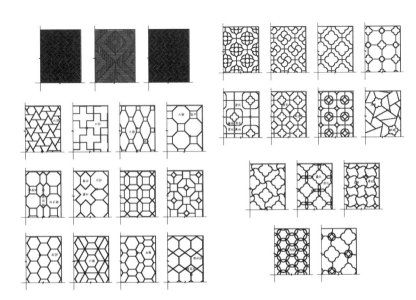

图3-9 铺地纹样
图片来源：摘自雍振华教授未竟书稿，雍振华绘制。

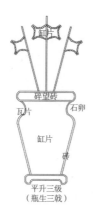

筑营造过程中用剩的废木料，经过手艺人对材料的再处理和组合，比如刨、切、打磨，那些废料又转变成可以盛水置物的新容器（图3-11）。

3.1.3 结构类型和组合

传统环境营造技艺创造了多样的连接结构，笔者将其归结为四种结构原型，即插接、垒叠、编织、粘合。这四种结构原型在南北不同地域的技艺进化过程中出现了不同的变化，虽然结构原理是相同的，但是呈现出的形态完全不同，比如说草架和轩这两种结构形式都属于插接结构原型下的榫卯结构，但是这两种形式只在江南建筑中见到。根据沈黎在《香山帮匠作系统》中所作的推论，草架和轩的产生是江南民间一种变相的"住宅逾制"设计，因为传统的建筑等级制度限定除了斗栱、藻井等代表等级的构件外，主要就落实在间和架的数量上。[1] 这两种结构为南方建筑特有的说法在《营造法原》中也可以找到佐证。

图3-10 铺地样式
图片来源：摘自雍振华教授未竟书稿，雍振华绘制。
图3-11 圆桶用料
图片来源：作者自摄。

再以垒叠为例，江南民居和室内外环境中不同材料之间的连接经常用到这种结构，特别是块材的连接，比如生土与砖、生土与石材、生土与生土、砖与石材等，不同材质在同一结构原理下组合后呈现出了多样的肌理效果和美感（图3-12）。

1. 结构的长效性

江南地区传统环境营造包含的建筑、室内装折、景观建筑以及室内家具所采用的材料以木材为主，因此连接结构以插接为主，其余几种原型结构为辅。插接结构的具体表现形式又可分为构件自身对接（榫卯结构）、借助外力连接（用木钉、竹钉）两种方式（图3-13）。[2] 其中榫卯结构可灵活拆卸，结构构件如有损坏也能够及时更换，是一种长效、经济、生态的做法；而第二种连接结构中有一些具有不可逆性，比如俗称"狗闭榫"的破头楔的做

① 沈黎.香山帮匠作系统研究[M].上海：同济大学出版社，2011：86.

② 关于竹钉、木钉的用法在祁伟成的《中国古代建筑装修上的楔钉销卯》中有详细的论述，其中特别提到竹钉多用在长江中下游地区的竹木装修上，尤以苏作装修为盛。

图3-12 不同块材连接的形态
图片来源：作者自摄，拍摄地点包含江苏、浙江及安徽地区。

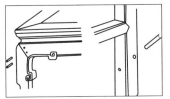
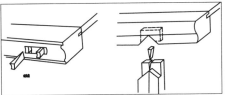

图 3-13　家具用竹钉
图片来源：根据张德祥.中国古代家具上的楔钉销砦，1997.中插图重绘。

图 3-14　破头榫
图片来源：根据张德祥.中国古代家具上的楔钉销砦，1997.中插图重绘。

法，这种榫一旦敲入榫眼，榫头会在榫眼内撑开，很难退出，因此被匠师称为"绝户活"，除不得已时，较少用之（图 3-14）。[1] 工匠们对破头楔的价值评判及对此做法的回避，表明追求长效性本身就是工匠们进行结构设计的初衷。从另一个细节处理也可以看出这一点，在进行建筑维修时，当修理那些松动而不散架的销有竹钉的装修时，木工匠师会使用一种特制的专用钻"三簧"，如图 3-15所示，三簧的形状是三尖两刃，因为竹钉由长纤

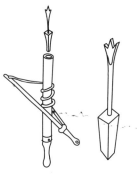

图 3-15　三簧刀
图片来源：根据张德祥.中国古代家具上的楔钉销砦，1997.中插图重绘。

维组成，用这种形状的刀来钻透旧竹钉，可以更好地裂解竹钉，由此钻开的钉眼不会跑偏，不损伤周边木材，从而保证了原有结构的完整性。[2]

2. 结构的易施工性

在《华夏意匠》中，李允鉌先生对中国传统营造的速度以及施工组织倍加赞赏，这与传统结构的模数化、材料的易得以及建筑形制的程式化不可分割，而民间营造活动除了兼有上述几点优势外，还由于公众的参与而使营造速度更快，在江南地区竖屋上梁通常在营造仪式（一天）中就能完成。[3] 传统结构易于施工的结论在当今一些学者的实验研究中也得到证实，2009 年东南大学徐永利博士后的《中国古代四隅券进式墓葬穹隆机制与源流研究》工作报告中提到只用 12 天的时间就可以完成一个 $3m \times 3m \times 2.4m$ 的四隅券进式穹隆，根据对徐永利的访谈，他认为时间不算抓得很紧，人手也是时多时少，施工速度应该可以更快。光算穹隆的施工，也就 5～6 天。粘结材料以黄泥为主，快结束的时候因为坡度越来越陡，加了少量细砂。[4]

（1）工匠施工自由度较大

相对于官式营造，民间营造中工匠的自由度要大一些，虽然有一般经验和通则，但是没有严格规定，工匠可以因材施用，灵活发挥。即使是作为典籍的《营造法原》也经常强调工匠在施工时的自主性，书中共有 22 处提及工匠可根据所列法则进行"随宜变通"（表 3-1），分布在提栈总论、厅堂总论、装折、石作、墙垣、瓦作等 12 章中。但是在"牌科"和"殿庭总论"中，姚承祖则强调工匠必须严格遵守规范，比如"牌科"中提及"牌科各部分做法，均有定例。匠家不稍苟且"，而在"殿庭总论"中则是针对发戗制度提

[1]　祁伟成.中国古代建筑装修上的楔钉销砦[J].文物世界，2006（05）：15.

[2]　祁伟成.中国古代建筑装修上的楔钉销砦[J].文物世界，2006（05）：16.

[3]　这个结论来源于《香山帮匠作系统研究》、《徽州传统民居营造技艺现状研究》等资料的综合分析。

[4]　关于穹隆施工速度及胶粘剂的配方来自于对徐永利博士后的访谈。

出"发戗之制，著有规定，倘不遵循，是不免矫枉过正，易陷于虚矫之弊"。这应该是因为殿庭是建筑中的最高规格而斗栱则是确定建筑等级的主要参照物，因此必须严格地遵守形制规格。在环境营造的其余部分，工匠的自由发挥使得结构施工能够快速而顺利地进行。

《营造法原》中论及工匠施工自由度之处　　　　　　　　　　表 3-1

序号	章节	内容
1	提栈总论	凡提栈规定与实际营造，尚有出入之处，应当根据当时环境、材料、经济等问题，以及业主工匠之意见，随宜变通处理。
2	平房楼房大木总例	板可雕镂空花纹，则视其空档之大小，与装饰之华丽而定之。
3	厅堂总论	厅前或辟天井，或营小囿，栽花植树，堆山凿池，各随所宜。
4	厅堂总论	亦可审时度势，予以变更之（山界梁）。
5	厅堂总论	视轩之深浅，及用料之大小而决定（机面线）。
6	厅堂总论	脊柱前后贴式不拘，或作四界，或作五界回顶……厅前后可做廊轩，则视其地位与需要与否而定。
7	厅堂总论	如造价及用料等情况有限制时，得按上例规定尺寸，按比例酌减自九折至六折（扁作木架配料）。
8	厅堂升楼木架配料之例	后檐高较前檐高减十分之一，但亦可酌情而增减（副檐轩）。
9	厅堂升楼木架配料之例	盖匠家用料，但凭经验，所拟口诀又重简要易记，出入诚难避免。
10	殿庭总论	得视开间与窗之宽度酌情收放（窗框）。
11	装折	但可由设计人随宜设计，以合乎美观为宜（栏杆）。
12	石作	阶台之宽，自台石至廊柱中心，以一尺至一尺六寸为标准，视出檐之长短及天井之深浅而定（台阶）。
13	石作	其比例虽如上述，但设计时并不妨加以变化，使其合乎环境及实用为宜（栏杆）。
14	石作	但其全部高低，亦得视门之高低而定（抱鼓石）。
15	墙垣	视其造价、性质，酌情而用（砖砌法）。
16	屋面瓦作及筑脊	凡花边、滴水、钩头筒，均烧有花纹，亦可设计定造。
17	屋面瓦作及筑脊	下表所述仅其概略，复视殿庭之开间进深，随势审定（正脊高低）。
18	屋面瓦作及筑脊	其余各式鱼吻脊之高低，可依上表之规定，以瓦条亮花筒字碑之取舍增减，随宜伸缩。
19	屋面瓦作及筑脊	水戗泼水与垂直成 25° 角，自嫩戗尖至钩头狮，斜长同界深，或视材料及环境而伸缩之。
20	做细清水砖作	亚面浑面随意组合，以比例美观为原则（门洞边缘）。
21	园林建筑总论	定灯心木之高低长短，视屋面斜势以决定（方亭）。
22	园林建筑总论	造图构形，更无限制，可随设计者之匠心，而成精美之花纹（花窗洞）。

注：表中内容栏中内容均引自《营造法原》原文。

（2）结构组织逻辑清晰

以建筑构件安装为例，南方和北方建筑在安装程序上各有差异。北方的立架是从明间开始，按照由内而外、由上而下的顺序，安装时的重点在于对金柱及金柱间的联系构件的安装；而南方的建筑安装方法则完全不同，以浙江地区为例，工匠们先在地上将柱、梁、枋等构件合榫拼装（穿斗式），穿上"木簪"（当地对羊眼销的叫法），每拼装完一榀梁架，就把它竖立起来，各榀梁架暂时靠在一起，竖立齐梁架后，便就位，立在柱础上，临时固定，然后上檩、枋，把木构架横向连成整体。❶这两种安装程序与结构本身的特点有关，北方建筑一般严格遵照官式营造的体例，因此横向联系构件较少（抬梁式），组合后的构架抗拉能力不足，因此不能够抵抗整贴梁架拉起时产生的晃动。南方建筑则多为穿斗式构架，有整根的"川"穿过柱子，能够满足整贴梁架拉起的牢固要求，这也是建筑能够"墙倒屋不塌"的原因之一。很显然，工匠们在安装过程中都是按照结构组织的特点，以方便、高效为准则进行施工的（图3-16）。

榫卯结构作为中国传统结构中较为复杂的一类，只要掌握了其中的结构逻辑，施工安装也可以让毫无技术经验的村民参与❷。而其他相对简单的结构，结构材料的组合逻辑更为明确，公众参与的程度也会更高。比如上文所举宏村的案例，宏村整个水系的修建都由本村村民承担❸，贯通全村的水渠壁都采用河中取来的鹅卵石砌筑，水渠由各家各户分段负责，因此砌筑手法各不相同，但是追其源头则都可以归到垒叠结构之中（图3-17）。

3.1.4　能源利用方式

原住房和城乡建设部副部长仇保兴在《我国南方建筑节能十大策略》中专门提到了"尽量采用低品质的可再生能源"和"尽可能应用简单的、廉价的技术"，而低品质的可再生能源则指可以直接获得的能源，比如太阳能、水能、风能、浅层地热能等。江南地区四季分明，日照充足，并且河道纵横，因此该地区的人们在环境营造过程中积累了不少利用水能、太阳能和风能的巧妙方法，并且能够将这种考虑融合进环境营造的各个层面。

1. 被动式利用

"顺势而为"是古人利用自然能源的主要方式，有学者认为这是在机械

❶　北方的立架方法引自马炳坚《中国古建筑木作营造技术》p.195-197，浙江新叶的立架方法引自陈志华、楼庆西、李秋香《浙江省新叶村乡土建筑》p.243-245。

❷　这个结论是综合2009~2011年同济大学关于民间营造技术的系列博士论文整理得出。

❸　宏村水系的修建过程记录在宏村汪氏族谱中，通过访谈发现，至今村民们依然津津乐道于对这段历史的回顾。

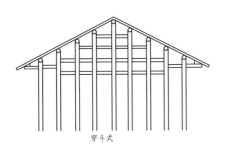

穿斗式

抬梁式

图3-16　南北方不同的结构组织方式
图片来源：作者自绘。

图 3-17　安徽宏村水渠壁的各
种石材垒叠方式
图片来源：作者自摄。

动力不发达情况下的妥协，但是也有学者认为这是由中国文化传统带来的生态智慧，江南地区长久以来的文人传统所推崇的"虚室生白，吉祥止止"以及对于"机心"的不耻就是一个佐证。

对各种能源的被动式利用的案例不胜枚举，这里以两个利用水能的案例来进行论证。

（1）利用水的流动性与高比热性调节温度

将流水与建筑的各个界面相结合来调节室内温度。以安徽地区为例，坐落在宏村上水圳北侧的碧园建于清道光十五年（1835 年），该园的中堂朝西，但即使是在暑气逼人的夏季进入厅堂，也会感觉非常凉爽，因为宅主人在建宅之初，就在厅堂下设置了石砌水道，同时在东面水榭下设置了三根陶制涵管，利用涵管引池塘的水入厅堂下的水道，利用地势形成高差让水在地下循环后从出水口排入水圳。❶这样的处理不仅对厅堂内的温度进行了有效调节，而且还保证了园内池水的自动循环，既节省了能耗还减少了池塘后期维护的工作量（图 3-18）。

（2）利用自然雨水进行清洁

江南地区还有另一种利用雨水清洗街道的方法，街道用青石条横向铺满，石板下设贯通全村的雨水沟，雨水将街面冲刷干净后沿石板下泄流入附近河道。以苏州西山岛明月湾古村为例，该村现存石板街长达 1140m，共用 4560 余块金山花岗条石铺成（图 3-19），居民称这条石板路为棋盘街。据《明月湾修治街埠碑记》载："我里东横峻岭，每际大雨，湾沱山水下注，涧壅而溢，汛滥道途。乾隆三十五年九月，鸠匠石，集群工，移归涧与街中，而

❶ 华亦雄. 水在中国传统聚落中的生态价值及其在当代住区中的应用探讨 [D]. 江南大学硕士论文，2005（07）：22.

图 3-18　宏村碧园的水塘
图片来源：作者自摄。
图 3-19　苏州明月湾古村石板街
图片来源：作者自摄。

图 3-20　江南不同地区的空斗
墙砌法
图片来源：作者自摄，分别摄于
安徽宏村、苏州明月湾古村、苏
州平江路。

复深广之。疏通水道，迂回蓄缩至末流。复而归于一涧，上覆以砂石，工既峻，容有致。"而民间对棋盘街的赞誉则是"明湾石板街，雨后着绣鞋"。

2. 低能耗技术

江南地区冬冷夏热，因此冬季保温与夏季隔热是营造舒适室内环境的关键，在没有空调等精确手段来控制调节室内温度的古代，古人就利用自然通风、巧妙处理围护结构等措施来获得舒适的微环境，这些技术的共同点就是低能耗。

在江南地区有一种常见的外墙构造——空斗墙。空斗墙是用砖侧砌，然后砖块交替砌筑成的空心墙体，具有用料省、自重轻和隔热、隔声性能好等特点，适合做低层建筑的承重墙或者是框架结构建筑的填充墙，从明代开始就大量地运用于江南地区的民居建筑。在《营造法原》中对于空斗墙的砌法有专门的记录，笔者在考察中也发现，在江浙和安徽等地的传统民居建筑中空斗墙较为常见（图 3-20）。虽然一些当代研究者的实验数据表明空斗墙和实心墙的传热系数相当，保温性能相差不大，但是空斗墙对室内外温度波动的延迟确实小于实心墙，而空斗墙比实心墙的砌筑要节省建筑材料 40% 左右❶，因此综合节能和节材两点来看，空斗墙依然要优于实心墙。

除了围护结构上的巧思，还有各种通过室内家具来营造舒适微环境的设计。比如在李渔所著的《闲情偶寄》中就记录了他分别为夏季和冬季设计的两款座椅——凉机与暖椅。

《闲情偶寄》中记载："机面必空其中，有如方匣，四围及底，俱以油灰嵌之，

❶ 滕明邑.村镇住宅空斗墙体热工性能分析及节能技术研究[D].湖南大学硕士学位论文，2008.

图 3-21　李渔设计的暖椅
图片来源:(清)李渔.闲情偶
寄[M].上海:上海古籍出版社,
2000.

❶ (清)李渔.闲情偶寄[M].
上海:上海古籍出版社,2000:
231.
❷ 同上。
❸ (清)李渔.闲情偶寄[M].
上海:上海古籍出版社,2000:
231.
❹ 陈建新.李渔造物思想研究
[D].武汉理工大学博士研究论
文,2010:67.

上覆方瓦一片。"❶从描述中看,凉机属于改良设计,是将凳面换成瓦面,下面放上用油泥密封的空匣子,匣子上覆盖瓦片。"先汲凉水贮机内,以瓦盖之,务使下面着水,其冷如冰,热复换水。"❷书中未提及匣子用何种材料,但是对上面的瓦片产地有要求:"此瓦须向窑内定烧,江西福建为最,宜兴次之,各就地之远近,约同志数人,敛出其资,请人携带,为费亦无多也。"❸

至于冬季用的暖椅,李渔直接以图示之(图3-21),从图上看,暖椅的玄机就在于脚踏之处安的金属抽屉,在其中燃烧炭火,使坐于其中的人周身暖和,暖椅的巧妙之处还在于它的多功能性:"灰上置香,坐斯椅也,扑鼻而来者",同时又起到了"香炉"、"熏笼"的作用。❹李渔特意将暖椅设置得比太师椅略宽,在寒冷的冬夜可直接睡于椅上,若冬日出游,又是"可眠之轿"。不管是凉机还是暖椅,都通过家具来改善与人最接近的微环境,与当代的空调技术动辄对整个居室空间加热或降温所使用的能耗相比,所费甚少,比如暖椅加热一整天也只需要"小炭四块,晓用二块至午,午换二块至晚"。

3.1.5　传统工具的生态性

卢风在论及现代技术对人的挤压问题时,谈到了现代技术与古代技术之间的根本区别在于:古代技术主要是表达自由的,而现代技术则因服务于贪欲和效率而抑制着自由;古代技术总是使人们保持着对大自然的亲近,而现代技术则恰恰是割裂了人与自然的关系。❺笔者较为认同卢风的观点,并且认为现代技术对人与自然的割裂很大程度上恰恰是因为所谓的"工具的进步",以建筑的外墙处理为例,传统的营造过程是:"泥墙用泥和稻草混合,中间还要混合糯米以增加黏性。仍会用这种方法修房子的工人,最年轻的也快60了。他们糊一会儿墙,就坐下来抽烟聊天,散漫闲适。"❻《诗经·大雅》中也有关于版筑打墙的记载,夯声人影,墙之坚实"登登",劳动与技术都是诗意的所在。而现代的外墙砌筑方法则是以追求效率为主,砌筑原料直接由化学试剂合成,借助机械工具进行整体喷涂,工具应用过程中的能耗增大。现代施工工具在求得高效率的同时牺牲了工具的"透明性",同时消失的还有技艺实施者对自然环境的感受与关照。

1.工具的低成本

中国一直有"器以藏道"的传统,李公麟言:"圣人制器尚象,载道垂戒,寓不传之妙于器用之间,以遗后人,使宏识之士,即器中求象,即象以求意,

❺ 引自微信"卢风"《现代技术对人的挤压》。
❻ 这段描述引自设计师关于安缦法云酒店运用传统技艺的描述。Connie.安缦法云——灵隐寺旁的低调奢华酒店[EB/OL]. http://www.yogeev.com/article/36123.html, 2013-07-17.

心悟目击命物之旨，晓礼乐法而不说之秘……"，在这样的观念下，古人对已经存在的器物总是怀有崇敬之意而不会擅自更改其结构和形式。以木作工具曲尺为例，在"圣人制器"的传统下，曲尺的诞生归功于圣人——鲁班，古人对于鲁班的崇拜与供奉自古已有，明《鲁班经》中记载："我皇明永乐间，鼎创北京龙圣殿，役使万匠，莫不震悚。赖师降灵指示，方获落成。爰建庙祀之匾曰鲁班门，封待诏辅国太师北成侯，春秋二祭，礼用太牢。今之工人凡有祈祷，靡不随叩随应，忱悬象著明而万古仰照者。"从这段描述中可以看出，明朝时以太牢之礼来祭祀鲁班，可见鲁班在中国古人心中的"圣人"地位，古人还将铲、锯、墨斗等都归为鲁班的发明。❶ 在对"圣人制器"的崇敬之心下，曲尺和鲁班尺的基本形制一直未被改变，尺子的结构和制作工艺都简单明了，造价低廉，即便是在今天，曲尺依然是木工必不可少的工具，虽然有些地方用钢替换了原来的木材，即便如此，钢曲尺的均价依然只是在15元左右（图3-22），倒是有一些木曲尺被当作古玩收藏的时候价格高达数百元。❷

❶ 赵佳琪.鲁班尺的应用及传统造物思想研究[M].中国艺术研究院硕士学位论文，2012：23.
❷ 曲尺的价格统计来源于淘宝网上50家商店的数据统计。

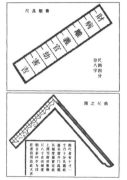

图3-22 《鲁班经》中记载的曲尺和现在的钢曲尺
图片来源:《鲁班经》及作者自摄。

笔者以《营造法原》中提及的部分木作工具与江南现有传统建筑工地使用工具的对比为例，对其现在使用情况及工具价格变化作了如下的对比表（表3-2）。

传统工具与改良工具成本比较　表3-2

序号	工具类型	器具名称及购置成本	是否当代使用	替代电动工具	替代改良工具及成本
1	测量工具	曲尺 （5.0～6.0元）	是		钢曲尺 （15.0～22.0元）
2	划线工具	墨斗 （2.0～3.0元）	是		自动墨斗 （6.0～42.0元）
3	划线工具	篾青 （0元，现场制作）	是		

序号	工具类型	器具名称及购置成本	是否当代使用	替代电动工具	替代改良工具及成本
4	测量工具	丈杆 （0 元，现场制作）	否		钢卷尺 （7.0 ~ 25.0 元）
5	测量工具	鲁班尺 （5.0 ~ 6.0 元）	否		钢卷尺 （7.0 ~ 25.0 元）
6	测量工具	六尺杆 （0 元，现场制作）	否		钢卷尺 （7.0 ~ 25.0 元）
7	其他工具	三脚马 （0 元，现场制作）	是		
8	解斫工具	大锯 （12.0 ~ 40.0 元）	否	电锯 （78.0 ~ 330.0 元）	
9	解斫工具	二锯 （12.0 ~ 40.0 元）	否	电锯 （78.0 ~ 330.0 元）	
10	穿剔雕刻工具	厚凿子 （9.50 ~ 12.0 元）	是		
11	穿剔雕刻工具	薄凿子 （12.0 ~ 17.0 元）	是		
12	穿剔雕刻工具	斜凿子 （7.0 ~ 28.0 元）	是		
13	解斫工具	斧头 （10.0 ~ 28.0 元）	是		
14	其他工具	榔头 （6.0 ~ 16.0 元）	是		
15	其他工具	铁钳 （15.0 ~ 40.0 元）	是		
16	平木工具	推刨 （23.0 ~ 50.0 元）	是		
17	平木工具	木口推刨和铁口推刨 （23.0 ~ 50.0 元）	是		
18	平木工具	塚亚刨 （23.0 ~ 50.0 元）	是		
19	其他工具	木榔头 （2.0 ~ 8.0 元）	是		
20	其他工具	凳、台 （0 元，现场制作）	是		
21	其他工具	砂石、磨刀砖 （6.0 ~ 17.0 元）	是		

　　从表中可以看到，所列出的 21 项传统工具的价格均低于 50 元，而且其中还包括了 5 项现场制作的工具，成本为 0 元；在当今江南地区营造活动中使用的改良工具价格均高于传统工具，有些改良工具（比如电锯或电刨）的价格是传统工具的 6 ~ 8 倍（图 3-23）。

2. 工具的易操作性

中国人的实用理性基因对于传统工具的设计影响就是工匠们如何让工具高效灵活、省工省料地完成各种任务，比如明代宋应星在《天工开物》中记载了我国农村广泛流行的"独轮车"："其南方独轮推车，则一人之力是视，客载两石，遇坎即止，最远者止达百里而已。"❶ 独轮双足的设计，一方面节省了材料，但是承重量却不会减少，另一方面是为了满足小车在田间窄径行走的需要，独轮的设计让使用者能够灵活地应对在田间行走遇到

图3-23 古建工地上的电刨
图片来源：作者摄于古建工地。

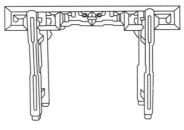

图3-24 清代琴桌
图片来源：作者自绘。

的各种情况。传统工具的易操作性通过以下两个方面得以体现：

（1）符合人体工学

《考工记》中关于造物尺度要合乎人体尺度标准的案例不胜枚举，通篇中多次提到"人长八尺"的概念，辆车、兵器抑或饮器等日常用具的制作，都始终以人的身体尺度、比例为基本设计依据。另外还提到尺度控制的相关制度，以饮器爵为例，"凡试梓饮器，乡衡而实不尽，梓师罪之"❷，爵上双柱与眉间的相对距离被称为"乡衡"，古代制器制度中对"乡衡"的要求是：双柱抵达眉头，酒恰好喝尽，如果饮器制作未达到这个要求，匠师会被追究责任。宋人赵希鹄的《洞天清录集》中有关于琴桌的记载："琴桌须作维摩样，庶案脚不得碍人膝。连面高二尺八寸。可入膝于案下。而另向前……"（图3-24）这段描述中对于舒适坐姿作了详尽的要求。❸ 由此可见，中国古代造物的尺度都是严格地按照人体使用尺度与标准来制作的。

一些学者则通过数据来对传统工具的人体工程学进行实证研究，比如赵佳琪的硕士论文《鲁班尺的应用及传统造物思想研究》、王拓的硕士论文《墨斗的传统造物艺术研究》中都通过数据对传统工具包含的人体工程学设计进行了实证研究。特别是王拓通过对80件不同材料、造型及结构的墨斗的长、宽、高及墨线轮的直径进行了测量以及数据分析后得出了结论：普通墨斗的长宽尺度基本都控制在男性手掌的可控范围之内；男性手掌的虎口直径完全适合包裹墨斗的宽、高尺寸；墨斗的总体长度和宽度都小于手掌的长度和宽度，这种体积有利于拇指对墨斗收放墨线的控制；方形墨斗在使用手感上不如弧形牛角墨斗舒适等（图3-25）。❹

（2）技术原理简单

传统工具的技术原理一般都较为简单，但由此派生出的应用方法却是千变万化的，工具应用的好坏还取决于工匠的理解力和领悟力，比如南方传统

❶ （明）宋应星.天工开物[M].钟广言注.广州：广东人民出版社，1976：59.
❷ 张道一.考工记注释[M].西安：陕西人民美术出版社，2004：37. "梓人为饮器，勺一升，爵一升，觚三升。献以爵而酬以觚，一献而三酬，则一豆矣；食一豆肉，饮一豆酒，中人之食也。凡试梓饮器，乡衡而实不尽，梓师罪之。"
❸ 邱志涛.明式家具的科学性与价值研究[D].南京林业大学博士论文，2006：50.

❹ 此结论来自王拓的硕士研究生论文《墨斗的传统造物艺术研究》。

图 3-25　古建工地上的墨斗
图片来源：作者自摄，摄于古建
工地。

营造中常用的篙尺、丈杆就是利用放样原理，让工匠们能够应对施工现场出现的各种问题，有效地解决设计与施工之间的转化问题❶，但是只有对篙尺运用自如的工匠才能成为掌握设计施工的把头师父。再比如传统的测量工具墨斗，它利用的则是杠杆原理（放墨线）以及重力原理（重锤画直线），操作工序简单明了，但是墨线画得直不直则需要依仗工匠对工具运用的熟练程度。此外还有很多工具是工匠们根据现场情况自行制作的，比如制砖时分割砖块的泥刀，就是工匠们用竹片弯曲后制成的，还有研究发现皖南地区的瓦作工匠会自制简易锯，一种是弓锯，另一种是三角形的构架锯。❷正是由于传统工具所采用的技术原理较为简单，才使得工匠在工具使用的过程中有较大的自由度，甚至可以自行制作专属自己的工具，并且随着时间的推延，会逐渐形成自己的一种操作习惯、一种手风，这正是传统营造技艺区别于现代机器大生产的意义所在。

此外，传统工具的技术原理简洁明了，使得许多匠师能够将工具的应用方法和通则转化成朗朗上口的歌诀，有时因一些文人学者热衷于参与环境营造，甚至产生了采用诗词格式的写法。例如：

《论柱顶（西江月）》

柱顶未取方正，先看金檐柱径，柱大二分遵法令，厚则以柱为定，古镜柱大分半，高以二寸相应，临时增减无争兢，方显数家作用。❸

《论土衬（西江月）》

土衬长按阔间山出二分凑添，包砌分位加金盘并来得宽，然问厚莫向他取，三寸四寸任安。巧机妙算总相连，唯有此法捷鉴。❹

《论混沌埋头（清江引）》

埋头另有名混沌，听我细评论，阶条宽是方，或收一二寸，高以台通高，减去阶条不用问。❺

《论中基（清江引）》

讨论中基石长，上基亦载祥，宽按上基面一寸，梓口量厚按四寸，定增减不可忘。❻

《论象眼（西江月）》

象眼算法难明，原有妙法可成，级数净宽凑长形，减去垂尖莫吝，还有金边去也，问宽另有例行，去了垂带是台明，厚与阶条同证。❼

❶　关于南方杖杆和篙尺方法运用方法的森如研究成果主要有《福建传统大木匠师技艺研究》，其中列举了五种典型的篙尺，并对其中四根对照实物和图纸进行了解释，使篙尺的秘密大白于世。
❷　林作新. 皖南民俗家具研究[D]. 北京林业大学博士学位论文，2007: 58.
❸　蒋博光. "样式雷"家传有关古建筑口诀的秘籍[J]. 古建园林技术，1988（03）: 53-57.
❹　同上。
❺　同上。
❻　蒋博光. "样式雷"家传有关古建筑口诀的秘籍[J]. 古建园林技术，1988（03）: 45-46.
❼　同上。

3. 工具的多功能性

徐艺乙教授认为，构成传统手工艺风格流派的关键因素就在于传统工具使用的不确定性和模糊性，也就是工具的多功能性，笔者甚为认同这个观点。传统工具的低成本性和多功能性的综合是符合节约原则的，是体现传统营造技艺生态性的重要方面。

多功能常常体现在不同工种工具的通用性上，比如苏州香山帮匠人常用的度量工具是大曲尺和六尺杆，其中六尺杆也常常被用作扁担挑工具担。❶ 笔者对《营造法原》中"杂俎"里所罗列的工具进行分析，从统计列表中可以看出，有许多工具通用于瓦作、木作、化灰等工种（表3-3）。在当今江南地区的环境营造活动中，这些工具的使用情况大体上还是和表中所列的情况一致的。

❶ 沈黎.香山帮匠作系统研究[M].上海:同济大学出版社,2011:57.

不同工具在施工过程中的重复使用情况   表3-3

工具名称	瓦作	木作	化灰	搭架	合计（重复次数）
锄头	√		√		3
刨子（砖刨、推刨等）	√	√			2
凿子（铲凿、厚凿子等）	√	√			2
榔头（敲槌、榔头等）	√	√		√	3
曲尺（普通曲尺、规方活动曲尺）	√	√			2
锯子（段锯、大锯等）	√	√	√		3
水平（普通水平、水平器）	√	√			
小匙（普通小匙、划匙、铁匙等）	√		√	√	3

3.1.6 适人性设置

传统环境营造技艺强调人与物的同构效应，大多数技艺的实施遵循自然法，始终保持对自然的尊重，作为一种"本真的技术"，它的目的是使人与自然和谐，与现代技术为了满足人的贪欲而一味追求效率的目标正好相反，正如卡尔维诺在《未来千年文学备忘录》中所描述的一般："第二次工业革命，不像第一次那样，没有向我们展现车床轰鸣和钢水奔流这类惊心动魄的形象，而是提供以电子脉冲形式沿着线路流动的信息流的'点滴'。钢铁机械依然存在，但是必须遵从毫无重量的点滴的指令。"相反地，传统环境营造技艺往往能够让人感受到"万物皆备于我"和"天人合一"的审美时空境界，它使人生意义充盈、完美，并最终实现对悲剧的超越。❷ 技艺和劳动成为人与自然交融的过程，因此技艺既是适"人"的，又是适"自然"的。

❷ 赵德利.生命永恒:文艺与民俗同构的人生契点[J].宁夏社会科学,1997(06).

1. 愉悦感

传统环境营造技艺从很大程度上来说还是以身体为中心的技术，技艺的应用意味着身体全部感觉知觉的综合，飘着泥土香味的传统技艺带来的美感不是体现在结构的复杂和精密上，也不是体现在操作程序的繁杂上，其精妙之处往往在于它所带来的体悟，既包含着先辈们在对大自然的敬畏中与大自然的合二为一，又体现在对大自然的体悟中升华出的生存能力上，其中包含着的"微观知觉"是了解周遭世界喜怒哀乐的重要途径。❶ 手工劳作的愉悦感得到了人们的普遍认同，《诗经》中大量的农事诗大概是中国最早对这种愉悦感的记录；在欧洲，工艺美术运动的领袖人物莫里斯则认为："艺术就是劳动的完善表现，劳动是生活中最愉快的事情，是快乐之源，人们从中可体验到创造的快乐，这种快乐能渗透到人们的日常劳作。"❷

在传统环境营造活动中，这种愉悦感一方面体现在劳动过程中始终存在的游戏感上，比如：白族村落至今保留着全村建屋的习俗，到了"立木竖房"（即将穿架完毕的梁架竖起）的日子，本村、邻村的尊长、亲友们来参加仪式的多达百人。具体的过程如下：先竖明间的两榀梁架，用粗麻绳套紧左中缝梁架中的四根柱头，并从柱头左右两侧各甩出一根长麻绳供人在左右两边牵引梁架；每根柱子的柱身中上部两侧，又用粗麻绳系紧两根圆料，在梁架竖起来之后，作为斜撑受力杆支撑稳定梁架。准备工作完毕，众人站在构架的两边，分别握紧麻绳、圆料，由二十来个壮汉子首先合力将梁架一端抬起，然后通过另一侧的人牵拉构架将其立起。❸ 整个施工过程充满了此起彼伏的呼号声，每个人都充满了喜悦，仿佛回到了远古时代的酒神节狂欢中一般，让劳动回归了游戏的状态，这与现代社会中被异化了的劳动形成了鲜明对比。除了营造仪式中的游戏感，还有将劳动过程与娱乐行为相结合的多种方式，典型的案例就是在地基夯筑的过程中产生了劳动号子这种艺术形式。甚至在古法营造中，还产生过一种称为"童子夯"的土做手法：童子夯就是以众多的童工纳虚盘踩；由于孩童脚小，所以童子夯可说是纳虚中的"小夯"做法。为吸引童子们不断前进，常有一人脸涂粉脂，身穿戏装，辫子上系一铜铃，扮相可笑。此人在槽内嬉唱而行，吸引众童子在后面追逐，以完成童子夯之功。❹

2. 模糊性

曾经有一种观点认为，技术是中性的工具，本身是价值中立的，但是海德格尔认为这是一种很肤浅的看法，他认为技术不只是一种工具，更是一种"座架"，也就是说，技术具有很强的价值导向作用。对于本文的研究对象"传统环境营造技艺"，它本身具有的价值导向与中国传统文化中的"天人合一"、"物我同一"同源，实用和审美结合、技术与艺术结合就是传统技术的本质。技艺的目的在于沟通人与自然，自然本身是变化无穷的，比如地形、风向、阳光、植被，甚至是工匠的个体性差异，传统技艺对人与自然要素的尊重使得它具有一定的模糊性，并不以精确的可控性为目标。

比如在传统的夯土墙技艺中，夯筑材料以及墙体成型过程都主要依靠工

❶ 翟源静.新疆坎儿井技术文化研究[D].清华大学博士学位论文，2011：108-109.
❷ 范玉刚.技术美学始源内涵探微——试析威廉·莫里斯的美学思想[J].烟台大学学报（哲学社会科学版），1998（01）：77.
❸ 宾慧中.中国白族传统民居营造技艺[M].上海：同济大学出版社，2012：154.
❹ 刘大可.中国古建筑瓦石营法[M].北京：建筑工业出版社，1993：7.

匠的经验判断，而这些判断又多是依靠视觉、触觉等直观感受的。对于筑墙材料——泥土的干湿度控制，民间流传下来的经验是：将水倒入准备夯筑的泥土中搅拌，当将泥土握在手中刚好可以捏成一个圆形固体时，将球体放置胸前，松手，物体自然落地。假如土球摔碎散开，回到捏制之前的状态，说明此时湿度刚好；如土球落地时，形状呈泥饼状态，则说明土壤中水分

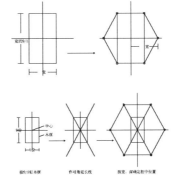

图 3-26 多边形定位线
资料来源：雍振华教授未竟书稿，雍振华绘制。

过多；如土球不易摔碎，则表明土壤中水分过少，需在土壤中加水搅拌直到其达到理想湿度。❶ 而对于在夯土墙的夯实过程中如何保证土的密实度和墙体的竖直度，则是依靠工匠的平衡觉来确定的，据一些资深夯土师傅讲，在夯土的过程中，因为不可能时刻用悬锤来标量墙体的竖直度，因此总结出一套经验：如果能感觉到墙体随着冲墙棒对土的夯击而有节奏地左右晃动，说明墙体是竖直的；如果没有这种晃动，墙体极有可能是歪斜的，这时就需要利用工具来验证。❷

再以江南地区对多边形阶台的定位放线方式为例，对于平面为多边形的阶台则先要确定阶台的中心点，再根据朝向过中心点画十字线，然后按阶台平面的不同用不同的比例关系进行划分。如正六边形平面，则以十字线为中轴，画一个 9 : 5 的矩形，作对角线的延长线，再以开间尺寸作自中心点在各条延长线的交线，确定柱中的位置，最后再于每边放出阶台外缘的距离。以此类推，各种多边形都采用简单形分解寻找定位依据的方法进行边界和柱子的定位（图 3-26）。这种放线的方法精度不高，但是简单易行，所以在当代的江南地区的古建营造活动中依然大量使用。❸

传统窗扇安装的过程中，为了窗户的开关方便，平开扇下冒头底面可刨成斜面，倾角 3° ~ 5°；如果是中悬窗，则上、下冒头底面均应刨成斜面；上悬窗的下冒头和下悬窗的上冒头底面也应该刨成斜面，倾角以开启时能保持一定的风缝为准。❹ 但是工匠在处理风缝时，需要考虑到窗扇会随着时间的推移而逐渐下垂，因此在安装的时候，窗的上冒头与框子间的风缝应该从装铰链的一边向摇开边逐渐地收小，而窗梃与框子间的风缝，则应从上向下逐渐放大。工匠在安装窗户时对于风缝的大小控制则完全依靠的是个人经验和感觉，根据窗户的大小、材料的不同需要进行不同的调整，是一种典型的模糊控制技巧。

江南地区传统环境营造技艺的模糊性还体现在众多技术典籍对技艺的记录与描述中，比如由文人编撰的《园冶》、《长物志》等著作，都采用唯美的语言来描写技艺的生成及使用过程，对于营造工程中所涉及的尺度、用料等数据都采用了概数化的方法，《园冶》中论及户槅装折部分涉及尺寸

❶ 此部分内容摘自对宋伟清先生的访谈录音，时间：2014 年 1 月 3 日上午，地点：江苏省苏州市地下苏州城。
❷ 张伟.土作——对浙江部分地区乡土建造研究[D].中国美术学院硕士学位论文，2009（06）：16.

❸ 此部分内容援引自雍振华先生的未出版书稿《苏式建筑营造技术》，放线部分文字和图例为雍先生长期野外考察得出的总结。
❹ 陈辉.探析仿古建筑施工质量控制的有效措施[J].中华民居，2014（02）：374.

数量的表述都是诸如"寸许为佳","或棁之七、八、版之二、三之间……再高四、五寸之最也",甚至有时因为追求骈文的美感而使得技艺的描述显得更为含混,说到假山营造的方法时,则是"理者相石皴纹,仿古人笔意,植黄山松柏、古梅、美竹,收之圆窗,宛然镜中游也",计成所说的"理者相石皴纹,仿古人笔意"省略了工匠制作假山的细节部分,而根据相关资料的研究,实际的假山堆叠还要涉及施工工具选择、挖土奠基、叠石固定等细节,甚至连搬运假山石的打结方式都会有讲究。❶ 即使是在工匠们所编纂的营造著作中的数据表达也仅仅是进入了实数化的阶段,如《造砖图说》《景德镇陶录》《游船录》《格物论》(百卷)等典籍。比如《鲁班经》中记载了各种房屋的样式,为了方便工匠的记忆与实际操作,房屋样式都用实数来表示。《鲁般营造正式》卷二的"三架屋后连三架"中说:"造此小屋者,切不可高大。凡步柱只可高一丈零一寸。栋柱高一丈二尺一寸,段深五尺六寸,间阔一丈一尺一寸,次间一丈零一寸。此法则相称也。"❷ 又如"正七架三间"、"正九架五间堂屋"诸房屋样式中所记载的数据都是实数。这些以实数表示的样式可以直接使用,不需要工匠们额外花费精力去设计房屋样式。但是总的来说都没有进入到精确化的阶段,从而在施工过程中给了工匠们以极大的自由度,这一点在前一节"工匠施工自由度大"中也有所论及。

❶ 卜复鸣.现代假山堆叠举隅——小型假山的堆叠训练[J].花园与设计,2006(07):16-17.

❷ 明鲁般营造正式.上海:上海科学技术出版社,p.31.

3.1.7　生态效益层评估因子的确定

根据 3.1.1 节至 3.1.6 节对传统环境营造技艺的生态属性的分析,来确定生态审美评估模型的生态性效益准则层 B1 下的具体指标:材料选择方式 C1、结构类型和组合方式 C2、能源利用方式 C3、施工工具 C4、适人性 C5。指标的选择既要从技艺对物质环境产生的生态影响方面考虑,也要从技艺对操作者的审美态度产生的影响方面考虑,这体现了"强调主体间性与对话模式"的生态审美原则,该指标层中的施工工具与适人性就是基于此原则而设置的。

各指标下又继续细分出评估因子层 D,具体评估因子分布如下:

C1 材料选择方式下分为:材料的易得性 D1、选材方式的科学性 D2、节材方式的多样性 D3。

C2 结构类型和组合方式下分为:结构的长效性 D4、结构的易施工性 D5。

C3 能源利用方式下分为:被动式利用程度 D6、能源消耗量 D7。

C4 施工工具下分为:经济成本 D8、操作难易程度 D9、多功能性 D10。

C5 适人性下分为:手工参与程度 D11、控制度 D12。

按照上述指标列出准则层的指标体系应该如表 3-4 所示。

江南地区传统环境营造技艺的生态审美价值 A　　　　　表 3-4

生态效益 B1	材料选择方式 C1	材料的易得性 D1
		选材方式的科学性 D2
		节材方式的多样性 D3
	结构类型和组合方式 C2	结构的长效性 D4
		结构的易施工性 D5
	能源利用方式 C3	被动式利用程度 D6
		能源消耗量 D7
	施工工具 C4	经济成本 D8
		操作难易程度 D9
		多功能性 D10
	适人性 C5	手工参与程度 D11
		技艺控制的直观性 D12

　　本小节对江南地区传统环境营造技艺所具有的生态性进行了分析，从初步构建的生态效益指标层的具体指标来看，因为生态效益评判标准具有普适性，且多以量化数据为主，比如能源消耗量、对周围环境的影响度，因此可以发现这个指标层下具体的评估因子并未表现出突出的"地域性"，比如材料的易得性、结构的长效性等特点在南北方的传统营造技艺中都有所体现，这也足以说明促进人与自然的融合是中国传统环境营造技艺的基本属性。

　　值得注意的是，在本层次的评估因子中特别加入了对于传统营造技艺模糊性和不可控性的考虑，在迈克尔·波兰尼（Michael Polanyi，1891—1976）的著作《个体知识》中提出了"默会知识"（Tacit Knowledge）的概念，他认为在逻辑理性之外，人的认知运转中还活跃着另一种与认知个体活动无法分离、不可言传、只能意会的隐性认知功能，而这种意会认知却正是一切知识的基础和内在本质[1]，也就是我们经常用"智慧"来形容的那部分思维。

[1] 钱振华.科学：人性、信念与价值——波兰尼人文性科学观研究[D].复旦大学博士学位论文，2005：57.

3.2　文化特质层关联因子

技术从来都是文化性的建构。

——（美）曼纽尔·卡斯特斯

　　传统环境营造技艺以营造生活环境为目标，而生活的各个方面既是形成文化的主要因素，反之也处处受着文化的影响，传统技艺必然受到地域文化潜移默化的影响。

3.2.1　整体文化特征

❶ 刘士林.江南与江南文化的界定及当代形态 [J].江苏社会科学,2009(05):229.

江南文化特征的形成源起魏晋以后的南人北迁活动,但江南文化的成熟期是在中华帝国后期的明清两代。❶比较往往更能够凸显出两个不同事物各自的特征,因此国内的不少学者采用这种方式来研究江南文化,比如刘士林在其著作《西洲在何处——江南文化的诗性叙事》中通过对江南文化与巴蜀文化、齐鲁文化的比较来表述它的特点,将江南文化风姿绰约的形象描述了出来。他认为江南地区借由优厚的自然条件,创造出了"鱼稻丝绸等小康生活消费品",而移植江南的北方文化又使它有了"仓廪充实以后的诗书氛围",因此与"讽诵之声不绝"的齐鲁文化相比,它多了一分"代表着生命最高理想的审美自由精神",多了一分"对诗与美"的追逐。江南文化是诗意的文化,在这样的文化气质下,作为手段和方法的江南地区营造技艺自然也更加偏向于"艺",更多地呈现为一种审美的技术。

1. 北宋前后汉文化迁徙对江南地区的影响

江南文化的雏形可以追溯到吴越两国的北上争霸,此时的江南文化尚具有强烈的尚武特征,但即使是在这样的蛮荒时代,江南文化崇尚自由、热爱自然的特质就已露端倪,比如《吕氏春秋·贵生》载:"越人三世杀其君。王子搜患之,逃乎丹穴。越国无君,求王子搜而不得,从之丹穴。"越人因为找不到储君便集体归隐山林,这样的浪漫之举背后反映了吴越先民自觉视自然为家园的意识。在泰伯奔吴以后,中原文化对江南文化的影响发端于秦汉时期,当时的北人南迁以政治干预为主,比如官员的贬谪与流放,因为当时的吴越之地依然是气候恶劣:"南方暑热,近夏瘴热,暴露水居,蝮蛇丛生,疾疠多作……"❷经济文化也不发达,"随陵陆而耕种,或逐禽鹿而给食",直到西汉中期,江南依然是"不可以冠带之国法度理"的"方外之地",但随着中原文化的渗入,至东汉末年,已经开始呈现"郡中争厉志节,习经者以千数,道路但闻诵声"(《后汉书·张霸传》)的文化景象。

❷ (汉)班固.汉书 [M].北京:中华书局,1962:1782.
❸ 马正林.中国历史地理简论 [M].西安:陕西人民出版社,1990:301.
❹ 此观点来源于刘永的博士学位论文《江南文化的诗性精神研究》,刘永通过大量史料的考证,论证了江南诗性文化正是来源于中原文化,只不过中原诗性文化是处于萌芽阶段,随着北人南迁,诗性文化的种子最终成为于江南地区,从而使得江南文化的诗性特质成为其区别于北方文化的根本特征。这一观点有别于以往学者的地理决定论观点。

此后,中原一直有"北人南徙"的活动存在,其中最大规模的一次则是西晋时期的"永嘉南渡",西晋王朝内部的"八王之乱"使得社会秩序混乱不堪,平民百姓为了避战乱,遂向四方流徙,其中向江南流徙的人数占到黄河流域及其附近地区原人口的 60%~70%。❸关于这次大规模迁徙的记载颇多,比如《晋书·刘胤传》载:"自江陵至于建康,三千余里,流人万计,布在江州……"又有《晋书·王导传》载:"洛京倾覆,中州仕女避乱江左十六七。"此次迁徙的人口也包含了一些中原地区的贵族阶层和知识精英,他们将中原地区先进的文化、技术、生活方式带到了江南,并与江南本土文化之间不断地进行着融合。特别值得提到的是成熟期的江南文化崇尚虚无、任性自然、追求诗性审美等特征是在玄学的影响下产生的,而玄学的传入则是由北方具有学术水平的世族大家带去的。❹

　　至晚唐时期，江南地区已经成为经济富庶、文化发达的地区之一，因而在此时期出现了士人主动移居江南的情况。冻国栋根据徐松的《登科记考》作的统计显示，仅唐代科考及第进士中就有 30% 左右的人来自江南道，但是其中有不少来自北方迁来的家族。❶华林甫对唐代宰相籍贯的分析也显示，江南的淮南道、江南东西道、山南东道所出 51 位宰相，有 45.1% 来自迁入江南的北人家族。❷也就是说，江南地区所出宰相中，有将近一半是来自北方的移民。以上的案例足以证明，唐中晚期江南地区经济已经得到很大的发展，自然环境优美、社会环境稳定，对北方士人而言具有一定的吸引力，因此出现了北人主动南迁的情况。❸

　　至南宋迁都临安（杭州），则代表着经济和政治中心迁至江南，北人南迁达到了一个新的高潮，谭其骧先生以《宋书·州郡志》中记载的"侨州、郡、县之户口数当南渡人口之约数"❹为依据进行推断，"直到宋朝末年，南渡人口总数达九十万人，占到当时全国总人口的六分之一。"❺由此带来了江南海外贸易和国内贸易的繁荣，而自皇帝、贵族至百姓阶层都热衷于文化活动的风气又形成了江南诗性精神诞生的社会环境，自此以后直到明清时期，进入成熟期（图 3-27）。江南诗性文化的种子从中原地区而来，在江南地区成熟，江南地区的传统环境营造技艺就是因营造诗意的生活空间而生成的，我们可以从观念层、制度层、器物层对这点进行分析。

❶ 冻国栋.六朝至吴郡大姓的演变.魏晋南北朝隋唐史资料（第 15 辑）[C].武汉大学出版社，1997.

❷ 华林甫.论唐代宰相的籍贯地理分布[J].史学月刊，1995（03）.

❸ 张巍.唐中晚期北方士人主动移居江南现象探析——以唐代墓志材料为中心[J].史学月刊，2010（09）.

❹ 谭其骧.晋永嘉丧乱后之民族迁徙[C].长水集，北京：人民出版社，1987：210-220.

❺ 同上。

图 3-27　江南文化演变图
图片来源：作者自绘。

2. 观念层——诗意地栖居

　　诗性精神是江南文化观念层所体现出的主要特征，诗性精神以用直观去体悟世界、以审美的方式去审视生活、注重形象思维对抽象理念的解读为特征。以王阳明的心学研究为例，心学受儒学的影响，但是因为江南文化的影响，还呈现出诗哲的特征。《年谱》曾载：（甲申年）中秋月白如昼，先生命侍者设席于碧霞池上，门人在侍者百余人，酒半酣，歌声渐动，久之，或投壶聚算，或击鼓，或泛舟，先生见诸生兴剧，退而作诗，有"铿然舍瑟春风里，点也虽狂得我情"之句。❻王阳明一直倡导率性而为的狂者精神，正是诗性情怀的释放与张扬。

　　诗性情怀渗透到了江南士人们生活的各个层面，在卷帙浩繁的诗词歌赋、

❻ （明）王守仁.王阳明全集（上）[M].上海：上海古籍出版社，1992：9.

浩如烟海的绘画作品中，江南已经幻化为代表诗意的符号，但本书则从读书、居官和居家观念这些层面来分析江南诗性文化对士人处理世俗生活的影响。

读书：耕读社会的读书对于士人来说往往带有某种功利性质，考取功名往往能够带来巨大的物质利益，如"松江寒畯初举进士，即有田数十顷，宅数区，家僮数百指，饮食起处，动拟王侯"❶，江南的士人们对这一点也有清醒的认识，王士性就言"缙绅家非奕叶科第，富贵难以长守"❷。但是对江南士人们而言，光是为了儒家的道德实用主义而读书实在是太缺乏美感了，在飘逸灵性的道、禅精神的影响下，江南士人们通常不会将考取功名作为唯一目的，读书本身就被看作是修身养性、提升趣味的精神享受。许多江南望族所流传的家训中，非功利读书的意识特别突出，比如家训中强调读书以"明理、识趣"为先，或者强调读书的目的是为了"气清则神正"，有的也建议子孙多读些出世的佛经《华严经》《法华经》，以增长智慧。

为官：诗性精神虽美，但是在面对残酷的政治斗争时是无力的，江南士人们在进入政治中心之前构建的美好政治幻象，很容易破灭。❸在大一统的专制政权下，为官士人的自由生存空间很少，在政治上，江南士人往往采用明哲保身的策略，比如张英致仕后，迫不及待地为子孙总结自己的居官安心之法："只望稳处想。"官场这种压抑本性、谨小慎微的生活对江南为官的士人而言毫无美感和趣味，回归"南岸春田手自农"的耕读生活便成为替江南为官士人们提供安全感和释放诗性精神的不二选择，并且这种生活模式在江南士人退居返乡后以造园筑景的方式得以实现。

居家：江南素有奢侈之风，但是作为具有社会责任感的士人们，居家之道还是提倡"节俭"的："当以俭素自绳为准。""一粥一饭，当思来处不易；半丝半缕，恒念物力艰难。"（《朱子治家格言》）"家业之成，难如升天。当以俭素，是绳是准。"（江南第一家《浦江郑氏义门规范》）但是集聚财富或道德提升也不是江南士绅们的唯一目的："俭于饮食，可以养脾胃；俭于嗜欲，可以聚精神；俭于言语，可以养气息非；俭于饮酒，可以清心养德；俭于思处，可以避免蠲烦去忧。""俭"在此处，完全是为了养神、养气、消除烦恼，是为了追求更多的精神自由和舒适。所以江南士人也是反对过度节俭的："俭，美德也，过则为悭吝、为鄙啬，反伤雅道。"（《菜根谭》）雅的美学趣味是老庄隐逸思想对江南士人的影响，而庄子就曾批判过墨子的勤俭"以自苦为极"，再加上佛家的"中道"思想的影响，失去美学色彩的过度节俭自然被江南士人们所排斥。

综上所述，我们可以看到，即使是在处理繁琐而带有功利性质的世俗生活时，诗性文化对江南士人们的影响也是不容忽视的，足以让他们用审美的眼光超越现实，寻找到精神的安闲舒适。

由于士人阶层善于著书立说，因此对于他们的观念行为的研究较容易找到论据，但是江南诗性文化的特殊性恰恰在于诗性精神对社会各个阶层的渗

❶ （清）张履祥.杨园先生全集 [M].北京：中华书局，2002：1035.

❷ （明）王士性.广志绎 [M].北京：中华书局，1981：70.

❸ 蒋孔阳，朱立元.西方美学通史导论 [M].上海：上海文艺出版社，1999：21.

透,也只有整个社会层面对诗意的认可,才能造就真正的诗意栖居。"自六朝文士好嗜词赋,二陆撷其英华,国初四才子为盛,至今髫龄童子即能言词赋,村农学究,解作律咏。"❶《儒林外史》第二十九回写到杜萧二人在雨花台观景的所见所闻,两人在日落时分见到两个挑粪桶的,一个对另一个说:"兄弟,今日的货已经卖完了,我和你到永宁泉吃一壶水,回来再到雨花台看看落照。"杜慎卿说了一句:"真乃菜佣酒保都有六朝烟水气。"❷书中还描写了一位叫盖宽的茶馆老板,虽然是商人,但是却"每日坐在书房里做诗看书,又喜欢画几笔画",因为嫌那些有钱的亲戚俗气,所以平日里"有许多做诗画的来同他往来",而且当这些朋友遇到困难,"没有银子,来向他说,他从不推辞,几百几十拿与人用"❸。

从民间服饰的细节上也可以感受到诗性精神,《画继》中写道:"绍兴间妇人服饰皆作小景山水。"❹山水意境融入了日常,何等的诗意!褚人获《坚瓠集》中记载,说吴县名士杨循吉有个邻居是铁匠,发家致富后,附庸风雅,请杨循吉给他起个斋号,"杨意云:'酉斋'。人咸不解,或问何出?答曰:'横看是个风箱,竖看是个铁墩。'闻者绝倒。"❺此事虽然是文人戏耍了商人的笑话,但是也能看出江南地区各个阶层对诗性文化的热衷。

3. 制度层——精作观念对营造行为的影响

江南地区一直有精工巧作的技艺传统,宋应星就在《天工开物》中写道:"良工虽集京师,工巧则推苏郡。"许有壬《圭塘小集》卷十二"题李士诚持信手卷"中也写道:"惟举世尚之,故制日精。然皆出江南,北工未闻也。吾乡李士诚,是艺之精无愧南工。盖其翁学于江右文生,而士诚传其家法焉。"❻环境营造技艺的精工传统主要体现为江南地区身怀绝技的能工巧匠比较多,并且有大批的江南工匠因为技艺超群而进京献艺,甚至因此走上仕途,比如苏州名匠蒯祥就是典型的案例。此外还有大量著述记载的无名巧匠,1909年黄宾虹先生在《国粹学报》上发表《新安四巧工》一文,文中写道:"四巧工者,最为后起,著声当世,艺有端长,代远年湮,不有表彰,耆老旧闻,无所称述,余因慨焉!"❼细究起来,江南地区的精工巧作传统与以下两点是密切相关的:

(1)文化发达有利于技艺规范的记录与创新

余同元教授在其博士论文《中国传统工匠转型问题研究》中对江南地区曾经出现的技术典籍进行了一个整理❽,笔者在余同元教授整理的典籍资料的基础上进行了补充并作了一个分析:江南地区出现的建筑技艺类典籍共有19部,其中文人撰写的有10部,江南地区工程管理部门编纂的有4部,民间工匠撰写的有5部;景观营造技艺类共有8部,都由文人撰写;陈设技艺类40部,也都由文人撰写;其他相关营造技艺类共20部,18部为文人撰写,2部为江南地区工程管理部门编纂。最终统计结果是文人撰写或参与编纂的技术典籍共76部,占总数的87.4%,之所以江南地区文人如此热衷于参与

❶ 沈从文.花花朵朵坛坛罐罐[M].北京:外文出版社,1994:73.

❷ (清)吴敬梓.儒林外史[M].上海:上海文艺出版社,1996:293.

❸ (清)吴敬梓.儒林外史[M].上海:上海文艺出版社,1996:536.

❹《画史》卷六十二"衣裳门一"

❺ (清)褚人获.坚瓠集·戊集卷(四)//顾起元.续修四库全书·子部(1261册)[G].上海:上海古籍出版社,1992.据上海图书馆藏清康熙刻本影印。

❻ 文渊阁本《四库全书》。

❼ 黄宾虹.黄宾虹文集"金石编"[M].上海:上海书画出版社,1999:488.

❽ 见附录三《江南地区传统环境营造技艺相关典籍》。

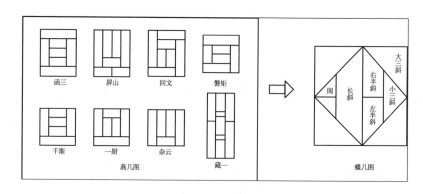

图 3-28 《燕几图》、《蝶几图》
图片来源：作者自绘。

撰写营造技艺相关的典籍，这是因为环境营造技艺很大一部分涉及日常生活空间的营造，是体现文人情怀和生活意趣的物质表现，因此文人们热衷于通过这类典籍的编撰将自己的诗意生活方式传播出去。最典型的例子就是李渔的《闲情偶寄》，其中记录了李渔关于室内外环境营造的创意，并且作者本人颇以这些新发明为傲，诸如此类的还有《燕几图》、《蝶几图》记录的文人设计的"模块化"桌子，《格古要论》中曹明仲设计的琴桌，《考盘余事》中屠隆设计的多款轻便的郊游家具，《遵生八笺》中高濂设计的二宜床与欹床等（图 3-28）。❶ 文人参与环境营造活动时无疑会将他们的审美趣味渗透进对技艺的评判中，比如对燕几的说明中就有"桌脚以低小为雅，其图以五寸六七分为准"，文人的美学趣味不仅是形成江南地区传统技艺诗性特质的主要原因，还形成了江南地区技艺的开放性传统。

即使是在工匠所著的技术典籍中，江南地区的诗性文化特征也很突出，与官方发布的技术典籍如《营造法式》、《工部营造则例》理性、客观、不带感情色彩的行文风格相比，前者明显加入了工匠本人的许多审美判断。以姚承祖的《营造法原》为例❷，作者在书中对于技艺实施后的效果不断进行着审美判断，其中正面评价共出现 69 次，负面评价出现 2 次，其中出现频率最高的评价词汇为"富于变化"、"巧"，这也说明直至民国时期江南地区的精工巧做传统依然是其突出的特征（表 3-5）。

❶ 梁旻．《燕几图》版本与图谱中的家具形制研究[J]．美苑，2013（03）：87.
❷ 据考证，《营造法原》中的文字由张志刚后期增编和润色过，原稿文字类工匠所出，但是专著主体为姚承祖所书。

《营造法原》中出现的审美评价 　　　　　　　　　　　　　　　表 3-5

序号	正面评价	出现频率（次）
1	复杂华丽	9（高）
2	富于变化、巧	15（最高）
3	精美、精致	10（较高）
4	雅致、雅洁	10（较高）
5	鲜明、鲜艳	3
6	整齐美观	9（高）
7	稳重	2

续表

序号	正面评价	出现频率（次）
8	优美	3
9	简单	7（高）
10	自然	1
	负面评价	
1	琐屑	1
2	伧俗	1

另外，冯梦龙在《古今谭概》中记载了一个笑话："有木匠颇知通文，自称儒匠。尝督工于道院，一道士戏曰：'匠称儒匠，君子儒？小人儒？'匠遽应曰：'人号道人，饿鬼道？畜生道？'"[1] 虽然有讽刺挖苦之意，但是也从侧面佐证了江南地区匠师崇文的特点。

（2）工匠们既遵循统一程式又不拘泥于陈规

从明朝开始的匠籍制度使得各地的工匠必须轮班前往京师服役，这个制度使得江南地区和北方政治中心之间的技艺交流一直没有间断过，有不少学者做过关于江南地区营造技艺对北方官式营造形制产生了哪些影响的研究。潘谷西先生就认为《营造法式》中有很多做法在江南地区很流行而在北方地区则较少见到，比如竹材的广泛使用、"串"在木架中的重要作用、蒜瓣柱与梭柱等[2]（图3-29）；也有研究表明硬山顶和砖博风形式就是由江南地区传入北方的[3]；还有案例如乾隆年间修缮的紫禁城倦勤斋中，江南工艺竹黄雕刻被创新地应用在室内界面装修上，而这些槅扇大多数是由官内量准尺寸"定身打造"，发样交江南地方督办，然后运至北京组装[4]。总的来说，江南地区的工匠往往仅以官方营造法规为通则，然后根据实际的气候条件、选材限制和生活需求进行相应调整。因这种调整而产生的新形式、新技艺不计其数，下面暂举两例"变相逾制"而产生的结构技艺：草架和轩。

1）草架

中国封建时期官方对民间营造的"礼制约束"一直都有记载，最早可以追溯至上古时代。

楹，天子丹，诸侯黝，大夫苍，士黈。[5]

王公之居不施重栱藻井，三品堂五间九架，门三间五架，五品堂五间七架，门三间两架，六品七品堂三间五架，庶人四架，而门皆一间两架，常参官施悬鱼，对凤，对兽，通栿，乳梁。[6]

执政亲王曰府，余官曰宅，庶民曰家。……

[1] （明）冯梦龙.古今谭概[M].福州：海峡文艺出版社，1985.

[2] 潘谷西，何建中.《营造法式》解读[M].南京：东南大学出版社，2005：6.

[3] 此观点参考沈黎的《香山帮匠作系统研究》中"香山帮对明清官式建筑的影响"。

[4] 赵雯雯.从图样到空间——清代紫禁城内廷建筑室内空间设计研究[D].清华大学硕士论文，2009：135.

[5] 出自《礼记》中的"谷梁传·庄公二十三年"。

[6] 在《册府元龟》卷六一中也有内容相似的营缮令。

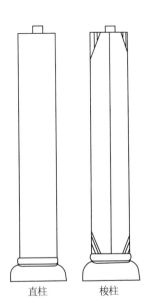

直柱　梭柱

图3-29 《营造法式》中的梭柱
图片来源：作者自绘

❶ 宋史 [M]. 北京：中华书局，1977.
❷ 引自《大明会典》卷二十六。
❸ 清会典 [M]. 北京：中华书局，1991.

凡庶民家不得施重栱藻井及五色文采为饰，仍不得四铺飞檐，庶人舍屋许五架，门一间两厦而已。❶

申明军民房屋不许盖造九、五间数，一品、二品厅堂各七间，六品至九品厅堂梁栋止用粉青刷饰，庶民所居房舍，从屋虽十所二十所，随所宜盖，但不得过三间。❷

公侯以下官民房屋……梁栋许画五彩杂花，柱用素油，门用黑饰，官员住屋，中梁贴金。❸

从以上史料中不难看出，历朝历代都对房屋建筑、室内装饰及色彩应用有着等级约束，特别是房屋的进深面阔方面等级限制尤为严格。草架正是江南地区的居民为了获得较大的室内空间又不至于触犯"住宅逾制"的法律禁忌而采用的变通手法，正如《园冶》中所述："草架，乃厅堂之比用者。凡屋添卷，用天沟，且费事不耐久。故以草架表里整齐。向前为厅，向后为楼，斯草架之妙用也，不可不知。"❹《园冶》于明代成书，从计成的描述来看，当时的江南地区，草架已经成为当地民居建筑常用手法。此后，这种做法一直延续到民国初年，姚承祖在《营造法原》中也有记录："磉头轩与半磉头轩，苟就内四界及轩之屋面设天沟，以泻雨水，非特费工，且易损坏，尤乏美观。乃于其上设梁架，铺屋面，使前后成两斜面，于是表里整齐，经久耐用。其架构位予内外屋面之内者称草架。"草架在江南地区能够盛行如此之久，与江南地区经济发达，庶民有能力建造大屋宇有关，虽然历代都规定了庶民屋宅不能超过三间，但是对草架多少没有作出限定，因此工匠们就利用前后扩展的方法来获得更大的室内空间（图3-30）。此外，因为草架的做法是利用简化的童柱来调节屋面举折，不但简化了施工程序，而且淘汰了攀间

❹ （明）计成.园冶注释 [M].陈植注释，杨伯超校订，陈从周校阅.北京：中国建筑工业出版社，1988：95.

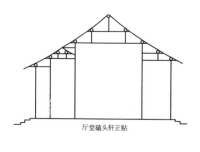
厅堂磉头轩正贴

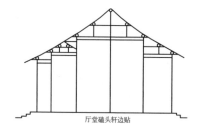
厅堂磉头轩边贴

厅堂抬头轩正贴

厅堂抬头轩边贴

图 3-30　江南地区的草架类型
图片来源：作者自绘

厅堂草架结构

替木，是一种较为合理的节点构造。❶节材省工是草架能在江南地区盛行如此之久的另一个原因。有学者对日本地区运用草架的建筑进行研究，得出结论：此技术是鉴真和尚东渡带去的，而鉴真和尚正是自江浙地区出发乘船渡日的，

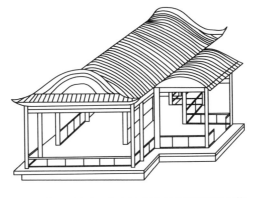

图3-31 《盛世滋生图》中唯一出现的卷棚建筑
图片来源：作者自绘。

这些地方正是先前和后来盛行草架结构的地区，这个论据也从侧面证实了草架技术起源于江南地区。❷

　　草架技术的另一个优势在于可以避免天沟排水的麻烦，如计成所述"天沟费事不耐久"，在清朝内务府的报修记录中有不少关于天沟渗漏的记录，如乾隆四十六年七月十七日，"查得宫内等处渗漏，乾隆四十五年修饰过，今又渗漏……静怡轩北天沟渗漏一处……"乾隆四十七年七月二十二日，"……静怡轩西天沟渗漏一处……"仅道光年间就报了九次。❸皇家建筑采用的施工技术与施工质量都代表了全国的最高水平，而建筑天沟处的渗漏情况都如此频繁（图3-31），可以想象多雨的江南地区建筑如采用天沟的结构渗漏肯定更为严重，这就可以解释为何草架技术在南方甚为流行。

　　2）轩

　　轩原指古代有棚的车子前面的高起部分，后来演变为营造"灰空间"的建筑结构，因为轩常常是四面透空的，位于书房或客厅之前，或串联于游廊之间，供人坐息、饮茶、赏景、吟诗，如《红楼梦》中就有记录："遥望东南，建几处依山之榭；近观西北，结三间临水之轩。"❹轩在江南地区尤其盛行，因此姚承祖称"轩为南方建筑特殊之设计"❺，并且对轩作出了审美评判："轩宜高爽精致，并用轩梁架桁，以承屋面。"❻

　　轩与草架结合使得木构架能够在不改变跨度的情况下，加大室内空间的深度，在节约木材的同时又能够兼顾美观——梁架不至于因过大而显得笨重，同时轩又可以根据功能需求对室内空间进行再划分。到了明清时期，轩已经成为江南民宅建筑中的固定形式，甚至发展出了满轩式的厅堂。《营造法原》中的"圆堂木架配料之例"中已经将轩廊纳入木材固定配料之列，在厅堂总论中，姚承祖曾提及"其结构，富有之家，俱用扁作，小康之家，则用圆堂"，轩作为固定形式出现于圆作厅则足以说明轩在一般民宅中的普及。

　　因为轩的位置、进深大小都是根据需要而定的，因此变化丰富，能够体现"富于变化、巧"的美学特征。到了后期，轩的做法发展出了船篷轩、鹤颈轩、菱角轩、海棠轩、一枝香轩、弓形轩、茶壶档轩等多种形式（图3-32）。

　　从上面的两个案例中已经可以看出，江南工匠们在环境营造的过程中并

❶ 姚光珏.明代建筑变革对徽派建筑轩顶之影响[J].古建园林技术，2010（03）：62.
❷ 曹汛.草架源流[J].中国建筑史论汇刊，2013（01）：32.
❸ 刘楷.静怡轩的建筑演源及其复原设计[J].故宫博物院院刊，2005（05）：186.
❹ （清）曹雪芹，高鹗.红楼梦[M].北京：人民文学出版社，2008.
❺ 祝纪楠.《营造法原》诠释[M].北京：中国建筑工业出版社，2012：88.
❻ 同上.

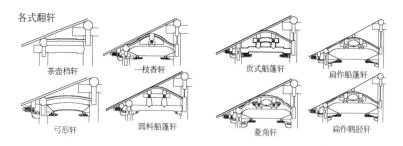

各式翻轩

茶壶档轩　　一枝香轩　　贡式船篷轩　　扁作船篷轩

弓形轩　　圆料船篷轩　　菱角轩　　扁作鹤胫轩

图 3-32　江南地区各式翻轩
资料来源：雍振华教授未竟书稿，
雍振华绘制。

不是完全拘泥于官方标准，而是会进行自主创新，但是创新的程度和范围始终受到江南诗性文化的影响，比如室内色彩装饰的礼制规范在江南地区就一直执行得很好，这大概是因为太过绚丽的彩绘并不符合江南文化中"雅"的审美趣味，因此工匠们没必要冒着逾制的风险去创新。

综上所述，江南地区营造技艺的"精"、"巧"特征，一方面是因为技艺理论的成熟形成了较为开放、强调创新的传承体系；另一方面，与北方地区相比（特别是明清时期），江南地区与政治中心的疏离又给了工匠们摆脱官方礼制束缚进行创新的空间。

4. 器物层——精研古朴的风格

与环境设计相关的器物包括建筑（建筑构架、建筑装饰）、室内（家具与陈设）、景观（植物配置、小品、铺地）等，在这个层面，江南诗性文化外化为精研古朴的形态。精研古朴风格是文人士大夫的审美趣味和江南地区的气候条件双重影响的结果，风格产生的时间可以追溯至南宋。以建筑为例，南宋官方曾二度重刻《营造法式》，可见在南宋时期，北宋官式仍然受到重视。但从南宋院画中苏州玄妙观三清殿的建筑形象，以及《思陵录》对南宋皇陵的记载来看，南宋官式建筑在长江流域地方传统的基础上，对北宋官式有所取舍：在构架形式上，放弃了《营造法式》中最高等级的"殿堂式"，而在"厅堂式"的基础上继续发展；在彩画装饰上，亦较少使用最高等级的"五彩遍装"、"碾玉装"，而以"丹粉赤白"为主。[1] 在杨鸿勋先生所著的《江南园林总论》中也指出了江南园林的室内装修（装折）特点是清秀、典雅，木结构装修极少用彩绘，多是重点施以雕镂，通过这种方式使室内装修都保持木质本色，涂油打蜡处理，家具处理亦然。[2] 从文化的角度来分析，这与南宋时期士大夫主体性逐渐增强有关，主流文化的审美趣味从鲜艳富丽转向了秀雅含蓄，关于这一点，宋朝历代对于建筑、器物的用金禁令也可以作为一个佐证。也有学者从色彩地理学的角度来看，认为南方多雨，而阴雨地区柔和的光线使色彩的鲜艳度增加，因此光影柔和地区的人们倾向于喜欢稳重含蓄的色彩。[3]

再以江南地区明清时期的家具为例，更可体会到这种制器传统。王士性说姑苏人聪慧好古，善于仿古法造器，"又如斋头清玩、几案、床榻，近皆以紫檀、花梨为尚，尚古朴不尚雕镂，即物有雕镂，亦皆商、周、秦、汉之

❶ 李路珂.营造法式彩画研究[M].南京：东南大学出版社，2011：336.
❷ 杨鸿勋.江南园林论[M].北京：中国建筑工业出版社，2011：189.
❸ 这一观点基于当代色彩学家路易斯·斯威诺夫（Lois Swironoff）对12个城市色彩的统计。见：Lois Swironoff. The Color of Cities, an International Perspective. New York: Mcdraw-Hill,2000.

式，海内僻远皆效尤之，此亦嘉、隆、万三朝为盛。"❶与居室内的梁、枋等结构构件相比，家具需要时时近观，因此连雕镂都减少了。又如《遵生八笺》中提到的几种家具都认为"吴中之式雅甚，又且适中"，其中蒲墩"精妙可用"。而工匠们的精工制作甚至将某些家具提升到"古董"的地位，《梦窗小牍》中提到一位嘉兴巧匠严望云，"善攻木，有般尔之能，项墨林赏重之，其为'天籁阁'所制诸器，如香几、小盆等，至今流传、世袭，作古玩观。"

　　总的来说，精研古朴的风格体现为尚雅、尚清、尚逸、尚韵、尚平淡、尚平易，如苏轼所言："大凡为文当使气象峥嵘，五色绚烂，渐老渐熟，乃造平淡。"❷这种审美趣味应用到室内家具和陈设的设计与使用上，则形成了诸如郑樵的"制器尚象"观点、欧阳修的"适用"原则、禅宗思想中所推行的"简约"意味等。

　　技艺观、技艺制度以及技艺结果是评估技艺文化特质的三个层面，而为了评估的可操作性还需要在上述分析的基础上将评估指标进一步细化。

3.2.2　技艺与江南地区历史人物的关联

　　江南地区历朝历代都产生过不少的能工巧匠，这是江南地区特有的现象，因此技艺与历史人物的关联是评判技艺文化特质的重要指标。

　　史载万历重修的《明会典》记载着嘉靖四十一年题准收纳匠班银以后各州县的工匠数和缴纳班银数，其中工匠数如下❸：浙江匠 39546 名、河南匠 18004 名、山东匠 12362 名、山西匠 16201 名、山西匠 16201 名、陕西匠 10685 名、应天府匠 2595 名、苏州府匠 8840 名、松江府匠 4286 名、常州府匠 2120 名、镇江府匠 1789 名、徽州府匠 3066 名、宁国府匠 1228 名、池州府匠 478 名、太平府匠 1680 名、安庆府匠 2075 名、广德州匠 851 名、庐州府匠 2101 名、凤阳府匠 1641 名、淮安府匠 1959 名、扬州府匠 2420 名、徐州匠 904 名、滁州匠 56 名、和州匠 156 名、顺天府匠 1614 名、永平府匠 243 名、保定府匠 971 名、河间府匠 400 名、顺德府匠 234 名、广平府匠 243 名、真定府匠 802 名、大名府匠 701 名。❹浙江、苏州、松江、常州、镇江、徽州、宁国、安庆、凤阳、淮安、扬州和徐州等江南地区的工匠数量占明显优势。

　　《明会典》中记录的是全部手工业的工匠人数，实际从事与环境营造相关行业的匠人只占其中的一部分，因此笔者综合了《哲匠录》和《中国历代名匠志》的内容，对江南地区名匠做了一个统计：中国历代名匠中，江苏地区人数为 56 人，浙江地区 18 人，安徽地区 18 人，江南道地区 20 人，还有 32 人籍贯不详，但是其作品都在江南地区；总共 144 人中，文人有 22 位，占总人数的 15.3%；工匠作品包括工程类 54 个、建筑类 52 个、景观类 40 个、室内类 5 个、器物陈设类 18 个以及理论研究类 11 个，其中设计范畴与当代环境设计一致的有 17 个，而文人占了多数；涉及设计创新或创意的作品有 28 个，单纯的技术创新数量较少，仅 5 个。❺

❶ （明）王士性.广志绎（卷二）[M].北京：中华书局，1981：33.

❷ 何文焕《历代诗话·竹坡诗话》

❸ 不含南京工部下属湖广、四川、两广、云贵、福建、江西各省。

❹ 申时行等.明会典（万历朝重修本）[M].北京：中华书局，1989：952.

❺ 江南地区历代名匠信息详见附录四《哲匠录》和《中国历代名匠志》中的南方人。

《哲匠录》是朱启钤先生对历代史料中有记载的巧匠进行的第一次较为全面的资料搜集和整理，而《中国历代名匠志》则是在《哲匠录》的基础上的补漏，与前者相比，后者将许多与器物陈设相关的巧匠和案例囊括了进去，涉及领域与当今环境设计的范畴较为接近。将两本资料的数据综合后进行分析，我们可以发现：

（1）江南地区环境营造技艺的发明者既有工匠又有文人，有些哲匠兼具这两个身份，比如计成、包壮行、张介子、戈裕良等，匠师群具有较高的文化修养，对技艺的相关理论总结起到了推动作用。

（2）江南地区的工匠有热衷于技艺创新的小传统，如香山帮工匠某甲、戏剧演员蕙风、文人陶七彪等，但是在中国"重道轻技"大传统的束缚下，基于技术原理的创新不是主流，对已有技术的改良应用是他们的主要方式，比如明清两代叠山巧匠应用的技术均为定法，而对土与石、植物与石的比例控制才是决定其技艺成就高低的主要因素，这一点则更多地取决于工匠的艺术修养。❶

1. 技艺应用者——工匠

技艺应用和传承的主体是工匠，中国先秦时期工匠的文化形象常常是掌握神秘力量的进谏者，比如先秦史书中记载的垂、奚仲、傅说、匠庆等；《庄子》中则多次出现了工匠"执艺事以谏"，比如庖丁、梓庆、轮扁等。❷先秦时期社会对工匠的专业创造甚至带有崇敬感，《周易·系辞下》认为各类技术发明是"备物致用，立成器以为天下利，莫大乎圣人"。❸而《周礼·考工记》中则说："知者创物，巧者述之，守之世，谓之工。百工之事，皆圣人之作也。"❹对于工匠掌握技艺神秘性的崇敬也许是早期人类社会的共性，比如在希腊神话中位列十二主神之一的赫费斯特的职业就是一名铁匠，《荷马史诗》中经常称他是"著名神匠"，而赫西俄德的《神谱》一书中则称他"精于手工技艺，为宙斯的所有其他子女所望尘莫及"❺。赫菲斯特的天生体弱和后来残废的形象与希腊人对完美身体形象的追求完全相反，但赫费斯特凭借锻冶这种工艺也位列仙班了。❻

中国工匠的地位在"技道分离"、"君子不器"等观念盛行后日渐低微，至明清时期，中原的主流文化一直视匠为末流，史载明成化二十一年正月初一发生了开国以来罕见的一次被称为"星变"的陨石雨，星变引起了朝野上下的恐慌，结果史、礼、兵、工四部及六科十三道不约而同将主要矛头对准了传奉官，称其为"招天变之甚者"。❼因传奉官多为工匠擢升，因此京都的文人士大夫都持反对态度，借机将天象之变引申为工匠为官有悖天理。相对而言，远离政治中心的江南地区的工匠一直具有较为平等的社会地位，因江南社会普遍认为"技艺神圣，人自重之"❽，一些涉及环境营造的巧匠甚至能够与文化主体进行平等对话。张岱云："世人一技一艺，皆有登峰造极之理"❾，还记录了当时江南一带著名的工匠，包括嘉兴之腊竹器、王二之

❶（明）张瀚《松窗梦语》卷四"百工纪"："吴中假山土石毕具之，外倩一妙手作之，及异筑之，费非千金不可，然在作者工拙何如，工者事事有，致最不重，叠石不反背，疏密得宜，高下合作，人工之中不失天然，逶侧之地又含野意，勿琐碎而可厌，勿整齐而近俗，勿夺多斗丽，勿过巧丧真，令人终岁游息而不厌，斯得之矣，大率石易得，水难得，古木大树尤难得也。"
❷ 过常宝.论先秦工匠的文化形象[J].北京师范大学学报（社会科学版），2012（01）：73-79.
❸ 周易正义.（魏）王弼注,（唐）孔颖达疏.北京：北京大学出版社，2000：340.
❹ 周礼注疏[M].（清）郑玄注,（唐）贾公彦疏，彭林整理.上海：上海古籍出版社,2010（10）：1241.
❺ 赫西俄德.工作与时日·神谱[M].北京：商务印书馆，1991：53.
❻ 王晓朝.希腊宗教概论[M].上海：上海人民出版社,1997：38.
❼《明史》卷二十七"天文志三"
❽（明）李贽.焚书[M].北京：中华书局，1997：42.
❾（明）张岱.石匮书[M].北京：中华书局，1959.

漆竹器以及苏州姜华雨之莓录竹器、嘉兴洪漆之漆器，他们都是以漆器与竹器起家，"其人且与缙绅列坐抗礼焉"❶，由此可见巧匠们地位之高。

因此江南地区有很多将某种技艺应用得出神入化的名匠被记录在各种史料之中，上文提到的《哲匠录》和《中国历代名匠志》中较为系统地记录了一些，但是正如《中国历代名匠志》的作者喻学才先生所说："在历代正史、方志笔记、野史及考古成果等浩如烟海的史料中进行历时七年的艰苦跋涉。……如今虽然成稿，也还有担心遗珠的恐慌和暂时无法完善的遗憾。"❷历来有着精工传统的江南地区，散落在民间方志中的名匠记录更是不计其数，比如万历三十三年《嘉定县志》曰："苏州当江淮、岭海、楚蜀之走集，其人浮游逐末，奇技淫巧之所出也。"❸可见江南地区巧匠人数之多。下面暂举几例散落于笔记方志中的匠师记载。比如《金玉琐记》中就提到了一位周翥："以漆制屏柜几案，纯用八宝镶嵌人物花鸟，颇亦精致。"❹这位工匠在《履园丛话》中也有记载："周制之法，惟扬州有之。"❺还有嘉靖年间王世贞记录了当时苏州著名者有陆子刚之治玉、鲍天成之治犀、朱碧山之治银、赵良璧之治锡、马勋之治扇、周治治商嵌、及歙吕爱山治金、王小溪治玛瑙与蒋抱云治铜等制品。❻很多明人笔记中载了一位苏州鲍姓匠师专门雕刻各种木器小件的事情。❼

除了这些有名有姓被载入史册的巧匠外，还有一些以群体形式出现的匠帮。以木作技艺为例，在江南地区，除了最负盛名的香山帮、东阳帮以外，还有一些小的匠帮，比如上海、松江、无锡、宁波等地都有本帮工匠。❽匠帮的特点体现在建筑结构、室内装饰等方面，比如说在苏州地区香山帮就有特殊的梁架装饰结构——山雾云和抱梁云，"牌科两旁依山尖之形式，左右捧以木板，刻流云飞鹤等装饰，称山雾云，栱端脊桁两旁，则置抱梁云"❾，可以看作苏式牌科（斗栱）的分件特征之一。❿

2. 技艺记录者——文人

中国的文人一向以学而优则仕为目标，但是自明朝开始科举考试采取不同地区分卷入取的方式，虽然名义上有照顾落后地区、维持平衡的意图，但是对于文教水平较为发达的江南地区来说，有限的名额与他们生员的庞大形成了矛盾，造成了生员的大量沉滞，人才的过剩。⓫许多文人进仕无望，因此转而将精力投入到了与文化相关的产业中，在经济问题得到解决的情况下，专心营造自己的生活世界，比如苏州艺圃就传为文震亨自己所构画，徐墨川的紫芝园也传说是文徵明为其布画，仇英进行藻饰。⓬此外，文人还将自己对于理想生活的种种设想都融入了居住环境中的一石一木、一桌一椅中，他们创造了大批别有意趣的日常生活用品和工艺美术用品。同时，江南地区商业社会的形成，促发了江南地区人们对高品质产品的需求，文人往往会主动参与产品的设计与制作，比如《遵生八笺》中就提到一种倚床："高尺二寸，长六尺五寸，用藤竹编之，勿用板，轻则童子易抬。上置倚圈靠背如镜架，

❶（明）张岱.陶庵梦忆（卷五）[M].北京：故宫出版社，2011（09）：9.
❷ 喻学才.中国历代名匠志[M].湖北教育出版社，2011（07）：2.
❸（明）韩浚修，张应武纂.嘉定县志[Z].万历三十三年刻本.
❹（明）谢肇淛.金玉琐碎[M].上海：上海古籍出版社，2012.
❺（清）钱泳.履园丛话[M].北京：中华书局，1979：322.
❻ 巫仁恕.晚明文士的消费文化——以家具为个案的考察[J].浙江学刊，2005（06）：94.
❼ 郑丽虹.明代中晚期"苏式"工艺美术研究[D].苏州大学：博士学位论文，2008：141.
❽ 沈黎.香山帮匠作系统研究[M].上海：同济大学出版社，2011：41.
❾ 祝纪楠.《营造法原》诠释[M].北京：中国建筑工业出版社，2012：85.
❿ 雍振华."牌科"小议[J].古建园林技术，2013（01）：58.
⓫"（生员）略以吾苏一郡六州县言之，大约千有五百人，合三年所贡不及二十，乡试所举，不及三十，以十五百人之众，历三年之久，合科贡两途，而所拔止五十人。夫以往时人才鲜少，隔颖举之而有余，顾寛且颖，祖宗之意，诚不欲以此塞进贤之路也。及今人材众多，宽颖举之而不足，而又隘焉。几何而不至于沉滞也，故有食廪三十年不得充贡，增补二十年不得生补者，其人岂皆庸劣下不堪教养者哉？顾使白首青衿，羁穷旅倒，退无营业，进无阶梯，老死膝下，志业两负，岂不诚可痛哉！"（周道振辑校.文徵明集[M].上海：古籍出版社，1987：584—585）.
⓬ 苏州市地方志编纂委员会办公室，苏州市档案局，政协苏州市委员会文史编辑部.苏州史志资料选辑（半年刊）[G].1992：30.

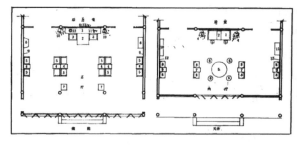

图 3-33　江南地区典型厅堂布
局图及中堂大幅书法
图片来源：作者自摄。

图 3-34　《鲁班经》文人参与营
造的插图
图片来源：作者根据《鲁班经》
中插图重绘。

后有撑放活动，以适高低。如醉卧、偃仰观花并花下卧赏俱妙。"❶正如张岱所言："但其良工心苦，亦技艺之能事。至其厚薄浅深，浓淡疏密，适与后世鉴赏家的心力目力，针芥相投，是则岂工匠所能办乎？盖技也而近乎艺矣。"❷

　　在市场经济利益的驱动下，许多工匠也想尽办法让自己的作品或设计体现文人的趣味以满足市场的需求，据张朋川先生的考证，吴地出现大幅的中堂字画样式在成化年间，"到嘉靖、万历年间已非常繁荣"❸，据张先生的统计，民居厅堂中"明代吴门画派的幅面纵 1.5m 以上的大幅立轴画 123 幅"❹、"吴门书派 1.5m 以上的大幅书法 21 幅"❺，由此可见文人趣味对百姓日常生活的影响（图 3-33）。所以匠人们的作品自然也会迎合这种需求，比如竹刻家朱三松痴迷于盆景创作，并以"摹仿名人图绘"为主要特点。❻文人的主动参与与工匠的心向往之使得江南地区文人与工匠之间的互动较为频繁（图 3-34），比如李渔在《闲情偶记》中记录了他发明抽屉的隐藏式拉手时就是与工匠魏兰如、王孟明合作而成的，两位工匠还劝他将这种巧妙的方法记录下来进行传播。事实上，文人群体热衷于著书立说的特点使得他们成为江南地区营造技艺的忠实记录者，附录六《江南地区环境营造技艺相关典籍》可以作为佐证。

❶（明）高濂.遵生八笺[M].人民卫生出版社，2009：218.
❷（明）张岱.陶庵梦忆[M].上海：上海杂志公司，1936.
❸ 张朋川.试论书画"中堂"样式的缘起[J]//黄土上下：美术考古文粹[M].济南：山东画报出版社，2006：250.
❹ 张朋川.试论书画"中堂"样式的缘起[J]//黄土上下：美术考古文粹[M].济南：山东画报出版社，2006：225.
❺ 张朋川.试论书画"中堂"样式的缘起[J]//黄土上下：美术考古文粹[M].济南：山东画报出版社，2006：256.
❻（清）陆廷灿.南村随笔（卷六）[M].济南：齐鲁书社，1995：73.

此外，江南地区自两宋日渐发达的刻书业也保证了这些典籍在民间的流传和传播，宋人叶梦得曾言："今天下之印书，以杭州为上，蜀本次之，福建最下。"❶ 元代大量的官私书籍都是通过杭州刊行的，王国维在其《两浙古刊本书序》中说："湖之思溪，杭之南山，均有《大藏》全版。元初刊西夏字全《藏》，亦于杭州开局。"❷ 至于明朝的刻书业发展，又有胡应麟

图3-35 明清时期江南刻书业工作流程
图片来源：作者根据罗树宝《中国古代图书印刷史》插图自绘。

说："今海内书凡聚之地有四，燕市（北京）也，金陵也，阊阖（苏州）也，临安也。闽、楚、滇、黔，则余间得其梓。"❸ 可见，到明朝时，全国四大刻书业中心有三个在江南地区（图3-35），如此繁荣的刻书业无疑为各种典籍的流传提供了相应的技术与物质保证。

3. 技艺发明者——两者皆有

王家范在其系列论文《明清江南消费性质与消费效果解析》中分析了当时江南社会的消费风气和消费结构，提出"明清江南存在着突出的高消费现象，同时伴随大量的低消费"，这种全面升级的消费模式使得手工业的竞争主要是质量的竞争，而不是价格的竞争。❹ 袁宏道甚至这样劝自己的母舅："人生何可一艺无成也……凡艺到极精处，皆可成名，强如世间浮泛诗文百倍。"❺ 在这样的市场需求下，技艺的发明不是以提高生产效率为目的的，而是向"技近乎艺"的方向发展。比如王世贞在《觚不觚录》中说：

"今吾吴中陆子刚之治玉，鲍天成之治犀牛，朱碧山之治银，赵良璧之治锡，马勋治扇，周治治商嵌，及歙吕爱山治金，王小溪治玛瑙，蒋抱云治铜，皆比常价再倍，而其人至有与缙绅坐者。"❻

袁宏道在《瓶花斋集》中说：

"今日小技著名者尤多，然皆吴人。瓦瓶如龚春、时大彬，价至二三千钱，龚春尤称难得……铜炉称胡四，苏、松人有效铸者，皆不能及。扇面称何得之。锡器称赵良璧，一瓶可值千钱……"❼

张岱说：

"吴中绝技：陆子冈之治玉，鲍天成之治犀，周柱之治嵌镶，赵良璧之治梳，朱碧山之治金银，马勋、荷叶李之治扇，张寄修之治琴，范昆白之治三弦子，俱可上下百年保无敌手。

……

❶ （宋）叶梦得.石林燕语[M].侯忠义点校.北京：中华书局，1984：116.
❷ 王国维.两浙古刊本考[M].上海：上海书店出版社，1983.
❸ （明）胡应麟.少室山房笔丛[M].北京：中华书局，1958：55.
❹ 王家范.明清江南消费性质与消费效果解析[J].华东师范大学学报（哲学社会科学版），1998（02）.
❺ （明）袁宏道《锦帆集》卷三"寄散木"，钱伯城《袁宏道集笺校》卷五上册p.202.
❻ （明）王世贞.觚不觚编及其他二种[M].北京：中华书局，1958：200.
❼ （明）袁宏道《瓶花斋集》卷八"时尚"，钱伯诚《袁宏道集笺校》卷二十中册p.731.

❶ （明）张岱.陶庵梦忆(卷五)
[M].北京:故宫出版社,2011:
20-60.

竹与漆与铜与窑,贱工也。嘉兴之腊竹,王二之漆竹,苏州姜华雨之莓
录竹,嘉兴洪漆之漆,张铜之铜,徽州吴明官之窑,皆以竹与漆与铜与窑名
家起家,而其人且与缙绅列坐抗礼焉。"❶

王应奎说:

❷ （清）王应奎.柳南随笔·续
笔[M].北京:中华书局,1997:
161-162.

"嘉定竹器为他处所无,他处虽有巧工,莫能尽其传也。而始其事者,
为前明朱鹤,鹤号松邻,子缨,号小松,孙稚征,号三松。三人皆读书识字,
操覆完洁,而以雕刻为游戏者也。今妇人之簪,有所谓'朱松邻'者,即以
创始之人名之耳。"❷

诸如此类的记录连篇累牍,从文字描述中我们可以看出江南地区工匠的
技艺创新在于"巧",而这个巧大多与工匠们较高的艺术修养有关,技艺改
良和发明的目标并不是为了批量化大生产,而是朝着"艺"的方向发展。比
如陆子冈的雕刻,"五十年前,州人有陆子冈者,用刀雕刻,遂擅绝,今所
遗玉簪价,一枝五十六金"❸,陆子冈的玉雕多为实用品,如发簪、壶、杯、
水注等,他在技艺上的创新主要在于一般玉工都采用阴文雕刻,而他多采用
阳文雕刻,而且可以"细如毫发",达到了由技入艺的高度。

❸ 周南泉.明陆子冈及"子
刚"款玉器[J].故宫博物院院刊,
1984（03）:85.

文人的技艺发明通常是为了满足个人改造生活环境的目的,因此他们的
技艺发明往往原创性较强,还有不少技艺的发明是以功能创新为依据的。以
李渔的《闲情偶寄》中"居室部"和"器玩部"为例,其中所涉及的技艺内
容包括室内外环境的各个层面,具有较强的典型性,笔者对其中所记录的环
境营造技艺进行了一个统计（见附录五）。在这两个部分中,李渔共记录了
发明技艺37种,其中基于功能改进的技艺发明有13种,涉及通风采光、室
内照明、家具设计等内容;基于形式创新的有24种,涉及景观营造、室内
界面设计、建筑立面设计、室内陈设等内容。从技术原创性的角度来看,这
其中共记录原创技艺25种,改良技艺12种,原创性达到67.6%,用李渔自
己的话来说:"仓颉造字而天雨粟,鬼夜哭,以造化灵秘之气泄尽无遗也。
此制一出,得无重犯斯忌,而重杞人之忧乎?"❹

❹ （清）李渔.闲情偶寄[M].
上海:上海古籍出版社,2000:
346.

3.2.3 技艺与江南文化演进时间的关联

环境营造技艺本身就是地域文化的一部分,地区技艺的生成与演进都无
法脱离宏观层面的社会经济、气候条件、材料限制等因素的影响,同时也受
到微观层面上个体工匠创意与手法的影响,因此许多技艺从生成到广为流传
的时间都极为漫长,判断技艺生成与地区文化演变之间的关联,主要目的在
于确定技艺究竟是原生性的还是从其他区域流传至江南地区的,正如王世襄
先生在《明式家具研究》中所说的:"我们相信,可用来判断年代的特征是
存在的,但还要经过深入的研究,才能被较好地认识。至于将来是否能精确
到断定一件家具的准确年代为某朝某代,现在还不敢说一定能做到。"❺江
南传统地区传统环境营造技艺的演进一方面有其自身发展的历史脉络,这是

❺ 李路珂.营造法式彩画研
究[M].南京:东南大学出版社,
2011:312.

从六七千年前的新石器时代就开始的;另一方面则是受历史上多次北人南迁的影响,文化的交融导致了原生技艺的改良以及北方技艺本土化的技术现象。这两种类型的技艺判定需要较多的专业知识,而技艺生成年代又是量化评估的重要组成部分,因此文化特质部分的指标体系确立还是会以专家评估法为主要方法。

1. 江南地区原生性技艺

1973 年夏天,中国的考古工作者发现了余姚河姆渡史前文化遗址,这一发现以无可争辩的事实证明了约七千年前的长江中下游流域存在着与黄河流域平行发展的营造技术,河姆渡遗址共出土了上百件带有榫卯的木构件,都是垂直相交的榫卯,其中包括梁头榫、柱脚榫、燕尾榫、双凸榫、柱头刀形榫、双权榫等。[1] 其中两件榫头截面长宽比例为 4:1,符合受力要求,结构科学,被后世称为"经验截面"。[2] 这些考古发现证明了榫卯结构的发端确在江南地区,榫卯技艺属于江南地区的原生性技艺之一。

根据此后不断出土的考古发现及各位学者对技术遗存与文献资料的推测和分析,笔者综合部分学者及考察所得总结了江南地区原生性环境营造技艺,如表 3-6 所示。[3]

❶ 刘杰.江南木构[M].上海:上海交通大学出版社,2009:54.
❷ 同上。
❸ 此表格以《营造法原》、《中国古代建筑史》、《中国古代木结构建筑技术》、《江南木构》以及苏州科技学院雍振华教授十年考察成果《苏州建筑营造技术》为依据,关于江南环境营造的原生性技术远远不止表上所列这些,鉴于时间及资料获取途径所限,笔者只能暂时罗列出这些类别,有待今后深入研究后继续补充。

江南地区原生技艺分类表　　　　　　　　　　　　　　　　　　　　表 3-6

技艺涉及领域	建筑	室内	景观	营造工具
考古发现	榫卯结构	编织技艺	尚无发现	农具（骨耜）
	干阑式基座处理			
	……	……		……
现有遗存	穿斗式结构	中堂家具布置	本土植物配置	三架马
	厢楼设置	中堂屏风设计（大尺幅山水字画）	石桥	自制工具
	走马楼设置	清供（陈设）	木桥（编梁木栱技术）	鹤嘴（花街铺地工具）
	暖桥设置			
	夯土技术（针对土质松软地区）	……	……	……
	……			
文献资料及现有遗存	步步高建筑基地处理	轩廊	如意踏步	紫白尺
	屋面提栈	枫斗	花墙	围箅
	歇山式屋面	机	侧立铺砌技艺（砖材）	划线符号（如苏州码）
	草架	山雾云	花街铺砌技艺（碎石、瓦片等）	蟹壳勺

续表

技艺涉及领域	建筑	室内	景观	营造工具
文献资料及现有遗存	双步梁	抱梁云	系缆鼻（栓船装置）	六丈杆……
	柱、梁拼接技术（虚拼、实拼）	花作	驳岸处理	
	戗角	清水砖铺地（特殊制砖工艺）		
	屏风墙	竹刻技艺（室内界面）	……	
	收水技艺（墙体砌筑）	……		
	……			

　　鉴于资料获取的有限性，此表仅能列出部分江南地区的原生性技艺，表中所列江南地区的原生技艺多数通过运用本土材料的比例、对本地自然气候的适应性甚至是技艺和工具的名称进行判断，文献资料和历代的绘画资料则作为重要的佐证和参考。

　　以榫卯结构为例，在被考古发掘证实以前人们就有过关于干阑木构的种种猜想，但是只能通过文献中记载的"上古之世，人民少而禽兽众，人民不胜禽兽虫蛇；有圣人作，构木为巢以避群害，而民说之，使王天下，号之有巢氏"来推测建筑的形式及其产生的地域环境，而一旦有了确实的实物证据，学者们从文化学、人类学等学科出发的种种猜想便连成了一条有机的证据链。从文化学角度来看，陈薇教授认为建筑木构技术的普及与稻作技术的传播轨迹是基本一致的，木构建筑的起源是河姆渡文化中的干阑式房屋，榫卯结构正是在这类建筑中产生的[1]；也有学者认为榫卯结构正是江南地区稻作文化的产物，因为吴越先民因鸟生稻，因此产生了"鸟信仰"，这种文化对住居的影响就是仿鸟居"巢"，而"羽人"传说、"鸟形"文字，甚至江南地区的"南人鸟语"都可以作为此观点的旁证。

　　以江南地区家具上的软屉设计[2]为例，王世襄先生在其著作《明式家具研究》中就明确指出软屉做法为江南地区（以苏州为中心）的主要做法。软屉所涉及的主要技艺为编织技艺，王世襄先生认为这种技艺自明朝开始大量应用在家具制作上[3]，但并未提及此项技艺是否为江南地区原生性技艺。河姆渡文化遗址中出土的器物则表明，江南地区的人们在当时就已经掌握了较为发达的编织技艺。在河姆渡遗址第三、四文化层木构建筑周围和一些灰坑底部曾出土百余件苇席残片，小者如手掌，最大者可达 1m² 以上。[4] 苇席的加工方法与当今也无大异：将苇秆剖成 0.4～0.5cm 的扁形长篾条，以 2 条篾为一组，也有以 4 条、5 条或 6 条为一组的，竖经横纬，依次编织而成，形成经纬垂直的斜纹或人字纹（图 3-36）。[5] 有学者认为，河姆渡文化中较

❶ 谭刚毅. 中国传统"轻型建筑"之原型思考与比较分析 [J]. 建筑学报, 2014（12）: 88.
❷ 软屉指边框打屉眼，用棕、藤、丝线等编织成的屉，软屉四周用木条压边，钉竹钉或木钉固定。有的软屉边框底面还开槽，透眼打在槽内。软屉编成后，槽口木条填盖，这样造的软屉，上下都有压边。
❸ 此项技艺在明代应该呈现的是成熟技艺的形态，因为它不光应用到了家具上，同样应用到了桥梁结构、室内界面以及建筑立面（如大门）中。
❹ 刘杰. 江南木构 [M]. 上海: 上海交通大学出版社, 2009: 60.
❺ 谭刚毅. 中国传统"轻型建筑"之原型思考与比较分析 [J]. 建筑学报, 2014（12）: 88.

为成熟的编织技艺也与"鸟信仰"有着
莫大的关系,极有可能是受到鸟巢编织
的启发。而在吴县草鞋山遗址出土的已
炭化的纺织物残片中可以发现,织物的
密度为:经线密度每厘米 10 根,纬线
密度每厘米罗纹部约 26 ~ 28 根,地部
13 ~ 14 根,这已是十分进步的纺织物,
也是目前所见我国公元前 4000 年前后最
为先进的纺织物。❶ 在 1985 年浙江湖州
钱山漾村新时期时代晚期遗址出土的竹
编更为惊人,约有 200 多件,其中大部

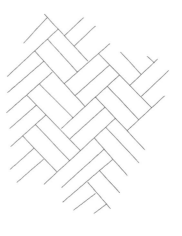

图 3-36 河姆渡苇席纹样
图片来源:作者自绘。

分篾条经过刮磨加工,表明这一时期的编织工艺已趋向成熟,品种有篓、篮、
筝、筐、簸箕等。❷ 考古发现与现有技艺遗存之间的互为证据印证了编织技
艺确实是江南地区的原生技艺。

　　还有部分技艺的原生性可以通过现有技艺遗存分布的地理范围加以确
定,比如适应江南地区特殊地理环境的建筑组织处理。江南地区河道密布,
道路与河港错综交织,所以民居间的距离难以进一步纵深扩展。为了扩展使
用空间,往往向左右增设次轴线,当地称主轴线为"正落",次轴线为"边落",
"正落"与"边落"间的夹道被称为"备弄"。为了扩展使用面积,楼厅往往
设二层,两侧设厢楼,前后楼常用走道兜通,被称作"走马楼"。"正落"、"边
落"和"走马楼"等则是在江浙地区才有的称呼,而这两个区域基本属于吴
语区的核心地区。❸

　　再比如江南地区河道纵横,船只是主要的交通工具,因此在江南石作中
有其他地方少见的石作构件,这就是"系缆鼻"。"系缆鼻"就是船只停泊之
处用来系缆绳的装置(图 3-37)。"系缆鼻"的制作需要在砌筑堤岸时提前
进行考虑,而且为了美观,石匠往往还将其造型与多种纹样结合。这一技艺
的产生主要是为了适应江南地区的特殊生活方式。

　　通过文献的比对也能够确定某些技艺的原生性,《营造法原》和《营
造法式》中都有关于屋面曲线的计算方法,但是《营造法原》中所记载的
"提栈"算法与《营造法式》中所记载的"举折"方法有着明显的差异。"举
折"其实包含了"举"和"折"两个步骤,而"提栈"则只有举,没有折,

❶ 浙江省文物考古研究所,南
京博物院考古研究所.江南文化
之源——纪念马家浜遗址发现
五十周年图文集 [M].2009: 30.
❷ 吴春年.江南民具竹篮的
传统制作手艺考察与论析 [D].
苏州大学设计艺术学硕士论文,
2010: 1.
❸ 关于方言区的分区及与文化
的关系,借鉴了《方言与中国文
化》中的论点.周振鹤,游汝杰.方
言与中国文化 [M].上海:上海人
民出版社, 2006: 82-94.

图 3-37 江南地区的"系缆鼻"
图片来源:作者自摄,摄于苏州
市区及昆山地区。

图 3-38　巨然《万壑松风图》
局部线描稿
图片来源：作者自绘。

图 3-39　郭熙《临流独坐图》
局部线描稿
图片来源：作者自绘。

相对来说要简单易算一些。朱启钤先生认为"提栈"的发音与吴语"定侧"的发音接近，"提栈"应为"定侧样"的意思，也从侧面论证了"提栈"技术的原生性。

　　除了已有的典籍文献，绘画资料也是进行考证的重要依据，以外檐装修——格子长窗为例，江南地区现有的建筑遗存中尚有一种称为"格子长窗"或者"格子门"的小木作样式，是江南地区一种常见的门的样式，其特点是透光性好且可以拆卸。但是对于这种样式长窗的起源学界颇有争议，有学者认为格子长窗起源于南宋初期，是因为北宋皇室南迁，北人不适应南方夏热冬温润的气候而创制的可拆卸的建筑保暖构件；而有的学者则认为此做法起源于南方，时间是五代末年至北宋晚期，双方所用的例证都来自历代的界画及山水画。"北方源起说"认为最早出现格子长窗的画作为南宋萧照的《瑞应图》，"南方源起说"则找到了五代时期巨然的《秋山图》和《囊琴怀鹤图》作为反证。笔者认为，巨然作为江南画派的创始人之一，画作中描绘到江南地区的建筑是在情理之中的事情，但是"南方起源说"所举的反证较少，以一张画作为例证似乎不够严谨，因此笔者又对《中国美术全集》《中国古代书画图目》《五代北宋画集》等资料中现存的名画进行了统计（见附录十一），有几个发现可以进一步论证格子长窗的设置是江南地区的原生技艺：①除了"南方起源说"所举的巨然的两幅画作，笔者又发现了巨然的《万壑松风图》（图 3-38）以及北宋画家郭熙的《临流独坐图》（图 3-39）、《云烟揽胜图》（图 3-40）、《峨眉雪霁图》（图 3-41）这三幅画作中均出现了格子长窗的形式（见附录十一）；②明代画家蓝瑛的《仿董源山水》（图 3-42）、清代画家黄鼎的《仿巨然山水》（图 3-43）以及清代祁豸佳的《仿董源山水》和《仿巨然山水》中均出现了格子长窗的形式，而董源和巨然两位都是五代时期的画家（见附录十一）；③出现格子长窗形式的画作大多数描绘的是江南风光，长窗尤其多地出现在临水建筑上（图 3-44），对附录十一进行统计后发现水阁图占到画作总量的 25%。通过后期对绘画资料的整理和分析，可以证实格子长窗确实是南方自有的一种窗格形式，它可以灵活拆卸的特点是为了适应江南夏热冬冷的气候。

图 3-40　郭熙《云烟揽胜图》
局部线描稿
图片来源：作者自绘。
图 3-41　郭熙《峨眉雪霁图》
局部线描稿
图片来源：作者自绘。

图 3-42　蓝瑛《仿董源山水》
局部线描稿
图片来源：作者自绘。
图 3-43　黄鼎《仿巨然山水》
局部线描稿
图片来源：作者自绘。

图 3-44　刘松年《溪亭客话图》
局部线描稿
图片来源：作者自绘。

2. 北人南迁带来的技艺

江南文化成型过程中北人大规模南迁起到了非常重要的作用，文化演
变对环境设计涉及的建筑、景观、室内营造的部分技艺均产生了不小的影响，

而且这种影响还是双向的，也就是南方的营造技艺对北方的营造技艺也造成了同样的影响，张十庆、潘谷西等前辈学者都认为北方官方典籍《营造法式》中的某些做法已经深深烙上了江南木构建筑技术的特色，比如李诫在《营造法式·大木制度一》中的"总铺作次序"中有这样的记述："凡铺作逐跳上安栱，谓之计心；若逐跳上不安栱，而再出跳或出昂者，谓之偷心。凡出一跳，南中谓之出一枝。计心谓之转叶，偷心谓之不转叶，其实一也。"[1] 其中的"南中"就是南方或者江南的意思，此外《营造法式》中所谓的厅堂造，实质就是江南做法，尤其是月梁式厅堂做法。也有学者认为《营造法式》的编撰借鉴了浙江名匠喻皓所著《木经》中关于"取正"、"定平"、"举折"、"定功"等内容。[2]

技艺的形成与成熟是在多种因素的作用下，周而复始多次发生的。北方技艺在江南地区的本土化是一个漫长反复的过程，北传技艺的典型特征在与本土技术的融合过程中慢慢消失，研究者往往只能通过史料、绘画、出土实物来与现有技术遗存进行比对研究，这使得得到确证的过程变得漫长而艰难。笔者经过整理将列出部分已经确证的研究成果：

（1）建筑结构——插梁式

学界一般将早期的房屋梁架结构分为抬梁式和穿斗式，一方面是以黄河流域为主的以穴居为源头，木骨泥房（约六千年前的陕西西安半坡建筑遗址）为其早期住居形式，发展到土木混合结构，最后形成抬梁式结构的北方体系；一方面是以长江流域为主的巢居为源头，木构干阑（约六七千年前的浙江余姚河姆渡建筑遗址）为其早期住居形式，逐渐演变成为穿斗式木构架，并且在南方地区盛行，演变为建筑结构的南方体系。[3] 但是在唐代或者稍晚一些，南方民居中出现了一种被孙大章先生称为"插梁架"结构的建筑形式。[4] 不少学者将这种结构方式看作是抬梁式和穿斗式两种南北建筑文化的混合，这一点可以从三种不同结构的侧立面比对中清楚地看到（图3-45）。

抬梁式木构架作为北方建筑结构体系，至迟在春秋时代已初步完备，这种木构架是沿着房屋的进深方向在石础上立柱，柱上架梁，再在梁上重叠数层瓜柱和梁，最上层梁上立脊瓜柱，构成一组木构架。[5] 穿斗式木构架也是沿着房屋进深方向立柱，但柱的间距较密，柱直接承受檩的重量，不用架空的梁，而是以数层"穿"贯通各柱，组成一组组的构架。从图3-46上可以看出，抬梁式的荷载传递方式是从檩到梁，再从梁到柱，而穿斗构架的传递路线是从檩直接到柱。"插梁式"经常采用山面屋架脊柱落地，中间屋架"偷

❶（宋）李诫《营造法式》卷四"大木作制度之一"（"陶本"影印本）p.88。
❷ 沈黎.香山帮匠作系统研究[M].上海：同济大学出版社，2011：184-200。

❸ 同上。
❹ 同上。

❺ 沈黎.香山帮匠作系统研究[M].上海：同济大学出版社，2011：184-200。

图3-45　三种房屋结构的比较
图片来源：作者自绘。

抬梁式　　　　　　　穿斗式　　　　　　　插梁式

栋柱"的方式。这种结构的好处在于能够节约材料，如果全部采用抬梁式，对材料的直径和长度都会有较高的要求，因此在江南地区的民居中往往可以发现，在不重要的部位或普通生活空间里采用原生的穿斗结构，而在有重要伦理需求的空

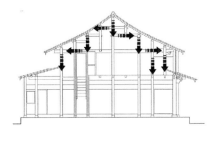

图3-46 抬梁式的荷载传递方式
图片来源：作者自绘。

间中，追求抬梁式。❶另一方面，从这点上就可以明显看出此结构是南北文化交融的结果，而且是官方技艺在南方地区的一种改良应用。

（2）景观营造技艺——叠山技艺

假山作为江南园林中不可或缺的景观元素常被理所当然地视为是江南的原生技艺，特别是诸多江南园林园记中常常出现关于"陆叠山"、"山子张"、"张南山"等名匠的记录❷更加深了这种印象。但是根据史料的记载，叠山技艺的起源是在北方，最早出现"叠山"记载的是《西京杂记》，《西京杂记》第二卷描绘了梁孝王的"兔园"中筑有百灵山："山有肤寸石、落猿岩、栖龙岫。又有雁池。"❸根据文献分析，叠山技艺的发展经过了"以土为主"—"土石结合"—"以石为主"几个阶段，魏晋以前基本上叠山技艺都是以"积土"、"聚土"为主；直到唐代，石才加入到叠山材质中，有了"聚拳石，环斗水"等；至北宋，文献记载中开始同时出现"叠石"和"积土"两种说法；至明清时期，以石为主材的叠山方式成为主流。❹

叠山技艺的发端一直是在北方，直至北宋宋徽宗修建艮岳使得该技艺的发展重点移到了江南地区，这主要是因为当时为徽宗搜集"花石纲"的权臣朱勔是苏州人，而花石纲的主要搜集地区又是在江南一带，"时有朱勔者取浙中珍异花卉，竹石以进，号曰花石纲，专置应逢局，于平汪所费，动以亿万计。"❺由此甚至引发了江南地区很多人纷纷弃农商而专事种艺叠山，根据《吴风录》记载，自从江南一地成为花石纲的采集地后，"至今吴中富豪竞以湖石筑峙，奇峰阴洞"，甚至"闾阎小户亦饰以小小盆岛为玩，以此务为饕贪积金"，不仅仅是大户人家转而开采湖石，连小户人家也弃农商而转至园艺，可见叠山技艺在江南的风行正是从艮岳一事而始。

根据张淏、祖秀等人的记载，艮岳叠山的普遍手法是在土山上架设石峰，以人工手段，利用天然岩石造型多变的特征，模拟自然山体。这种做法从北方传至江南地区，一直延续至今，江南的工匠们在此基础上又演变出了以石为主的多种做法，在《园冶》的掇山篇中对这两种做法均有记录。❻从中可以见到叠山技术在北方传播至江南后逐渐演进的过程（图3-47）。

（3）内外檐装修——彩画

与叠山技艺一样，建筑彩画的发端也是在北方地区。辽宁西部建平县出土了五千年前神庙内的墙面彩绘残片，这些墙面彩画以赭红色和白色描绘，

❶ 沈黎.香山帮匠作系统研究[M].上海：同济大学出版社，2011：54.
❷ 在《哲匠录》、《历代名匠传》以及诸多名园记中都曾出现过关于叠山名匠的记录，尤其是在江南名园记中，可参见附录八。
❸ （汉）刘歆等撰，王根林校点.西京杂记[M].上海古籍出版社，2012：58.
❹ （宋）祖秀.华阳宫记[M]//陈植.张公弛.中国历代名园记选注.合肥：安徽科技出版社，1982.
❺ （南宋）张淏.艮岳记[M]//陈植.张公弛.中国历代名园记选注.合肥：安徽科技出版社，1982.
❻ 《园冶》中关于"叠石为山"的记录颇多，关于技艺流程的有"随势掇其麻柏，顷高挂以称针；绳索坚牢，杠抬稳重。立根铺以粗石，大块满盖桩头"等，关于"土石结合"的做法则有"构土成冈，不在石形之巧拙"等。

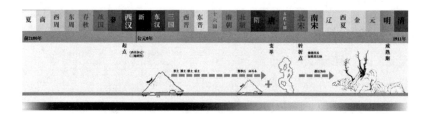

图 3-47　叠山技术的演进方式
图片来源：作者自绘。

图 3-48　辽宁建平牛梁河女神庙内墙面彩绘图案残片
图片来源：作者根据闻晓菁《中外室内设计史图说》中插图重绘。

大多为几何图案（图 3-48），对宗庙进行彩画装饰使得彩画从一开始就具有象征性和神圣性，这应该是建筑彩画发展到后期越来越具有等级性的缘起，在《周官·守祧》中就记录了"职其祧，则守祧黝垩之"，可以看出彩画一直是被作为高等级的装饰而应用于宗庙建筑的，以至于彩画运用到世俗建筑中时便有了"楹，天子丹，诸侯黝，大夫苍，士黈"的等级规制。

　　根据《营造法式》卷二中对彩画的释意，最早关于建筑彩画的描述是在《西京赋》中，描绘建筑彩画是："绣栭云楣，镂槛文㮰。故其馆室次舍，彩饰纤缛，裛以藻绣，文以朱绿。"随着北人南迁，在西晋时期的《吴都赋》中也出现了"青锁丹楹，图以云气，画以仙灵"的描绘，这应该是关于江南地区建筑彩画的较早记录。由于彩画所具有的阶位属性，使得彩画技艺的成熟区域一直是与政治中心相重合的，因此，在学界普遍认为，就彩画的用材、工艺、构图等方面，北方皇家建筑彩画达到了比较高的水平，相对而言，江南地区除了南宋时期曾作为政治中心，其余阶段均远离政治中心，因此，据沈从文等前辈学者的考证，江南彩画可以说就是宋代锦纹盛行的遗风[1]，而江南地区在其他时期一直处于权力边缘地带，加之在审美风格上受到文人"式征清赏"的影响，因此彩画对民间建筑的影响并不深远，起码未能成为主流的风尚，彩画的用材和工艺相对简单。对江南地区建筑营造技艺进行总结的典籍中，似乎并未提及"彩画作"，比如《园冶》全书十章，仅在第三章"屋宇"部分提及："仰尘，即古天花板也。多于棋盘方空画禽卉者类俗，一概平仰为佳，或画木文或锦，或糊纸，惟楼下不可少。"而《营造法原》全书十六章，仅在第八章"装折"中关于大门及屏门的做法中提及"用于屏门者，则髹白漆"。

　　江南地区的建筑彩画虽然并未成为内外檐装修的主流，但是在江南文化的影响下，形成了具有地域特色的"包袱锦"彩画。包袱锦样式成熟于明代的江南地区，有学者认为包袱锦样式的出现基于两个原因：①受早期装饰传统的影响，汉代有在木梁架上悬挂和包裹绫锦的传统；②受江南物质文化的影响，江南地区一直盛产丝绸锦缎。[2]据陈薇教授的考证，江南明式彩画包袱边常带有鲜明的织锦特征——几何纹样或自由图案，而包袱边饰通常为璎珞形式（图 3-49）。[3]在彩画的制作工艺上则较北方官式彩画制作要少"披

❶　郑丽虹.明代苏州宋式锦对宋锦图案的继承[J].丝绸，2010（12）：47.

❷　徐民苏等.苏州民居[M].北京：中国建筑工业出版社，1991：32.
❸　巫仁恕.晚明文士的消费文化—以家具为个案的考察[J].浙江学刊，2005（06）：6.

箍头　　　　　　　　　袱子　　　　　　　　　箍头

图3-49　苏州忠王府包袱彩画
及绍兴吕府大厅彩画线描稿
图片来源：作者根据朱光亚论文
《东南地区若干濒危传统建筑工
艺及其传承》中插图重绘。

麻"的工序，用色等级也较北方的少，只有三等：上五彩（沥粉后补金线，民间称为金线沥粉或堆金沥粉）；中五彩（不沥粉，而是拉白粉线，线条微凸，称为着粉）；下五彩（既不沥粉，也不拉白线，仅以黑线拉边，叫作拉黑）；衬底工艺也是以刷胶粉为主，不似北方繁复。❶通常彩画中央的袱子两侧藻头部位不作彩画，只是在原木本色纹饰面层刷一至两遍透明漆。

　　虽然江南地区的彩画在用材及工艺上不如北方的彩画作来的尊贵和华丽，但是以其精细、秀丽和淡雅形成了自己独特的风格，并且影响了北方的彩画作技艺，在《清式营造则例》中就有专门的"苏式彩画"工艺，但是北方皇家建筑中的苏式彩画更加讲究程式化，审美趣味上也有很大的不同。

　　（4）施工工具——六丈杆

　　丈竿（丈或作杖，竿或作杆）的性质，按《清式大木作操作工艺》所载："相当于为建筑房屋时用的特制的尺。凡是一个建筑的面宽、进深及各部位构件的尺寸，各个榫卯，全部事先排划在杖杆上，即习称之排杖杆。"❷而丈杆的起源最早可追溯到唐朝，柳宗元《梓人传》中就写道："梓人左持引，右执杖，而中处焉。"

　　从《梓人传》和《哲匠录》中的记载看，丈杆作为木匠的施工工具也是随着中原文化逐渐扩散到其他地区的，但是各个区域工匠对丈杆的称呼不尽相同，尺度上也有所差异，比如侗族工匠使用的竹制丈杆称为"香杆"❸，福建工匠称其为"篙尺"，纳西族工匠使用的称为"五丈竿"，而江南地区则习惯称之为"六丈杆"，六丈杆作为常用术语被姚承祖记录在《营造法原》中，主要是因为江南地区最为普遍的民居的正间面阔大多为一丈二，长尺取其一半即为六尺，所以得名"六尺杆"❹。江南地区的丈杆厚度也与北方丈杆有明显差异，按照《中国古建筑木作营造技术》和《清式大木作操作工艺》所载，北方总丈杆断面一般为4cm×6cm或更大些，而在江南地区的丈杆为二寸半（约8.3cm）、六分（2cm）厚（图3-50）。❺

　　由以上所列经过演变的江南技艺可以看出，北方传来的官式技艺在江南地区发生改变的诱因主要有：①为了巧妙地"逾制"，比如为了扩大使用空间而产生的插梁式结构；②为了更经济地使用材料，比如说叠山技艺由"以石为主"转向"土石结合"，丈杆为了适应所获木材的尺寸而缩短。前一个原因与礼制有着直接的联系，而后一个原因也是因礼制而生，因为环境营造中对用材用料的限定同样是传统礼制中的重要部分。北方技艺在江南地区的演变过程恰恰印证了江南文化的本质特征是自由的审美精神，北方因为政治因素的影响一贯有着"以道德代审美"的传统，而在江南地区则因为对灵动

❶ 巫仁恕.晚明文士的消费文化——以家具为个案的考察[J].浙江学刊，2005（06）：3.
❷ 井庆升.清式大木作操作工艺[M].北京：文物出版社，1985：9-10.
❸ 杨通山.侗乡风情录[M].成都：四川民族出版社，1983：310-314.
❹ 此处引用雍振华老师书稿中的说法。
❺《鸳鸯厅施工经过》一文载："……（搭脚手架）水作用柱头杆在现场搭应用脚手架。脚手架需满堂脚手架。柱头杆（即新法之皮杆料）2寸半宽、6分厚，杆尺上划有所有结构尺寸、榫眼等，皆齐足尺。"转引自：陈从周.梓室余墨[M].北京：三联书店，1999：322-326.另见：顾详甫口授，邹官伍绘图记录，陈从周校阅并跋.鸳鸯厅大木施工法[C]//科技史文集（7）.上海：上海科学技术出版社，1981：88-91.文字略异。

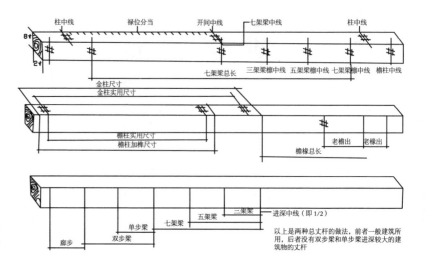

图 3-50　江南地区丈杆示意图
图片来源：作者根据闻晓菁《中
外室内设计史图说》中插图重绘。

之美的追求，从功能到形式的变革都给了技艺更多的改良空间。

3.2.4　技艺与江南地区特有自然环境的关联

　　至宋代，江南地区已经成为全国的"经济奥区"、"文化渊薮"，江南的
繁荣是经过了漫长的历史过程才达到这样的高度，自然环境是促使地区发展
的先天基础。江南地区的气候适宜农渔业的发展，"饭稻羹鱼"、"果隋蠃蛤"
都能"不待贾而足"，因此"无饥馑之患，无冻饿之人"（《史记·货殖列传》）。
随着农渔业技术的发展，两浙路"有鱼盐、布帛、秔稻之产"（《宋史·地理
志四》），"民安土乐业，川源浸灌，田畴膏沃"。

　　一方面江南地区多水的环境、四季分明的气候使得水稻种植更为容易，
创造了良好的经济基础，另一方面人们在适应自然环境的过程中创造出了多
样的理水、利用自然光及顺应季节变化的营造技艺。

　　1. 多水的环境

　　江南的婉约形象大半是由河流纵横、湖泊遍布的多水环境塑造的，因
为我国最长的河流——长江经杭嘉湖平原北境流入大海，太湖沿岸有大小
河流 210 条，形成太湖水系，是长江下游主要支流[1]，因此古往今来文人
骚客为它写下的诸多诗篇中都有所体现，甚至民间流传的歌赋中也充分体
现出了它的"水域性"特征。以江南竹枝词为例，在《中华竹枝词全编》
的江苏、浙江、上海卷中，运用"海"、"洋"、"江"、"川"、"浪"、"河"、"湖"、
"溪"、"津"、"渡"、"潭"、"湾"、"浦"、"涧"、"泽"、"泾"、"浔"、"渎"、
"滨"、"泖"、"泷"、"荡"、"泉"、"塘"等字眼命名的竹枝词作品近 1420 篇，
占总数的 57%。[2] 因此，在江南地区的环境营造中，"因水而生"的营造技
艺不在少数，它们或是为了巧妙地利用水资源，或是为了规避由多水而带
来的过患。

❶　刘大可.中国古建筑瓦石营
法 [M].北京:中国建筑工业出版
社,1993:8.

❷　倪辉.江南竹枝词研究 [D].
上海师范大学硕士学位论文,
2013（04）:39.

（1）建筑与水（地表水及雨水）的关系处理

江南地区水体密布，水运促进了城市手工业和商品经济发展，至明清时期，江南市镇水陆两套交通系统已经十分成熟，当时的文献中对此的记载随处可见，如桐乡濮院镇："自万历间，机杼渐盛，而濮院绸遂行。街衢日扩，又夜航载货……粮油丝绸所聚，非是无由，利涉耳。"❶ 当时的大多数人家为了利用河道所带来的便利，往往将建筑临河而筑，并"因河成市"，形成了街市、河流、住宅群并列而成的市镇形态，并且形成了三种较为典型的建筑－河道关系（表3-7）。

❶ 杨树本《乾隆濮院琐志》卷一，浙江省图书馆影印本。

江南市镇建筑—河道关系图　　　　　　　　　　　　表 3-7

建筑与水体关系	案例地点	平面图	剖面图
宅－街－河－街－宅	周庄		
宅－街－河－廊－宅	西塘		
宅－街－河－宅	甪直		

水网纵横使得建筑用地颇为紧张，建筑之间的距离往往也难以进一步向纵深扩展。为了扩展使用空间，往往左右增设次轴线，主次轴线分别被称为"正落"和"边落"，"正落"与"边落"间的夹道被称为"备弄"。为了扩展使用面积，楼厅往往设二层，两侧设厢楼，前后楼常用走道兜通，被称作

图 3-51　江南地区的暖桥
图片来源：作者自绘。

图 3-52　江南地区水边阶台
图片来源：作者自绘。

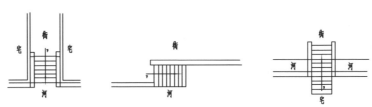

图 3-53　水码头的三种形式示意
图片来源：作者自绘。

"走马楼"。而在住宅密集的地段，若有河道阻隔宅的后门，一般会架设暖桥，即用小桥将后门与道路连接，桥上盖有小屋（图 3-51）。

　　因为建筑大多是沿河而建，因此江南地区屋基开脚的深度都要根据建筑及地基的土质情况来确定，而非固定的常量，或像北方建筑那样由台明高度按比例确定埋深，如果在土质松软的地方建房则必须开挖至未经扰动的生土层。临河建筑的地基处理则更有讲究，先在河中围一段水堰（驳岸完工后拆除），抽干水后去除淤泥，下层土质尚好时可以铺石钉（领夯石）予以夯打结实，不然则需打入木桩以加强地基的承载力。木桩上先铺砌一皮盖桩石，其上砌筑石驳岸。为保证建筑日后不致因结构稳定问题而出现滑移、坍塌，驳岸砌筑时必须采用"一丁一顺"的方法错缝砌筑，也就是将一块条石平行于驳岸，旁边一条垂直深入驳岸内部，由此形成建筑的阶台（图 3-52）。过去河道是城市居民用水的来源之一，也是出行的通道，临水民居更会充分利用这一就近的便利，所以在作为屋基的驳岸上通常还会砌出埠头，以方便洗涮和上下船只（图 3-53）。

　　多水环境的另一个成因则是江南地区的雨水颇多，终年气候潮湿，致使"阶前平泛滥，墙下起趑趄"❶，因此防雨防潮也是传统营造技艺中重要的一部分。据考证，悬山屋顶的起源在江南地区。悬山屋顶起源于民间的泥墙草顶住宅，因屋面从两侧挑出山墙，保护了泥墙，使泥墙免遭雨水冲刷，是对江南多雨气候的一种应对。❷众多出土文物也证明悬山顶最早出现在南方，江西清江县出土的新石器时代晚期陶器上的建筑形象，就是原始的悬山顶：在脊长檐短的两坡倒梯形悬山顶下，于两际构有披厦（图 3-54）。❸

　　另一种起源于南方的屋顶形式——歇山顶，根据王其亨先生的考证，认为在炎热多雨的情况下，坡屋顶内木构架如通风不良，极易因脊下三角形空

❶ 皮日休《吴中苦雨因书一百韵寄鲁望》：自尔凡十旬，茫然晦林麓。只是遇涔淖，少曾逢霡霂。伊余之廓宇，古制卜卜筑。颓檐倒菌黄，破砌颓莎绿。只有方丈居，其中踌且躅。朽处或似醉，漏时又如沃。阶前平泛滥，墙下起趑趄。唯堪羞箁笸，复可乘艑舳。鸟犬并淋漓，儿童但咿噢。勃勃生湿气，人人牢于锢。须眉渍将断，肝腸蒸欲熟。当庭死兰芝，四垣盛菁菉。解帙展断书，拂床安坏椟。跳梁老蛙黾，直向床前浴。蹲前但相眄，似把自丁辱。空厨方欲炊，溃米未离簏。薪蒸湿不著，白昼须然烛。污莱既已汗，臭鱼不获鬻。竟未成麦䴬，安能得粟。

❷ 此部分结论来自于雍振华老师的书稿。

❸ 王其亨.歇山沿革试析[J].古建园林技术，1991（01）：30.

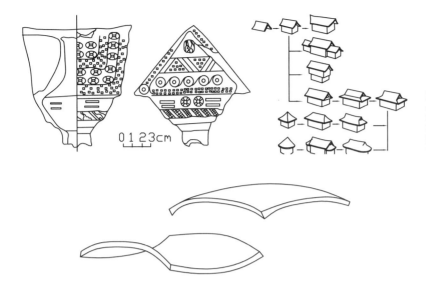

图 3-54 新石器晚期陶器上的悬山顶
图片来源：作者自绘。
图 3-55 歇山顶演变图谱
图片来源：根据王其亨先生《歇山沿革成折》。

图 3-56 小青瓦黄瓜环瓦
图片来源：作者自绘。

间形成"热死角"，引起脊部木构材湿热朽坏，为避免这种情况，产生了歇山顶。事实上，歇山顶后来在中原地区实行了封山的做法，显然是为了适应北方干爽而又多风寒的气候条件（图 3-55）。[1] 虽然歇山顶形式更为华丽，但是庑殿顶始终能保持其在封建等级制中的至尊地位，也侧面说明了起源于南方的悬山顶在传统礼制观念中始终被认为是"非主流"的。[2]

根据已有研究成果统计，笔者发现江南地区的坡屋顶坡度从北向南呈增大趋势（表 3-8），基本在 22° ～ 30° 范围之间，层层叠叠的坡屋顶形成了江南地区独特的文化景观，而坡屋顶的形成与屋面防水材料有着密切的关系。一般而言，防水材料如果尺寸较小、接缝较多，就易产生缝隙渗漏，因此屋面应有较大的排水坡度，而江南地区的屋面防水材料一般为小青瓦（图 3-56），小青瓦面积较小、接缝多，因此屋面必须形成较大的坡面才能达到防水的效果。

[1] 王其亨. 歇山沿革试析[J]. 古建园林技术，1991（01）：30-35.
[2] 同上。
[3] 此部分统计数据来源于已有的测绘图，参考文献包括：《中国东南建筑区系类型研究》《基于气候条件的江南传统民居应变研究》《豸峰》《棠樾》《鱼梁》《浙江气候及其应用》《营造法原》《江浙地区民居建筑设计与营造技术研究》《浙江民居》《江苏民居》等。

江南地区典型样本屋面坡度统计[3]			表 3-8
宅名	屋面坡度	宅名	屋面坡度
棠樾鲍氏长宅	22°	瞻淇天心堂	23°
棠樾欣所遇斋	22°	瞻淇宁远堂	23°
棠樾鲍训正宅	23°	豸峰潘润生宅	22°
鱼梁姚益正宅	22.5°	宏村树人堂	22°
鱼梁宜振堂	23°	呈坎罗时金宅	22°
杭州市杨梅岭殷宅	26°	天台某宅	33°
绍兴北海板区住宅	24°	宁波陶公山某宅	28°
绍兴某宅	23°	桐庐临江某宅	27°

续表

宅名	屋面坡度	宅名	屋面坡度
杭州上天竺金宅	27°	天台民主路 118 号宅	26°
吴兴甘棠桥范宅	31°	绍兴西小桥头某宅	28°
绍兴仓桥直街施宅	28°	萧山临浦屠宅	27°
新叶种福堂	24°	衢州龚宅	26°
诸葛村行堂路 8 号	24°、25°	东阳白坦务本堂	26°
诸葛村雍睦路 28 号	25°	东阳叶宅	27°
诸葛村信堂路 83 号	25°	诸葛村新开路 52 号	26°
东阳巍山镇某宅	26°	金华八咏门某宅	26°

　　江南建筑中一般多雕饰而少彩画，这也是对多雨气候的一种应对策略。潮湿环境下木结构上的彩画容易变色、脱落，而木雕装饰则在潮湿的环境中不易开裂变形，因此江南一带木雕装饰较为普遍，彩绘较少，且总体色调淡雅。

　　（2）利用水资源改善室内微气候

　　关于利用水体调节局部微气候的科学研究近年来日渐增多，并且研究成果还转化为设计导则进行应用，环境中的水体具有如下的物理特征：①水面反射率小。水体会比周围地面吸收更多太阳辐射，环境中的水体具有升温效应。[1]②水的热容量大。作为一种相变材料，水体吸收的热量较周围地面多，会使得水上空气升温较慢，因而具有降温效应。[2]③水的蒸发特性。水面蒸发需要吸收大量的热，如果与空气流动结合，具有明显的降温效应。[3]

　　由于水的这些特性，水体与周围地面之间一般都会形成温度差，由此引起的空气流动会形成水陆风。[4]比如在白天，水体上的空气温度较低，因此水陆大气之间会产生温度差、气压差，低空大气会从水面流向陆地；在夜晚，由于水面降温快，风的流向相反，因此在水体附近的环境中会有水陆风的存在（图3-57）。[5]有学者利用现代仪器对水体的微气候调节功能进行实证研究，再次证实了上述观点，杨凯等利用现代高精度仪器对上海中心城区河流及水体周边小气候进行实地测量，采用仪器包括便携式测风仪、温湿度仪。通过对 6 个不同地点冬、春、夏三个季节的实地监测数据的分析，研究小组证实了以下结论：①水体的微气候效应随着季节变化，在暖热的春夏季比寒冷干

[1] 李敏. 江南传统聚落中水体的生态应用研究[D]. 上海交通大学船舶海洋与建筑工程学院，2010（02）：16.
[2] 李敏. 江南传统聚落中水体的生态应用研究[D]. 上海交通大学船舶海洋与建筑工程学院，2010（02）：17.
[3] 李敏. 江南传统聚落中水体的生态应用研究[D]. 上海交通大学，2010（02）：17.
[4] 李敏. 江南传统聚落中水体的生态应用研究[D]. 上海交通大学，2010（02）：18.
[5] 李敏. 江南传统聚落中水体的生态应用研究[D]. 上海交通大学，2010（02）：18.

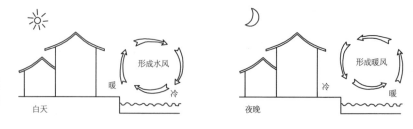

图 3-57　水陆风形成原理
图片来源：作者根据杨凯，唐敏，刘源，吴阿娜，范群杰《上海中心城区河流及水体周边小气候效应分析》中插图重绘。

图3-58 古籍、字画中描绘的水榭以及现存的水榭
图片来源:《鲁班经》、南唐画及作者自摄艺圃水榭。

燥的冬季明显;②水体微气候效应与周围的建筑布局密切相关;③水体微气候效应在下风向段比上风向段明显。❶

现代仪器可以精确地对水的微气候调节功能进行验证,而先人们则早就通过经验总结创造出了不少利用水资源进行室内微气候调节的技艺。

为了更好地利用水陆风,江南地区出现了水榭、水阁等建筑形式。"榭者,籍也。籍景而成者也。或水边,或花畔,制亦随态。榭为水边建筑,面山对水,望云赏月,借景而生,有观景和休闲的作用。榭下有石柱支撑,渗入池中,而榭浮水上,清晨黄昏,水气弥漫,莲花生香,犹如仙岛。"这类临水建筑的生成一方面借助水体良好的热惰性调节了水陆温差,一方面也塑造出了多变的建筑形象(图3-58)。

此外,水系也被引入室内和庭院以达到控制温湿度的目的。地表水丰富的地区引水入院,江浙一带的园林常常是以水面作为居住环境的中心,水量较小的地区也自有妙法。皖南一带的诸多民居庭院常常引水圳之水入院,水在院内循环而出,起到了降温保湿的作用。更有一些建筑会巧妙地利用井水进行室内温度的调节。

(3)景观营造中的水意象塑造

江南地区的市镇及村落往往保留了许多因水而成的景观,不少地方因为水体的串联而形成了系列的"十景"、"八景",比如杭州西湖的十景中有6个与水相关:"苏堤春晓"、"曲院风荷"、"平湖秋月"、"断桥残雪"、"花港观鱼"、"三潭印月",《明经胡氏王派宗谱》所记载的"西递八景"中有4个因水成景:"天井垂虹"、"石狮流泉"、"驿桥进谷"、"沿堤柳荫"。

除了典型性的水文景观,水意象的塑造往往和传统的水乡生活结合在一起形成有趣味的节点空间。

1)水上广场(转船湾)

转船湾通常位于水乡村镇的入口、集市等利于人流集中之处,空间形态通常由水面与周围的堤岸来限定,如在水道中间则会适当拓宽河面,也可以利用河道尽端水面;平时可作为泊船湾,有集会时与周围的水埠或码头结合形成水上广场(图3-59)。❷鲁迅先生的小说《社戏》中描写自己坐船去听戏的地方就是这类空间,一般是在临水岸边搭建戏台,岸上只能容纳少数观众,大多数只能乘船在水中观看。等集会活动结束,船走人散,水面又恢复

❶ 杨凯,唐敏,刘源,吴阿娜,范群杰.上海中心城区河流及水体周边小气候效应分析[J].华东师范大学学报,2004(03):18.

❷ 熊海珍.中国传统村镇水环境景观探析[D].西南交通大学硕士学位论文,2008:45-46.

图 3-59　转船湾的几种形式
图片来源：根据熊海珍《中国传统村镇水环境景观探析》中插图重绘。

位于河道尽端的转船湾　　　　位于河道一侧的转船湾　　　　位于河道交汇处的转船湾

图 3-60　苏州老城中随处可见的井台空间
图片来源：作者自摄。

平静，依然可作交通之用。❶

2）水埠（码头）

水埠是连接驳岸与水面的阶梯，一般为石制，由驳岸伸入水中。水埠头通常根据住宅的位置在河道中进行分布，通常两三家共用一个，也有不少人家会在后门单独设置。水乡人家在水埠头上处理许多日常生活事务，比如汲水、洗涤、停泊、交易、运输，演绎着水乡的生活世界。水埠头的形式也较为丰富，有的直通河中，有些会凌空悬挑，也有内凹于驳岸的。❷

3）井台与小溪边

对于面积较大的水乡市镇，街巷中的另一个公共空间就是"井台空间"，井台空间中心井的数量和形式也很丰富，可以是单口井、多口独立的井，甚至是双联井、三联井（图 3-60）；井的周围用石块砌筑井台，并设排水沟，在街边巷间围合出较为开敞的空间。与河埠头相比，井台周围较大的空间能够容纳多人同时进行洗衣、淘米、洗菜等家务活动。❸由于空间可聚集的人数较多，因此井台空间成为邻里间信息交换和日常对话的重要场所，也是众多江南故事发生的背景。❹

2. 夏温润冬冷的气候

中华人民共和国城乡建设环境保护部根据中国香港天文台提供的资料整理出了《建筑气象参数标准》，该标准中列出了有关江南城市的各个参数，可以归纳出江南地区有如下共同的气候特点❺：年日照百分率 25%～50%，年中午最低太阳入射角高于 −35°；年平均空气温度 15.7～18.7℃，年较差 11～19℃；全年湿度较高，都在 50% 以上；年降水量较大，在 900mm 以上；冬季风速普遍高于夏季，静风几率全年都在 30% 左右。

将上述数据翻译成描述性的语言就是：由于北方南下冷空气与北上暖空气相遇，会形成江南地区的冬春寒雨，因此使江南地区成为同纬度地区中

❶　熊海珍. 中国传统村镇水环境景观探析[D]. 西南交通大学硕士学位论文, 2008: 45-46.
❷　同上.
❸　同上.
❹　同上.
❺　王建华. 基于气候条件的江南传统民居应变研究[D]. 浙江大学博士学位论文, 2008（06）: 23.

冬季气温最低而湿度又大的地区和春季多雨地区。❶到初夏季节，大约 6 月上中旬左右江南地区会进入它所特有的季节——梅雨季节。总的来说，气候对于该地区的两类传统技艺的形成影响较大：防太阳辐射技艺与自然通风技艺。

（1）防太阳辐射的相关技艺

在这样的气候条件下，使屋顶在夏季预防太阳辐射、冬季则起保温作用就成为较为有效的调节微气候的方式。根据王建华以建筑物理公式对平屋顶及坡屋顶的总辐射强度进行计算的结果显示，即使是在最不利情况下（太阳高度角最大时），南、北向坡屋顶的遮挡效果也会优于平屋顶❷，因此遮挡太阳辐射应该是坡屋顶形成的主要原因之一。但是在局部丘陵地带，虽然坡屋顶的遮挡效果弱于平屋顶，当地的传统建筑依然会选择以坡屋顶为主要形式❸，这说明形式的生成是审美与功能因素共同综合而成的。

此外，江南民居屋顶普遍采用小青瓦铺砌屋面，并且多采用"叠七露三"或"压七露三"的铺法，即每块瓦叠压 70%，露明 30%，并且在放置好的底瓦瓦当内垫上碎瓦片，固定不松动，在两底瓦间的沟槽内先放上灰泥（图3-61）。有研究者将有望砖小青瓦屋面与100mm 厚混凝土屋面进行实验测试，经过建筑物理公式验证后，得出结论：有望砖小青瓦屋面的隔热散热性能均优于厚混凝土屋面。❹实验测得无望砖小青瓦屋面的热阻和100mm 厚混凝土屋面相当，但前者热惰性指标仅为后者三分之一还少。

除了屋顶形式、屋面材料起到了防雨防辐射的作用，江南部分地区的马头墙也起到了同样的遮阳作用，三山屏风墙、五山屏风墙一般会高出屋面1.3 ～ 1.5m❺，高出部分的投射阴影可以对正脊起到防太阳辐射的作用（图3-62）。

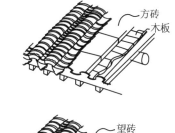
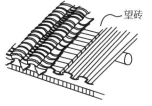

图3-61　江南地区建筑的青瓦铺设方式
图片来源：作者根据徐民苏《苏州民居》重绘。

❶ 王建华.基于气候条件的江南传统民居应变研究[D].浙江大学博士学位论文，2008（06）：23.
❷ 王建华.基于气候条件的江南传统民居应变研究[D].浙江大学博士学位论文，2008（06）：100.
❸ 同上。
❹ 王建华.基于气候条件的江南传统民居应变研究[D].浙江大学博士学位论文，2008（06）：100-110.
❺ 王建华.基于气候条件的江南传统民居应变研究[D].浙江大学博士学位论文，2008（06）：110.

江南常见马头墙类型

图3-62　江南地区建筑的马头墙形式
图片来源：作者根据王建华《基于气候条件的江南传统民居应变研究》中插图重绘。

通过朝向的调整减少太阳对墙面的直接辐射也是常见的手法，根据已有研究成果的统计，可以证实江南地区的住宅朝向在可能情况下大多数都是朝向偏东南或西南向（表3-9）。

❶ 此部分统计数据来源于已有的测绘图，参考文献包括：《中国东南建筑区系类型研究》、《基于气候条件的江南传统民居应变研究》、《秀峰》、《棠樾》、《鱼梁》、《浙江气候及其应用》、《营造法原》、《江浙地区民居建筑设计与营造技术研究》、《浙江民居》、《江苏民居》等。

部分传统民居朝向统计 ❶　表3-9

民居名称	朝向	民居名称	朝向
黄岩黄山岭虞宅	南偏西5°	余杭县小林乡胡宅	南偏西12°
东阳务本堂	南偏东80° 东西侧入口	楠溪江黄南村老屋	南偏东9°
温岭泽国镇某宅	南偏东39°	绍兴小皋埠胡宅	南偏西11°
杭州市金钗袋巷盛宅	南偏东10°	新叶某叶宅	南偏东14°
鄞县梅墟镇泥桥头钱宅	南偏西5°	天台来紫楼	南偏东12° 入口东侧
诸葛村新开路某宅	南偏东6°	吴兴南浔新开河李宅	南偏东18°
镇海塘乡陈宅	南偏东13°	新叶某叶宅	南偏西4°
东阳城西街杜宅	南偏东5° 入口西侧	诸葛村雍睦路某宅	南偏东9°

此外，江南地区的建筑还经常利用屋檐遮阳和外墙互惠遮阳的方式来防太阳辐射，屋顶遮阳效果主要决定于檐口落到外墙的阴影长度，以温州地区的民居为例，该地区檐口投射在墙面上的阴影长度一般是檐口挑出长度的两倍，通过计算发现将近30%的墙面被遮阴，如果是悬山顶的话，不仅可以保证南北向墙面的遮阳效果也可以同时兼顾东西向墙面。❷ 此外，加上额外披檐的做法也能够有效地防晒，这种做法是通过让有小青瓦的披檐墙面保持一定距离，使披檐下空气温度降低，形成热压差，从而使大部分热空气沿着墙面排走，同时披檐材料均选择暗褐色木材，该材质的太阳辐射吸收系数（0.43）和反光系数（0.12）都很低，最终达到将热量减少到最低的目的。❸

江南地区巷道大多迂回曲折，一方面是由于河道纵横，宅基地的形状需顺应河道边界；另一方面由于建设用地紧张，各家都会最大限度地利用基地，公共通道的面积被压缩至最小，一些垣墙之间甚至仅留1m左右间隙，两侧为高大无窗的山墙。狭窄的巷子一方面创造了"雨巷"之类的审美意向，一方面也形成了宅间的互惠遮阳，如果巷道宽用 L 表示，相邻房屋山墙平均高度用 H 表示，将落到山墙上的阴影高度设定为 H_s，则❹：

$$H_1=H-L/\cos A_d\sinh s$$

以大暑下午2：00的杭州地区为例，山墙平均高度取7m，江南地区巷道宽度取值为1.2m，则阴影高度 $H_1=5.593$m，平均阴影高度为山墙平均高度的0.8倍，这也意味着有80%的墙面在阴影遮挡范围之中，遮阳效果很好。❺

此外在江南传统环境中还存在着大量的外檐廊，外檐廊作为联系室内外

❷ 王建华.基于气候条件的江南传统民居应变研究[D].浙江大学博士学位论文，2008（06）：100-110.
❸ 同上。
❹ 同上。
❺ 同上。

的过渡空间，容纳了组
织通风、控制采光和提
供游憩场所等功能；在调
节微气候方面，檐廊顶
能够为入口和外墙遮阳；
而且它的形式多样，也

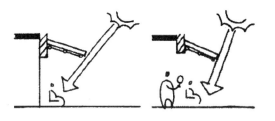

图3-63 檐廊对微气候的调节
资料来源：作者自绘。

营造出了不同的江南美学形象。根据檐廊的平面形态，可分为凹廊、前廊、
后廊、侧廊和回廊；根据立面形式来分，则有单层檐廊与双层檐廊。❶江南
地区夏至正午太阳高度角最大，阴影最小，但是通过建筑物理公式计算得出
的结论是：只要一层檐廊距下底面距离不超过4m，檐廊形成的阴影也会有
其挑出长度的85%以上，遮阳效果较好。❷根据冬至日太阳高度角以及一层
檐廊4m高度进行计算的话，得出的结论则是檐廊对一层墙体不会产生遮挡，
阳光会直接进入室内❸，这应该是檐廊在江南地区得到广泛应用的主要原因
之一（图3-63）。

（2）自然通风的相关技艺

通过建筑形体的不同组合方式加强自然通风是常用手法，"天井"就是
由此形成的典型气候缓冲空间之一。天井的典型性首先体现在它的普遍性上，
本研究所涉及的微气候区住宅都设置有天井（详见附录七），以安徽的宏村
为例，宏村建于1949年以前的建筑有130余幢，根据已经测绘过的90余幢
建筑来看，每幢住宅都带有天井。

与北方平原地区相比较，江南地区的天井边长较小，一般在2～5m之间，
天井由建筑二层界面或墙面围合，白色的墙面一方面可以吸收太阳辐射，另
一方面又为中央的庭院遮挡日照，这样可降低天井内空气的温度。❹天井因
此成为建筑内部的气候调节器，具体原理如下：

1）白天，由于天井温度较低，建筑吸收太阳辐射后温度升高，天井内
的冷空气流向室内，形成热压通风。

2）夜晚，建筑和墙体向外释放热量，天井内的底层空气受热上升，上
层的冷空气逐渐下沉，形成风的循环，带走热量，发挥冷却作用，形成拔风
效应。

除了利用热压通风引导自然通风以外，江南民居也巧妙地应用了风压通
风。风洞试验表明：建筑物的迎风面上会产生正压区，由于压力的存在，气流
在向上运动的同时会绕过建筑物的侧面及背面，在这些被绕过的面上会产生
负压区，由此会产生风压。❺利用好正负压之间的压力差，就能形成良好的
自然通风，建筑形式、建筑与风的夹角以及周围建筑布局都会影响到风压。❻

江南地区风速的年变化基本为冬春季节大、夏秋季节小，以季风为主，
本研究针对的微气候区还会受到水陆风、山谷风和街巷风的影响。为了更
好地利用自然风，江南的建筑朝向与夏季主导风向入射角一般都小于45°，

❶ 王建华.基于气候条件的江南传统民居应变研究[D].浙江大学博士学位论文,2008(06):100-110.
❷ 同上。
❸ 同上。
❹ 王建华.基于气候条件的江南传统民居应变研究[D].浙江大学博士学位论文,2008(06):81.
❺ 钟军力,曾艺军.建筑的自然通风浅析[J].重庆建筑大学学报,2004(04).
❻ 同上。

❶ 钟军力，曾艺军.建筑的自然通风浅析[J].重庆建筑大学学报，2004（04）。

❷ 歌诀内容引自《营造法原》以及对苏州地区工匠的访谈。

❸ 调研数据来源：钱岑.苏南传统聚落建筑构造及其特征研究[D].江南大学硕士学位论文，2014。

并且建筑多采用双侧开口的形式，以形成"穿堂风"。❶ 为了适应风压通风中气流会不断上升的特点，江南建筑组群的设计中还存在一种称为"步步高"的建筑檐口处理手法，对于大型府宅的檐口高，江南匠人有"地盘进深叠叠高"、"厅楼高止后平坦，如若山形再提步；切勿前高与后低"的规定（图3-64）。❷ 其中的"地盘进深叠叠高"，也就是各进阶台由前至后逐渐升高，建筑的檐口高度则是以每一进正间面阔的十分之八来确定，这样建筑就能够做到越往后越高，如苏州东山杨湾古村三善堂、三山岛师俭堂的正门入口都有多达5级踏步，将近750mm的内外高差（表3-10）。

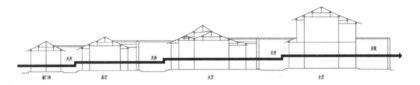

图 3-64 苏州陆巷惠和堂"步步高"的建筑檐口
图片来源：作者自绘

苏州东、西山民居台基部分尺寸统计❸   表 3-10

单位：mm	惠和堂	师俭堂	清俭堂	萃秀堂	西上 33 号
内院高于外院的距离	330	430	210	750	480
门屋台基高于内院距离	160	480	270	170	150
正房台基高于内院距离	430	480	270	450	620

此外建筑立面的开口会影响到通风效果，因此江南建筑的门窗形式多样，并且方便开合与拆卸以满足不同气候环境下的通风需求（图3-65），由此也创造出了丰富的立面形态。

❹ 张晓青.中国古典诗歌中的季节表现——以中古诗歌为中心[D].中国社会科学院博士学位论文，2012。

3. 四季分明

中国自古都是以农业为立国之本，而农事生产的环节离不开春种、夏耘、秋收、冬藏，因此季节与时令得到了社会普遍的重视，在中国古代历书类典籍和诸子典籍中都有记载，著名的如《礼记·月令》、《管子·四时》、《吕氏春秋·十二月纪》《淮南子·时则训》《诗经·豳风·七月》等。❹

通过资料的查询我们可以发现，因为江南地区四季分明，雨热同季，无霜期较长，一年四季均可有不同作物生长，因此农户往往采取一年两熟甚至三熟以及轮作耕作的方式，在技术措施上注意时间控制，对于季节时令的变化尤为注

图 3-65 藕园藤花坞可拆卸窗子细部
图片来源：作者自摄。

重。而围绕着农业生产又产生了一系列的民俗活动，正如唐寅的《江南四季歌》中所描述的一般："江南人住神仙地，雪月风花分四季。满城旗队看迎春，又见鳌山烧火树。千门挂彩六街红，凤笙鼍鼓喧春风。歌童游女路南北，王孙公子河西东。看灯未了人未绝，等闲又话清明节。呼船载酒竞游春，蛤蜊上市争尝新。吴山穿绕横塘过，虎邱灵岩复元墓。提壶挈盒归去来，南湖又报荷花开。锦云乡中漾舟去，美人鬓压琵琶钗。银筝皓齿声继续，翠纱污衫红映肉。金刀剖破水晶瓜，冰山影里人如玉。一天火云犹未已，梧桐忽报秋风起。鹊桥牛女渡银河，乞巧人排明月里。南楼雁过又中秋，桂花千树天香浮。左持蟹螯右持酒，不觉今朝又重九。一年好景最斯时，橘绿橙黄洞庭有。满园还剩菊花枝，雪片高飞大如手。安排暖阁开红炉，敲冰洗盏烘牛酥。销金帐掩梅梢月，流酥润滑钩珊瑚。汤作蝉鸣生蟹眼，罐中茶熟春泉铺。寸韭饼，千金果，鳘群鹅掌山羊脯。侍儿烘酒暖银壶，小婢歌兰欲罢舞。黑貂裘，红毡氍，不知蓑笠渔翁苦？"

四季分明的气候条件对江南人居环境营造技艺的影响主要是两个方面：景观植物的配置以及室内隔断与陈设。

（1）景观植物配置技艺

许多植物具有季相性，随着四季的变化，干、叶、花、果的形状、大小、色泽、香味各不相同。植物的花开花落、叶色变化，会出现规律的周期性变化风貌。[1] 古诗中所说的"红白相间"、"次第花开"[2] 的配植方式就是根据植物季相不同进行安排的[3]，笔者对《浮生六记》《扬州画舫录》以及众多诗歌作品进行整理后，发现园林中出现的常用植物种类与乡村环境的植物种类重合度较高，如竹、梅、杏、柳、梧桐等（见附录十四），说明在江南地区传统景观的营造是以乡土植物为主。杨晓东在其博士论文《明清民居与文人园林中花文化的比较研究》中根据实地考察和文献搜集对江南地区人居环境中出现的植物种类进行了统计，在其调查的 83 个明代园林中，共记载了 130 种植物，记载应用频率最高的是竹类（Bambusoideae），其次分别是梅（Prunus mume）、荷花（Nelumbo nucifera）、松（Pinus）、桃花（Prunus persica）、垂柳（Salixbabylonica）、桂花（Osmanthus fragrans）、梧桐（Firmiana simplex）、牡丹（Paeonia suffruticosa）、侧柏（Platycladus orientalis）等；在其调查的 70 个清代江南园林中，共记载了 89 种植物，记载应用频率最高的是竹类（Bambusoideae），其次分别是梅（Prunus mume）、桂花（Osmanthus fragrans）、荷花（Nelumbom nucifera）、柳（Salix babylonica）、松（Pinus）、桃（Prunus persica）、牡丹（Paeonia suffruticosa）、梧桐（Firmiana simplex）、侧柏（Platycladus orientalis）等，此结果也可论证传统的江南景观营造中还是以本土植物为主。

清代陈淏子在《花境》中提到："花木宜寒宜暖，宜高宜下者，天地虽能生之，不能使之各得其所，赖种植方式有方耳！"在相关的画论中也有提及：

[1] 余树勋.园林美与园林艺术[M].北京：科学出版社，1987.
[2] 引自宋朝欧阳修诗："深红浅白宜相间，先后仍须次第栽，我欲四时携酒赏，莫叫一日不花开。"
[3] 苏雪痕.植物造景[M].北京：北京林业出版社，1994.

"山以林木为衣，以草为毛发，以烟霞为神采，以景物为装饰，以水为血脉，以岚物为气象。"❶ 而营造植物景观时，首先是对植物不同季相色彩组合的考虑，强调四季变化的时间感，《长物志》中就提到植物配置"草木不可繁杂，随处植之，取其四时不断，皆入图画"。宋代文人洪适在《盘洲记》一文中，较为详细地记载了花木的色彩，其中白色的有"海桐、玉茗、素馨、文官、大笑、茉莉、水栀、山樊、聚仙、安榴、衮绣之球"❷；红色的有"佛桑、杜鹃、丹桂、木槿、山茶、海棠、月季，黄有木犀、棣棠、踯躅、儿莺、迎春、蜀葵、秋菊"❸；紫色的有"含笑、玫瑰、木兰、凤薇、瑞香为之魁"❹。植物种植也要因季节不同而采用不同的方式："……四时培植，春日叶芽已发，盆土以肥，不可沃肥水……夏日花开时嫩，勿以手摇动……秋则微拔开根土，以米泔水少许注根下……冬则安顿向阳暖室……"❺ 如紫薇，"四月开，九月歇，俗称'百日红'。山园植之，可称'耐久朋'。"葵花种类甚多，"初夏，花繁叶茂，最为可观"。秋海棠，"秋花中此为最艳，亦宜多植"；腊梅，"磬口为上，荷花次之，九英最下，寒月庭除，亦不可无"。❻

从现有遗存的调查统计来看，江南地区园林中现有的植物配置也是以本地植物为主，按四季叶色、花色进行搭配，植物种类不多，按照"韵胜"、"格高"的方式进行组合（表3-11）。

❶ （清）徐菘,（清）张大纯.百城烟水 [M].南京：江苏古籍出版社，1999.
❷ （宋）洪适《盘洲文集（善本）》八十卷
❸ 同上。
❹ 同上。
❺ （明）文震亨.长物志.陈植校注.南京：江苏科学技术出版社，1984：95.
❻ （明）文震亨.长物志.陈植校注.南京：江苏科学技术出版社，1984：45-85.
❼ 表格摘自夏玉兰的硕士学位论文《苏州古典园林植物配置的现状研究——以用植物命名的景点为例》。

苏州十二个景点四季叶色 ❼　　　　　　　　　　　　　　　　　　表3-11

园名	景点名称	叶色	树种			
			春季	夏季	秋季	冬季
沧浪亭	清香馆	深绿色	桂花、腊梅	桂花、腊梅	桂花	桂花
		浅绿色	玉兰	玉兰		
	闻妙香室	深绿色	梅花	梅花		
		浅绿色	玉兰、梧桐	玉兰、梧桐		
狮子林	古五松园	深绿色	圆柏、枸桔、腊梅、南天竹、含笑	圆柏、枸桔、腊梅、南天竹、含笑	圆柏、含笑	圆柏、含笑
		浅绿色	石榴	石榴		
		金黄色斑块与浅绿色相间	洒金桃叶珊瑚	洒金桃叶珊瑚	洒金桃叶珊瑚	洒金桃叶珊瑚
		红色			南天竹	南天竹
网师园	小山丛桂轩	深绿色	桂花、腊梅、南天竹	桂花、腊梅、南天竹	桂花	桂花
		浅绿色	玉兰、小叶黄杨、鸡爪槭	玉兰、小叶黄杨、鸡爪槭	小叶黄杨	小叶黄杨
		红色			南天竹、鸡爪槭	南天竹

续表

园名	景点名称	叶色	树种			
			春季	夏季	秋季	冬季
网师园	看松读画轩	墨绿色	黑松	黑松	黑松	黑松
		深绿色	罗汉松、桂花、圆柏、梅花、山茶、南天竹、枸骨	罗汉松、桂花、圆柏、梅花、山茶、南天竹、枸骨	罗汉松、桂花、圆柏、山茶、枸骨	罗汉松、桂花、圆柏、山茶、枸骨
		浅绿色	贴梗海棠、垂丝海棠	贴梗海棠、垂丝海棠		
		灰绿色	白皮松	白皮松	白皮松	白皮松
		红色			南天竹	南天竹
拙政园	浮翠阁	深绿色	桂花、圆柏、柿树、罗汉松、毛白杨、腊梅、山茶、南天竹、月季	桂花、圆柏、柿树、罗汉松、毛白杨、腊梅、山茶、南天竹、月季	桂花、圆柏、罗汉松、山茶	桂花、圆柏、罗汉松、山茶
	浮翠阁	浅绿色	香樟、小叶黄杨、榉树、国槐、朴树、垂丝海棠、西府海棠、栀子花、石榴、紫藤	香樟、小叶黄杨、榉树、国槐、朴树、垂丝海棠、西府海棠、栀子花、石榴、紫藤	香樟、小叶黄杨、栀子花	香樟、小叶黄杨、栀子花
		黄色			毛白杨、国槐	
		红色			榉树、南天竹、柿树	南天竹
	枇杷园	深绿色	枇杷、糙叶树、圆柏、腊梅、南天竹、杜鹃	枇杷、糙叶树、圆柏、腊梅、南天竹、杜鹃	枇杷、圆柏、杜鹃	枇杷、圆柏、杜鹃
		浅绿色	枫杨、朴树、梧桐、椆榆、小叶黄杨、栀子花、石榴	枫杨、朴树、梧桐、椆榆、小叶黄杨、栀子花、石榴	小叶黄杨、栀子花	小叶黄杨、栀子花
		红色			南天竹	南天竹
	十八曼陀罗馆	灰绿色	白皮松	白皮松		
		深绿色	山茶、南天竹	山茶、南天竹	山茶	山茶
		红色			南天竹	南天竹
	松风水阁	墨绿色	黑松	黑松	黑松	黑松
		深绿色	南天竹、火棘	南天竹、火棘		
		浅绿色	椆榆	椆榆		
		红色			南天竹	南天竹
	玉兰堂	深绿色	桂花、南天竹	桂花、南天竹	桂花	桂花
		浅绿色	玉兰	玉兰		
		红色			南天竹	南天竹

园名	景点名称	叶色	树种			
			春季	夏季	秋季	冬季
拙政园	海棠春坞	深绿色	南天竹	南天竹		
		浅绿色	西府海棠、木瓜	西府海棠、木瓜		
		红色			南天竹	南天竹
留园	闻木樨香轩	深绿色	圆柏、桂花、棕榈、腊梅、南天竹、山茶	圆柏、桂花、棕榈、腊梅、南天竹、山茶	圆柏、桂花、棕榈	圆柏、桂花、棕榈
		浅绿色	银杏、香樟、榔榆、紫薇、琼花、石榴、紫荆、棣棠	银杏、香樟、榔榆、紫薇、琼花、石榴、紫荆	香樟	香樟
		金黄色			银杏	
		黄色			紫薇、海棠	
		红色			南天竹	南天竹

（2）室内隔断与陈设

传统建筑的木构架使得内部空间具有极大的可塑性，而宋朝出现的减柱法和小木作工艺的发展，使得室内空间划分形式变得更为多样和灵活，就算是柱网外围砌砖的墙壁也因为不承重而可以根据需要灵活地进行砌筑和拆除。

隔断在宋代称隔截，在《营造法式》中记载的就有截间板帐、截间格子、板壁、照壁屏风等种类，江南地区的室内隔断可以分为"虚隔"和"实隔"（表3-12）。

传统建筑中常见的隔断形式　　　　　　　　　　　　　　　　　　　　　　表3-12

虚隔	纱隔	挂落	落地罩	飞罩	博古架
实隔	镜面式板壁	槅扇式板壁	屏风式板壁	屏门	

在四季分明的江南地区，不同季节对于室内空间的形态要求也不同，清曹庭栋的《老老恒言》中就提到："房开北牖，疏棂作窗，夏为宜，冬则否。"在宋代，由于小木作工艺的发展，当时已经出现了阑槛钩窗，这种启闭自如的门窗使得人们可以倚阑而坐，欣赏室外风景，大大改善了室内的通风采光，并且能将景色引入室内。[1] 再如门，宋代大量出现的格子门也是可灵活拆卸的装置，它是设置在檐下柱间的木构幕墙，可冬设夏除，冬季封闭保温，夏季摘下通风[2]，格子门在不同时节的应用可以从遗留的绘画作品中得到验证（见附录十一），例如刘松年的四季图，在夏景中可见格子长窗已全部被拆，而冬季则全部装上了。

[1] 赵慧．宋代室内意匠研究[D]．中国美院博士学位论文，2009：19．
[2] 同上．

《营造法原》中提到一种半窗"用于亭阁者，其外可装吴王靠"，又"常用于次间、厢房、过道及亭阁之柱间"，临水建筑上安装的半窗，常常在夏季时拆卸下来，以利于引进凉爽的水陆风，苏州艺圃延光阁就是一个典型的例子（图3-66）。还有一种窗名为和合窗："窗作左右

图3-66　拆除隔窗延光阁的水榭
图片来源：作者自摄。

开阖者，槛必低，低则受风多。宜上下两扇，俗谓之和合窗。晴明时挂起上扇，仍有下扇作障，虽坐窗下，风不得侵。"[87] 李渔在《闲情偶寄》中甚至提出一种换窗之法："……授意工匠，凡作榱门窗，皆同其宽窄而异其体裁，以便交相更替。同一房也，以彼处门窗挪入此处，便觉耳目一新，有如房舍皆迁者……"建筑外立面尚且如此，室内的各种隔断，如屏门、截间板帐、截间格子等更是可以按季节及功能需要进行装卸："房开北牖，疏棂作窗，夏为宜，冬则否。窗内需另加推板一层以塞之。"《诗·豳风》云："塞向墐户。"注曰："向北出牖也。北为阴，阴为寒所从生，故塞以御之也。"❶

除此之外，利用各种轻质的帘、帐调节室内微气候的手法在江南地区也较为常见，主要是通过控制进风量而达到保暖的作用："室中当户，秋冬垂幕，春夏垂帘，总为幛风而设。晴暖时，仍可钩帘卷幕，以挹阳光。"❷ 李清照的《念奴娇》也写道："楼上几日春寒，帘垂四面，玉阑干慵倚。"帘卷的材质则可以为竹、苇、布、纱等，如："三秋凉气尚微，垂幕或嫌其密，酌疏密之中，以帘作里，蓝色轻纱作面，夹层制之。日光掩映，葱翠照入几榻间，许丁卯诗所谓'翠帘凝晚香'也。可以养天和，可以清心目。""江南月，如镜复如钩。似镜不侵红粉面，似钩不挂画帘头。长是照离愁。"❸ 竹帘在江南地区最为常见。❹ 据考证，在古代典籍中，"帘"的前面如果没有其他修饰性的词语，例如"珠帘"等，其多指"竹帘"❺，当然也有不少会直接表明的，如"竹帘琐细炉烟直"、"寒夜吹香入竹帘"、"不下竹帘怕燕瞁"，《红楼梦》中紫鹃所言"看那大燕子回来，把帘子放下来，拿狮子倚住"。还有如《梦粱录》中的"诸色杂货"里记载："家生❻动事如桌、凳、凉床、交椅……红帘、斑竹帘……"❼

此外，卧室中的主要家具——床也会随着季节的变化而进行不同的改造，李渔就曾经在《闲情偶寄》中记载了一种用四季花卉来装饰的床具："先为小柱两根，暗钉床后，而以帐悬其外。托板不可太大，长止尺许，宽可数寸，其下又用小木数段，制为三角架子，用极细之钉，隔帐钉于柱上，而后以板架之，务使极固。架定之后，用彩色纱罗制成一物，或像怪石一卷，或作彩云数朵，护于板外以掩其形。"在床后架子上放上四季不同香气的植物，创

❶ （清）曹庭栋.老老恒言[M].北京：人民卫生出版社，2006.
❷ 同上。
❸ 欧阳修《望江南·忆江南》
❹ 晋朝戴凯之的《竹谱》以及元朝李衎的《竹谱详录》都记载了江南地区竹林密布的情况，所列竹种非常丰富。筀竹、箭竹、淡竹、盖竹、水竹等江南"处处有之"。
❺ 司马晋.竹帘的文化意蕴[J].装饰，2010（01）：5-6.
❻ "家生"就是日常生活用品、器物的意思，在今天的吴地方言中依然被使用。
❼ （宋）孟元老等.东京梦华录（外四种）.上海：古典文学出版社，1956（2）：44.

❶ 暖阁是根据火炕原理改造的地下火道。清朝天亡后宫女们回忆说：当时宫中为了防止火灾，不烧煤也不烧劈柴，全部烧炭，所以数个所房子都没有烟囱。"宫殿建筑都是悬空的，像现在的楼房有地下室一样。冬天用铁制的轳辘车，烧好了的炭，推进地下室取暖，人在屋子里像在暖炕上一样。"宫中把这种挖有地下火道的房子称作"暖阁"。文字转引自金易的《宫女谈往录》和刘凤云、周允基合著的论文《清代满足房屋建筑的取暖与文化》。

❷（清）曹庭栋.老老恒言[M].北京：人民卫生出版社，2006.

❸ 同上。

❹ 同上。

❺（明）文震亨.长物志图说.山东画报出版社，2003：396.

❻（明）文震亨.长物志.重庆出版社，2008（05）：15.

❼（清）曹庭栋.老老恒言[M].北京：人民卫生出版社，2006.

❽（法）谢和耐.蒙元入侵前夜的中国日常生活[M].刘东译.南京：江苏人民出版社，1995：45.

❾（清）袁宏道《瓶史·清赏》

造出如梦幻般的睡眠环境，以至于李渔自己都认为已经超出了凡俗和红尘的极限。有一天深夜他从梦中突然醒来，鼻间幽芬缭绕，身体飘飘欲仙，于是把妻子摇醒而感慨说："我辈何人，遽有此福，得无折尽生平之福乎？"因为江南地区不曾像北方一般设有火炕与暖阁❶，因此在冬季对床具的改造也有不少方法："故床必宽大，则盛夏热气不逼。上盖顶板，以隔尘灰。后与两旁，勿作虚栏，镶板高尺许，可遮护汗体。四脚下周围，板密镶之，旁开小门，隆冬置炉于中，令有微暖，或以物塞满，即冷气勿透。板须可装可卸，夏则卸去。床边上作抽屉一二，便于置物备用。"❷还有一种将普通床具改造成"暖床"的方法："暖床之制，上有顶，下有垫，后及两旁，俱实板作门。三面镶密，纸糊其缝，设帐于内，更置幔遮于帐前，可谓深暖至矣。入夏则门亦可卸，不碍其为凉爽也。盛夏暂移床于室中央。四面空虚，即散烦热。"❸当然还有低成本的防风手段："卧房为退藏之地，不可不密，冬月尤当加意。若窗若门，务使勿通风隙。窗阖处必有缝，纸密糊之。"❹床帐也会随季节进行更换："帐，冬月以茧绸或紫花厚布为之，纸张与纨绢等帐俱俗，锦帐、帛帐俱闺阁中物，夏月以蕉布为之，然不可得。吴中青撬纱及花手巾制帐亦可。有以画绢为之，有写山水墨梅于上者，此皆欲雅反俗。夏月坐卧其中……寒月小斋中制布帐于窗槛之上，青紫二色可用。"❺

　　江南地区各个季节物候特征明显，这使得江南地区的室内陈设也会随四季变化而时时更新："位置之法，繁简不同，寒暑各异。"❻比如室内屏风的设置，"安置坐榻，如不着墙壁，风从后来，即为贼风。制屏三扇，中高旁下，阔不过丈，维于榻后，名山字屏。放翁诗'虚斋山字屏'是也，可书座右铭或格言粘于上。"❼同时会根据季节的不同设置室内的书画作品："最讲究的住宅由许多房屋排列组成，飞檐高扬，回廊百转，显出高度和谐的总体效果。而其中的每一个建筑又都被别具匠心地用来制造出特殊的绘画性效果。每一座亭台楼阁都是专为某种特殊功用而建：这一处是用来赏月的，那一处是专供奏乐的，再一处是留作宴饮的，又一处则可能坐落在松树林荫之中，悬挂着绘有雪景的图画，以便暑天纳凉。"❽而摆放在几案上的香炉要"夏月宜用瓷炉，冬月用铜炉"，作为装饰品的花瓶也是"春冬用铜，秋夏用瓷"。

　　室内陈设中的花艺部分与节气关系最为紧密，早在唐朝罗虬的《花九锡》中就列出了花的九种美好事物，其中"美醑（赏）"是赏插花早就融入了人们的日常生活的佐证。袁宏道则在《瓶史》中将插花提升到艺术的境界，他认为赏插花必须根据花的习性，分时令欣赏，如"不得其时而漫然命客皆为唐突"❾，并认为如此不但欣赏不到花最美的娇态，还会令花"困辱"。《瓶史》根据盛开时间的不同将花卉分为"寒花"、"温花"和"凉花"。明朝的屠本畯 所著的《瓶史月表》中将一年十二个月每个月开放的重要花卉分为三等，插花时可按花盟主、花客卿、花使命进行主次搭配（表 3-13），可见在江南士人中赏花、插花确实是重要的风雅之举。

《瓶史月表》中列出的各季花卉　　　　　　　　　　　　　　　　　　　表 3-13

	花盟主	花客卿	花使命
正月	宝珠花、梅花	贴梗海棠、山茶	报春、木瓜、瑞香
二月	玉兰、西府海棠、绯桃	杏花、绣球花	剪春罗、宝相龙、月季花、种田红、李花、木桃
三月	兰花、牡丹、碧桃、滇茶	木香、川娟、紫荆、梨花	长春、木笔花、郁李、蔷薇、谢豹、七姐妹、丁香
四月	菖蒲、芍药、夜合	牡丹、罂粟、石岩	栋树花、刺牡丹、垂丝海棠、粉团、虞美人、龙爪
五月	番萱、石榴、夹竹桃	午时红、蜀葵、乐阳花	石竹花、一丈红、火石榴、川荔枝、栀子花、孩儿菊
六月	茉莉、莲花、玉簪、	水木樨、百合、山攀、山丹	锦葵、凤仙花、锦灯笼、仙人掌、郝桐、长鸡冠
七月	蕙、紫薇	重台海棠、秋海棠	矮鸡冠、波斯菊、向日葵、水木香
八月	芙蓉、丹桂、木樨	杨妃槿、宝头鸡冠	秋牡丹、水红花、剪秋罗
九月	菊花	月桂	叶下红、老来红
十月	茶梅、白宝珠	甘菊花、山茶花	寒菊、野菊、芭蕉花
十一月	红梅	杨妃茶	金盏花
十二月	独头兰、腊梅	漳茶、茗花	枇杷花

书中还提出赏花有时有地，"寒花"大多色淡而香气馥郁，因此"宜初雪，宜雪霁，宜新月，宜暖房"；"温花"明媚可爱如美人笑脸，因此"宜晴日，宜轻寒，宜华堂"；"暖花"色彩明艳、雍容华贵，因此"宜雨后，宜快风，宜佳木荫，宜竹下，宜水阁"；而"凉花"清新秀丽，因此"宜爽月，宜夕阳，宜空阶，宜苔径，宜古藤镂石边"。❶

江南地区花艺陈设及景观植物配置都会随着四季的变化而调整，令植物与节令、环境、气候相合谐，营造宜人的生活环境。

3.2.5　技艺与江南地区特有生活方式的关联

生活方式对人居环境塑造的影响时效最长，就算物质环境的具体形式变化了，空间结构与细节上也总会体现出相同的文化特质。丰子恺先生在写到缘缘堂的时候，这样描述："缘缘堂构造用中国式，取其坚固坦白。形式用近世风，取其单纯明快。一切因袭，奢侈，烦琐，无谓的布置与装饰，一概不入。全体正直，高大，轩敞，明爽，具有深沉朴素之美。正南向的三间，中央铺大方砖，正中悬挂马一浮先生写的堂额。"❷ "西室是我的书斋……东室为食堂，内连走廊，厨房，平屋。……堂前大天井中种着芭蕉、樱桃和蔷薇。门外种着桃花。后堂三间小室，窗子临着院落，院内有葡萄棚、秋千架、冬青和桂树。"❸ 虽然缘缘堂在形式上已经受到现代风格的影响，但是环境组

❶ （清）袁宏道《瓶史·清赏》

❷ 丰子恺《辞缘缘堂》

❸ 同上。

织的内核和建筑细节上还是因袭了江南地区人居环境的特点，比如正南朝向的中堂、天井的设置，以大方砖作为铺地材料、堂额陈设以及众多乡土植物的应用，最重要的是有着文人情怀的丰子恺先生对于"深沉朴素之美"的认同。

生活方式又可以被分为两个方面进行考察，即生活态度和地区禁忌。前者决定了技艺应用的目标，比如文人雅士对审美生活的热爱决定了传统陈设技艺不会以提高生产效率为目标；而后者则决定了技艺的应用复杂程度，比如说诸多在施工前或者施工中需要注意的地区禁忌对于技艺结果（生成环境）的形式、功能影响并不大，只是增加了施工的工序。

1. 生活态度对技艺形成的影响

明朝中晚期，江南地区一直以富庶闻名，号称"奢靡为天下最"❶，但是这种风气的产生却是因为江南士人在政治上始终被边缘化，因此多数江南士人逐渐放弃了在仕途上有所作为的想法，将追求林泉之心作为人生的意义，以至于弃官归田、"顺情遂性"，逐渐形成了特定时空的"市隐"心态，以塑造审美化的生活环境为人生理想。另一方面，江南地区的富商大贾为了跻身名流，也常常附庸风雅，苏州东山人汪琬在其《尧峰文钞》卷十五中记载："万历以来，山中高赀者推许氏、翁氏两姓为甲。其人率以文雅相高，喜结纳四方贤士大夫，非仅纤啬拥财自卫者也。故凡春秋佳日，远近篮舆画舸争集其门。如华亭董尚书（御名）宰、陈征君仲醇、常熟钱尚书受之、嘉定李进士长蘅、太仓张内翰天如、仪部受先之属，类推翁、许为湖山主人。一切管弦歌舞之娱，牲宰酒醴供张之盛，所资殆将不赀，绝无分毫顾惜。"❷江南地区的生活方式是"文人之雅"和"市井之俗"的互相交织，社会生活既有对高雅文化的高度肯定和追求，又掺杂着与金钱相关的俗气。

商业发达使得江南地区提早进入了"市民社会"的阶段，平等观念日盛；而经济富裕又使得江南地区的人们有条件追求更高的生活品质，因此常常出现"越礼僭制"的情况。清人龚炜在《巢林笔记》中对江南人的奢靡之风记载如下："予少时，见士人仅仅穿裘，今则里巷妇孺皆裘矣；……家无担米之储，耻穿布素矣；团龙立龙之饰，泥金剪金之衣，编户僭之矣。"❸江南奢靡之风的盛行连统治阶级都有耳闻，清乾隆年间就颁布过多次谕旨以整饬江南奢风，谕旨中屡次提到："厚生之道，在于务本而节用，节用之道，在于崇实而去华……惟江苏两浙之地，俗尚奢靡。"❹在前文的论述中，虽然分析案例都是基于"生态"的原则进行选取的，即尽量选择"低消耗低成本"的技艺，但并不代表江南地区不存在"非生态"的营造技艺。从文化研究的角度来看，不管是"生态"还是"非生态"的生活方式都共存于同一个文化体系，比如市井文化"好节庆"与士人文化"好山水"同时促成了整个社会的"游惰之风"，而"游惰之风"又促进了游具制造等相关技艺的发展。

江南的士人阶层持"适度节俭、乐山乐水、审美为上"的生活态度，而市井则"好奢侈、好精工、好节庆"，两者互相影响，形成了江南地区独特

❶ （清）龚炜.巢林笔谈[M].中华书局，1981.

❷ 郑丽虹."苏式"生活方式中的丝绸艺术[J].丝绸，2008（11）：48.

❸ （清）龚炜.巢林笔谈[M].中华书局，1981：113.

❹《清高宗实录》（中国台湾华文书局影印本）卷十九 p.491。

的生活画面，其中富有特色的两种社会活动就是昆曲盛行与游惰之风。

（1）昆曲的盛行与宅居布置

现在昆曲已经被看作高雅艺术了，但是它最初在江南一带盛行却是因为"江南信神媚鬼"，动辄"聚众赛神"、"彩灯演剧"、"清唱十番"。❶清代苏州文人顾禄在其所著的《清嘉录》中列出了江南地区十二个月份所举行的民俗活动，居然多达 246 项，平均每个月就有 20 项，超过半数是祭神活动。

综合《吴郡岁华纪丽》、《启祯记闻录》等古籍、地方志与顾笃璜的《昆剧史补论》等资料，这些民俗庆典活动中演出的戏曲主要为昆曲❷，而且城乡情况雷同。以苏州为例，从正月开始到十月间，几乎是以平均每月 3 次的频率进行各种庆典活动，有些月份甚至达到 5 次，比如正月就有"财神五路诞日"，"立春"，"款神、禳祸"，"庆元宵、酬神"，"走夜会，酬神，以驱疾疠、庆节"。此外很多庆典活动都要持续数日之久，比如"关帝生日"，"昭侯庙（即城隍庙）演剧"，"酬太上玄天圣帝之灵"，"各乡迎神、报赛"，"夫人会，城隍庙日夜演剧"等多达数十种，有些甚至会长达一个月之久，如"各坊及各乡村祠庙迎神、贺岁"就是从正月一直延续到二月。

昆曲如此普及，以至于在江南一地"往往有三家之村，不识字之氓，亦俨然集其徒六七，围灯团坐，相与吹弹丝竹，唱元明人曲本，亹亹可听。入夜则打十番鼓，杂以科诨，大类郡城清唱。"❸

昆曲盛行对人居环境设计产生的影响，首先是各种戏台的分布，既有街头野外的草台，指以竹、木之类廉价材料构筑的简易剧场，还有由船组成的水边剧场，"弦管纷纷闹水乡，北腔未了又南腔"，并且由此还形成了江南特有的"转船湾"形态。修建在寺院祠宇和衙署行宫中的庙台，都作为城乡中重要的公共空间为城乡居民提供娱乐活动。另外还有设置在住居中的戏台，即便是在小型的园林中，园主人也会设置戏台，古代的如扬州永胜街的魏园，该园面积虽小，但是也设置有一座精致的戏台❹，今天则有苏州的南石皮园，该园是苏州大学教授叶放设计的自宅，园中也设置了一个临水而立的戏台。

住宅中会为了获得更好的音响效果而出现某种固定的布局，传统戏台的常见形式为"三幢联栋式两对耳房与露台"❺，虽然江南地区的院宅强调自由灵活的布局，但是作露台之用的厅堂与兼作听戏之耳房的建筑是有固定组合关系的，并且会利用水面来让昆曲清唱更美，以拙政园的留听阁为例："卅六鸳鸯厅西侧的留听阁，作为一处听曲的场所，隔水波后人声发出来的音韵，更显其美。"❻扬州何园的戏台也是四面为水环抱，此外在水面周围设置楼廊，楼廊成为观众席，陈从周先生对此戏台的评价颇高，在其著作《扬州园林与住宅》中写道："此戏亭利用水面的回音，增加音响效果，又利用回廊作为观剧的看台。在封建社会，女宾只能坐在宅内贴园的复道廊中，通过疏帘，从墙上的什锦空窗中观看。"❼这种设置类似"戏格"，清人林兰痴有《戏格》诗，其序云："厅屋三间，中间屏门，东西间以格扇蔽墙，加以湘妃帘格，内如小巷，

❶ （清）袁学澜.吴郡岁华纪丽.南京:江苏古籍出版社,1998:7.

❷ 此结论来自朱琳的博士学位论文《昆曲与近世江南社会生活》p.10.

❸ 陈去病.五石脂.南京:江苏古籍出版社,1999:352.

❹ 韦明铧.扬州剧场考[J].扬州大学学报（人文社会科学版）,1999（04）:69.
❺ 研究结论来自于台湾科技大学建筑研究所江维华与自己所指导的许宴瑿博士生共同完成的《中国传统合院式戏场建筑声环境之研究》。

❻ 刘彦伶.晚晴至民国时期清唱常与研究[D].苏州大学硕士学位论文,2012:40.

❼ 同上。

图 3-67 古代文人的游赏之风
《谢安登东山》线描稿
图片来源：作者自绘。

图 3-68 《游具雅编》中记录的
提盒
图片来源：屠隆《游具雅编》。

女眷坐此观戏最便，故曰'戏格'。" ❶

（2）游惰之风与游具的发展

上文整理的江南民俗中，除了酬神祭祀外，还有很重要的一部分就是"喜好游赏"。范成大《吴郡志》卷二云："俗多奢少俭，竞节物，好邀游。"吴自牧《梦粱录》卷四"观潮"云："临安风俗，四时奢侈，赏玩殆无虚日。"这是江南地区的"全民运动"，即使是在封建社会被认为应该深居简出的女性也乐于外出游玩，以至于清乾隆帝曾专颁诣旨，命令地方官实力稽查，改良风气："责令父兄族党严加管束，不遵训约者，加以惩治……当其游惰而董教之，惩戒之，使悟而知返，则可纳于善良。" ❷

统治阶级视"游惰之风"为社会不良习气，但是将欣赏风景、接近自然的旅游等同于游手好闲、不务正业的游惰有点过于粗暴简单，这与当时统治阶级认为"务农为本"的思想有密切关系。从物质文化创造的层面来说，"游惰之风"则在事实上促进了江南地区游具制造技艺的发展（图 3-67）。

明代高濂总结明代游具有 27 种之多 ❸，另两位文人屠隆和文震亨分别所著《游具雅编》（图 3-68）和《长物志》中也记载了不少游具，现将文献中列出的几种游具整理如下（表 3-14）。

❶ 韦明铧. 扬州剧场考 [J]. 扬州大学学报（人文社会科学版），1999（04）；69.
❷ 《清雍正至乾隆年条奏》（清雍正十三年至乾隆五十七年上谕及奏奉，线装，书名代拟，版心题条奏，刻本，共 46 册，北京国家图书馆藏）第 5 册，乾隆六年六月二十六日。
❸ 李雪莲，秦菊英，王士巢. 古代家具类游具的继承与发展 [J].2012.

古文献中列出的游具 表 3-14

名称		形制
1	胡床	坐具,以绳为椅面,椅腿可折叠闭合,为马扎的雏形
2	暖椅	坐卧两便,比太师椅略宽,桌椅合二为一,下方可放炭取暖,是冬天的"可眠之轿"
3	载牙轿	坐具
4	活动亭	移动帐篷,"四围柱架穿插成之",方便安装和拆卸
5	光明夹	镜奁,用纸糊薄镜两侧,取代镜框,减轻重量,方便携带
6	方便囊	用重锦做的旅行袋,"颇为简快"
7	便面窗	在画舫的两侧设置扇形窗户,将窗外景色变成窗户中的天然图画
8	叶笺	用蜡雕成叶子形状,在旅途中记录诗句,红、绿、黄三色
9	提盒、提炉	便于携带的食物储存器具,"高总一尺八寸,长一尺二寸,入深一尺"
10	备具匣	便于携带的文具储存器具,"轻木为之,高七寸,阔八寸,长一尺四寸"
11	眠床	卧具,可折叠的床具,"舟中便携"

这些古代游具设计都体现了轻便、整一、朴素的设计理念,体现了"随方制象,各有所宜,宁古无时,宁朴无巧,宁俭无俗"❶的设计理念,但是文人参与的游具设计往往加入了一些与实用性无关的巧思,比如高濂设计的叶笺,其目的只在"若山游偶得佳句,书叶投空,随风飞扬,泛舟付之中流,逐水沉浮,自有许多幽趣"。❷江南文人以"佳"或"不佳"来评论游具的实用性,但是更愿意以雅俗之辨来评价游具的品质,这说明古代游具在文人参与设计的背景下越来越注重从物质中寻觅精神,注重实用之外对诗意生活的营造,生活经由功能设计走向艺术化。❸

2. 地区禁忌与技艺生发的关系

禁忌起源于人类早期的原始社会,是带有普遍性的文化现象。❹在国际上,学术界把这种文化现象叫作"Taboo"或者"Tabu"。❺东汉时期的史学家班固在其《汉书·艺文志·阴阳家》一篇中,最早提及"禁忌"一词:"及拘者为之,则牵于禁忌、泥于小数,含人事而任鬼神。"❻按照汉代古文字学家许慎在《说文解字》中的解释,"禁"指的是吉凶之忌,"从示,林声"。❼因此,危险性和惩罚性是禁忌的两个显著特征,如何"趋利"和"避害"是禁忌对营造技艺应用的主要影响。

(1)"趋利"禁忌对建筑布局、室内陈设技艺的影响

对于传统建筑布局影响最大的就是风水禁忌,"风水"一般认为语出晋人郭璞传古本《葬经》:"气乘风则散,界水则止,古人聚之使不散,行之使有止,故谓之风水。风水之法,得水为上,藏风次之。"❽

❶ 李雪莲,秦菊英,王士超.古代家具类游具的继承与发展[J].浙江理工大学学报,2014(06):209.
❷ 同上。

❸ 同上。

❹ 詹石窗.从信阳习俗看闽南民宅营造的生命意识[J].闽南文化研究——第二届闽南文化研讨会论文集,2003(09):1005.
❺ 同上。
❻ 王学典编译.山海经[M].哈尔滨:哈尔滨出版社,2007.
❼ 同上。

❽ 王其亨.风水理论研究[M].天津:天津大学出版社,1992:11.

图 3-69　古风水册中的村落水口设计
图片来源：屠隆《游具雅编》。

对于江南村落而言，与水相关的风水禁忌较多，尤其是关系到外部景观的"水口"设计。水口的本义是指一村之水流入和留出的地方，《风水辩》中对"水口"有着格外明确的说明："凡水来处谓之天门，若来不见源流谓之天门开，水去处谓之地户，不见水去谓之地户闭，夫水本主财，门开则财来，户闭财用不竭。" ❶ 因此，江南村落水口为了增加锁钥的气势，除了选好水口位置外，还会建造构筑物扼住关口，如桥、台、楼、塔等，也使得水口成为村落的"公共花园"（图 3-69）。

此外，除了对自然地形的选择，风水学说中的许多禁忌是关于相邻建筑在位置及朝向上的相互关系，总的要求是忌悖众，即忌与众人的屋向相反，风水中常说的"众抵煞"就是指纵向相反的建筑。中国风水中一直强调和顺，"不强出头"，无论是建筑的屋脊，还是宅前空地（称为地台），都不能自己独高，与众相异。❷ 在许多村落中，风水规矩无形中成了规划导则，对住宅朝向和屋脊高度进行了有效控制，这使得村落能够有效保持古村落内部空间的井然有序，避免了"奇奇怪怪"的建筑产生。

此外，村落街巷的交叉口根据风水禁忌会避免"十"字形的交叉口，因为建筑周围出现"十"交叉口均被认定为"凶"，这样的处理又使得村落中道路的形态更为丰富（图 3-70）。江南古村的许多道路上还设置拱门，拱门上通常会放置"紫气东来"、"爽气西来"等匾额，这些拱门并不具备实用功能，主要是为了"聚气" ❸，风水认为："气乘风则散……古人聚之使不散，行之使有止。"（图 3-71）

其次，风水禁忌影响最大的就是建筑朝向，在住宅建造之初，相地、看风水、定朝向、门向是一系列必行的程序。因为对风水的重视，竟然导致邻里间对簿公堂，"风水之说，徽人尤重之，其平时构争结讼，强半为此"。❹

❶《入山眼图说》卷七"水口"，转引自：何晓昕. 风水探源 [M]. 南京：东南大学出版社，1990：52.
❷ 何晓昕. 风水探源 [M]. 南京：东南大学出版社，1990：95.
❸ 此案例在徽州村落中较为常见。
❹（清）赵吉士《寄园寄所寄》卷十一。

图 3-70　道路交叉口对住宅的影响
图片来源：作者根据揭明浩《世界文化遗产宏村古村村落空间解析》中插图重绘。

图 3-71　宏村街巷中的拱门
图片来源：作者自摄。

风水中关于建筑和道路交叉口的禁忌

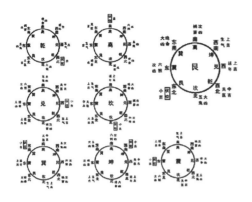

图 3-72 《八宅周书》中关于门
位置的风水
图片来源:《八宅周书》。

图 3-73 宏村承志堂入口照壁
图片来源:作者自摄。

而阳宅的"乘气"、"聚气"、"顺气"、"界气"等诸多养生要求则对住宅的建筑设计产生很大影响,宋人高似孙在其《纬略·宅经》中就写道:"凡宅东下西高,富贵雄豪;前高后下,绝无门户;后高前下,多足牛马。凡地欲坦平,名曰梁土;后高前下,名曰晋土,居之并吉。"[1]其中对门的设置要求尤其高,因为"气口"的门会影响住宅的整体布局,《八宅周书》中古人总结了宅向与门位的关系(图 3-72)。宅门除了位于宅的吉位以外,还要迎吉避凶。为了实现这个目的,还出现了许多附加的处理方式,比如开口位迎水则吉,因为"水"在风水说中代表"财",门不能对着瓦头墙角之类的尖锐之物,也不能对着坟墓等不吉祥之物,近处的山口等"泄气"之形也要避免。如果由于宅基地的限制无法避免上述不吉的情况,还有许多变通的处理方法,比如砌照壁或"八字形"的院墙来化解(图 3-73)。

天井的设置同样涉及相关的风水禁忌,《相宅经纂》中对天井空间有详细的规定,比如尺寸:"横阔一丈,则直长四、五尺乃也,深至五、六寸而又洁净乃宜也。"尺寸的规定有功能性的考虑——"太狭至黑",也有禁忌的因素——"太阔散气",其余的规定还包括:出水口的设置:"宜聚合内栋之水,必从外栋天井中出。""一屋面平分三天井者,左右二天井,俱宜汇于大厅天井中吉方出水……"植物配置:"天井栽树木不吉。"与房屋之间关系:"房门不宜正对天井。"[2]《阳宅经纂》载"凡宅第,内厅、外厅皆以天井为名堂财禄之所,横宽一丈则直长七,五尺乃宜也。深至六七寸而有洁净乃宜也。"根据同济大学课题组对江南地区的天井的测量(表 3-17),江南地区大部分天井确实都是按照1:2～2:3的深宽比出现的。

另外有一点在江南的市镇住宅中表现较为突出,因为明清时文人阶层对风水禁忌并不全持"深信不疑"的态度,比如计成在《园冶》中就表达了"构园无格,借景有因。切要四时,何关八宅"的想法,因此有些风水禁忌往往会根据实际情况作出调整,比如江南市镇住宅由于用地紧张,往往不设"过白"[3](表 3-15);而在苏州地区的天井空间中,也常常栽种树木。

[1] 姜昧茗.论影响明清徽州民居的社会文化因素及表征[D].武汉:华中师范大学,2003:13.

[2]《相宅经纂》卷三"天井",转引自:何晓昕.风水探源[M].南京:东南大学出版社,1990:112.

[3] 在广东、福建等地的天井民居营造中,要求天井使得坐于厅堂神龛前的案几位置可以在厅堂封檐枋以下的视野里,望见前座建筑的完整画面,并且前面那座建筑屋脊上,还要有一线天空被纳入画面,称为"过白"。"过白"在建筑中同时具有宗教意义和风水学意义,既是人与天对话的空间通道,又对建筑内部空间起到阴阳平衡作用。

江南地区部分区域建筑天井尺度测量　　　　　　　　　　　　　　　　表 3-15

序号	典型天井民居	天井深宽比	天井尺度（深×宽）	风水过白情况	备注
1	苏州民居	（图示）	两丈有余 × 两丈有余	少有过白	
2	杭州民居	（图示）	范围跨度广 1:1~1:2	少有过白	类型多样，池底范围跨度大
3	徽州民居	（图示）	半丈 × 一丈	少有过白	
4	池州民居	（图示）	八尺 × 一丈	少有过白	
5	宁绍民居	（图示）	三丈 × 四丈	少有过白	
6	温州民居	（图示）	一丈五尺 × 两丈	少有过白	
7	东阳民居	（图示）	两丈余 × 三丈余	偶有过白	
8	抚州民居	（图示）	五尺 × 一丈五尺	偶有过白	
9	南昌民居	（图示）	五尺 × 一丈有余	偶有过白	
10	吉安民居	（图示）	五尺 × 一丈有余	少有过白	

注：鉴于资料所限，尺度统计为有限数据取平均后的约数，实际尺度因时因地会略有偏差。

此外就是居住环境中的各种数字禁忌，比如房屋的间数以奇为吉，因为奇数为阳，偶数为阴，作为现世人的住宅当然要阳气充足，所以以奇数为吉[1]；门扇的宽度与高之比以 1:3 为准，具体的尺寸则还要依据鲁班尺与紫白尺相配合，选出对应的吉祥尺寸，因此门宽往往不是一个固定的整数。而具体尺寸数据的获得有一套复杂的算法，根据石超红对浙南工匠董师傅的访谈，整理出如下的内容：浙南称这种尺法为"行道"，各种建筑构件都需要用鲁班尺进行测量，除去整尺数后余下的寸或分要对照尺寸表查看，数字要合"好"字才可以，如遇不好的字就一直微调至能对上好为止，比如门的尺寸为两尺七寸就把宽度调整到两尺八寸等。行道会分成大、小行道，分别为"道、远、之、时、路、遥、通、达"[2] 和"生、老、平、苦、死"，大行道用于村落的公共建筑，而小行道则用于民居。每个字对应一个数字，数字分为好字、坏字和平字，比如道字对应的 1 就是好字，之字对应 3 是平字，时字对应的 4 是就是坏字。[3]

"趋利"对传统室内装饰影响较大，主要体现为各种吉祥纹样在建筑构件、室内隔断及陈设中的出现（附录十五）。这些装饰的特点有两个：第一，是分布的位置广，上至梁架下至门窗，都会有吉祥纹样的存在；第二，是使

[1] 孟琳."香山帮"研究[D].苏州大学硕士学位论文，2013（09）：67.
[2] 师傅说实际上大行道原有三句话，分别为：道远之时，路遥通达，何时还乡。最后"何时还乡"四字是问句，不计算在大行道中。
[3] 石超红.苏南浙南传统建筑小木作匠艺研究.2005：14.

用的材料种类较多，这里的多是就建筑材料而言的，只要是建筑中运用到的材料，吉祥纹样就会以雕刻、刺绣、编织的形式出现在这些材料上，包括砖、石、木、竹等。

（2）"避害"禁忌对施工技艺的影响

"趋吉"禁忌主要是为了保障居住者的切身利益，"避害"禁忌则有相当一部分是为了保障工匠利益以及施工安全，虽然其中有一些迷信的成分，但从民俗学的角度看，还是具有一定的文化价值。

传统营造活动中每个施工步骤都涉及不同的营造仪式（表3-16），从表中可以看出各个地方的步骤繁简不同，但是"选址"、"动土"、"上梁"的仪式是各个地区都有的，其中"上梁"仪式是最为隆重的。但是根据实地访谈得知，现在苏南地区在进行营造活动的时候，有些房主已经不怎么在意这些营造仪式了，有些甚至不举行这些仪式，倒是工匠们为了祈求施工顺利，会在动土前自己举行仪式，这也从侧面说明"避害"禁忌是为了保障施工安全（图3-74）。

各地传统营造步骤　　　　　　　　　　　　　　　　　　表3-16

地区	营造步骤
苏州（香山帮）	破土安神—上梁布彩—抛梁做屋脊—进宅
徽州	择址定向—定样—备料—挖地基—做基础垫层—砌墙基—放线安放石礅—动土平基—择吉开工—排列—列架—立架—铺设屋面—砌筑墙体—地面—小木作
闽南	选址—动土—下基—安门—做灶—上梁
滇南	宅基地的选定—挑吉日—请匠师—设计思维与算料—办料—营造队伍组织—试装—立房—飘梁—梁架校正—钉椽子
贵州、广西、湖南（侗族）	选基—备料—下料—排扇—立架—上梁—开门
贵州（仡佬族）	择基动土仪式—安石下礅仪式—伐木放马仪式—立房上梁仪式—钉门安神仪式
海南	相地—出火（拆旧房）—放线—开地基—起墙角—结墙尾—升梁—上圆丁菊—屋盖建造—装饰—升堂归火

这些仪式中出现较多的内容就是"工具厌胜"，在民间工匠的文化观念中，墨斗（绳墨）、角尺等相传由鲁班所发明的工具都被赋予神力，因而它们已经被演化成鲁班先师的象征和化身，"工具厌胜"就是在仪式中对这些工具进行祭祀、祈祷等活动。以徽州民间的上梁仪式为例，在上梁仪式前，正梁通常被供奉于新房中，上放墨斗、曲尺进行祭祀，等祭祀结束后才正式举行上梁仪式。❶ 在苏州一带访问工匠、参观木作工场后发现有两个主要的木工习俗：一是凡是有锋口的东西都能辟邪，木工用的刨子、凿子等工具，因为是有刃口的，所以被认为可以辟邪。二是在木工操作的工棚里悬挂曲尺辟邪，作为木工的代表性工具，大概含有鲁班祖师爷所传神器的意思。❷ 还有苏州

❶ 安徽省文化厅编《徽州文化生态保护实验区规划纲要》附件九（3）"生产礼俗"。
❷ 沈黎.香山帮匠作系统研究[M].上海：同济大学出版社，2011：136.

图 3-74　宏村民居主梁上对上
梁日期的记载
图片来源：作者自摄。

图 3-75　古建工地上的木马
图片来源：作者自摄。

地区的工匠在开工前会用铁锹随意抛几下，因为工匠们认为铁器属金，可以用来镇邪气。

　　此外，还有一些在用材选材上的禁忌也是为了保佑施工顺利，浙江一带的木拱桥营造过程中专门有一个"伐梁"仪式，要挑选正梁，匠师必须到特定的山场选择特定的树种，砍伐过后还需要举行特定的仪式，进行祭拜，并且正梁的安放也有许多禁忌。以浙江宁寿县为例，选择木材方面的禁忌是：必须选择生长 30 年以上的双胞胎杉木；要选择吉日，备好祭品，请好命仔（父母双全、三代同堂之人）来伐木，伐木时要注意让杉木倒向山的上方，让杉木倒在事先垫好的树枝上，不能触地；将梁木抬回去时，需要在木身上盖好红布，路上要有人鸣放鞭炮，而且一路不能停歇；最后还有安放梁木的禁忌，梁木必须平放在木马上（图 3-75）。❶

　　再如浙南地区制作神龛在选材上的禁忌是必须采用自然弯曲的木头，工匠们认为，因为是给神灵制作居所，因此必须依靠缘分找到四根曲度相似的木头，按这样的规矩制作的神龛才会牢靠。❷

3.2.6　文化特质层评估因子的确定

　　对文化特质层评估因子的分析首先从整体文化特征及形成原因入手（3.2.1 节），从对技艺形成与传播相关的人、事、物的分析中寻找各具体评估因子。根据 3.2.1 节对传统环境营造技艺文化特质的分析，来确定生态审美评估模型中的文化特质层 B2 下的具体指标：技艺与历史人物的关联 C6、技艺的典型性 C7、自然环境的影响 C8、特有生活方式的影响 C9。

　　各指标下又继续细分出评估因子层 D，具体评估因子分布如下：

　　C6 技艺与历史人物的关联下可分为：与历史传说或人物的关联 D13、在相关技术典籍中的出现频次 D14。

　　C7 技艺的典型性下分为：在江南地区产生年代 D15、高使用频次区域 D16。

❶　周芬芳,陆则起,苏旭东.中国木拱桥传统营造技艺[M].杭州：浙江人民出版社,2011：130-131.
❷　孟琳."香山帮"研究[D].苏州大学硕士学位论文,2013（09）：85.

C8 自然环境的影响下分为：对多水环境的适应性 D17、对冬冷夏热环境的适应 D18、与四季变化之间的联系 D19。

C9 特有生活方式的影响下分为：与地区民俗的联系 D20、地区禁忌的影响 D21。

按照上述指标列出准则层的指标体系应该如表 3-17 所示。

江南地区传统环境营造技艺的生态审美价值 A　　　　　　　　　表 3-17

文化特质 B2	技艺与历史事件的关联 C6	与历史传说或人物的关联度 D13
		在相关典籍中的出现频次 D14
	技艺的典型性 C7	在江南地区产生的年代 D15
		高使用频次区域❶D16
	自然环境的影响 C8	对多水环境的适应性 D17
		对冬冷夏热环境的适应 D18
		与四季变化之间的联系 D19
	特有生活方式的影响 C9	与地区民俗的联系 D20
		地区禁忌的影响 D21

❶ 使用区域与狭义江南范围之间的重合度。

本小节对于江南地区传统环境营造技艺具有的文化特质进行了分析，从初步构建的文化特质指标层的具体指标来看，因为文化的形成与地区特有的自然环境、气候因素等条件联系较为密切，因此可以发现这个指标层下具体评估因子的"地域性"特征较为明显，比如对多水环境的适应性、对冬冷夏热环境的适应性等指标的设定；从文化生态的研究视角来讲，各文化群落在长期适应自然条件的情况下呈现出明显的差异，生态审美的过程中必然会涉及地域文化知识的影响。

我们从上文的分析中也可以明显地看出江南地区的文化强调的是整体、关联、动态，强调自然是一个活生生的有机体，这与生态学的观点是一致的，也是生态审美的基础。这种观点使得人工物的物质属性趋向于"无"，而非物质属性呈现出丰富的"有"。

3.3　审美感知层关联因子

知觉乃经验的意识，即感觉所在之意识

——（德）康德

N·维纳（Norbert Wiener）对康德的这句话作出了最好的诠释："我们是以自己的感官来取得信息，并根据所取得的信息来行动。"❷梅洛－庞蒂在《知觉现象学》中则用身体——各种知觉的综合体解决了主体与客体、主

❷ （美）N·维纳.控制论：或关于在动物和机器中控制和通讯的科学[M].郝季仁译.北京：科学出版社，2009：156.

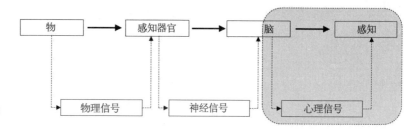

图 3-76　感知形成的过程
图片来源：作者根据曹晖《视觉
形式的美学研究》中插图重绘。

观与客观的统一问题，并且以空间体验作为解读的具体案例。人在营造活动
中正是运用视觉、听觉、触觉、嗅觉、运动觉等知觉创造了各种技艺，按照
生态审美的理论，审美欣赏产生于"欣赏对象冲击着我们的所有感官"，尤
其是对于环境设计作品的欣赏，需要"我们目有所观，耳有所听，肤有所感，
鼻有所嗅，甚至也许还舌有所尝"，最后形成了对整个环境的"亲密的、整
体的且无所不包的"欣赏体验；各种感觉之间存在着复杂的相互作用和协同
关系，各种感官综合形成的"参与模式"是对传统技艺进行审美判断的基础
之一（图 3-76）。

　　在文艺复兴和新古典主义美学中，这种美的概念被抽象成为各门艺术的
具体规则，那时的美学讨论"常常与技术手册几无差别，而且它们常常只专
注于一种艺术或者一种艺术中的某种类型如史诗"❶，审美感知的影响因素
被限定在视觉所把握的范围中，随着历史的发展，这种认识逐渐得到修正，
视觉的影响虽然重要，但是不再成为审美感知的唯一评估标准，在对一些特
殊设计对象的评估中，视觉感知的影响甚至退到了次要的地位，比如为盲人
设计的室内空间，因此下文对审美感知层关联因子的确定与分析虽然从"五
感"的角度出发，但在实际评估中指标的评定可根据具体对象进行删减。

3.3.1　视觉：与周围环境的连续性

　　据研究，大约 87% 的外部世界信息是通过视觉获得的❷，因此 19 世纪
20 世纪初，"视觉形式"成为独立的美学和艺术概念❸。19 世纪 30 年代，
德语国家的艺术史家、批评家的关注焦点从抽象地和生理地看待自然世界中
的形式空间转向了对绘画、雕塑、建筑和工艺品等视觉艺术中纯粹形式和可
视空间的欣赏和探索，即转而研究一种抽象的视觉形式结构。❹ 因此，很长
一段时间内都根据视觉感官的生理特点来确定设计对象的尺寸大小、显示方
式、显示精度，确定环境光照强度、分布和光源颜色等是设计的基础，并且
由此延伸出了许多相关的形式美法则。❺

　　虽然在生态审美的引导下，需要强调其他感官知觉的介入，但技艺呈现
的视觉形式仍然是决定其审美品质的重要因素，只是这种重要性不再具有唯
一性，仅仅是评估体系中的一部分。2011 年清华大学艺术与科学中心可持
续设计研究所与东方园林合作进行了横向课题"传统生态低技术在当代城市

❶　Jerome Stolnitz.Beatuy:
Some Stage in the History of
an Idea// Peter Kivy. Eassys on
the History of Aesthetics：187.
❷　（美）凯文·凯利. 失控——
全人类的最终命运和结局 [M]. 东
西文库译，北京：新星出版社，
2010：26.
❸　曹晖. 视觉形式的美学研究
[D]. 中国人民大学博士学位论
文，2007（05）：14.
❹　同上.
❺　根据前人的研究成果，形式
美的普遍原则包括：变化与统一、
对比与和谐、比例与尺度、对称
与均衡、节奏与韵律、空白与虚
实、空间序列等。

知觉的时间轴

图 3-77 知觉感受的演变
图片来源：作者根据王雅涵《基于知觉连续性的校园外部空间研究》中插图重绘。

景观设计中的应用研究"的研究，课题的最终研究成果建立了关于传统生态低技术的基本框架，课题组在进行第一阶段技术样本的选择时所采用的评价标准就体现出了视觉为主导、生态效益为基础的原则，而样本群在视觉上的整体特征则是"与周围环境有着极强的连续性"。

杜威将人类描述为处于做事和接受过程中的有机体，在这样的世界里，没有任何东西可以脱离由各种事件构成的过程：这是一个由各种连续性构成的世界，它不是由各种分离性构成的，它存在于由各种短暂形式和观念构成的流动性中。❶ 基于这种认识所产生的参与审美模式认为，对于环境的欣赏正是处于此种状态：时间和空间凝固，观赏者被合一的意识觉悟所占据。❷ 在传统审美观的影响下，设计师所考虑的空间视觉模式往往会以旁观者体验模式为主导，"它们是眼睛的空间，是让人观看的空间而不是让人栖居的空间"。❸ 这类空间的显著特征就是设计主体与周围边界的非连续性，为了强调设计主体而特别强化场地边界与周围环境的分离特征。但是在重视体验性的环境设计中，则会刻意回避产生类似的割裂感，这在传统生活环境中体现得较为突出，陈志华在《楠溪江中游》一书中就多次描写了民居建筑给人的亲切感，因为"房屋大多外向开敞，不设防、不拒人"，因此"整个村落宽敞畅快，亲切安逸"，而且能从住居环境中感受到"乡亲们坦诚的胸怀"。❹

连续性的空间体验的主要特征就是：人们在环境转换过程中不会产生孤立感，各个空间的体验如乐章般联系在一起，互相之间有着合于人们思路的内在承接关系。但是这种连续性的体验不是单一的，也不是突兀、断裂的变化，而是渐变的，其中的统一性和规律性能够明显地被感知。❺

对于空间环境的感知而言，由于人们不能同时看到空间中所有的图像，那么当人们对当前图像进行感知的时候，先前的图像知觉就会作为一种知觉记忆参与到当前的图像感知中，而当人们努力把握正置身其中的环境空间时，又会开始以此为依据，对即将介入的画面进行知觉预期。❻ 于是，知觉记忆、知觉体验和知觉预期的过程会在每一个时间点上再现，各种空间元素成为存在于头脑中的线索，帮助人们形成完整的空间意向（图 3-77）。❼ 因此，对于环境设计的审美欣赏来说，人们是以眼睛为摄像头，在运动中完成了对环境的视觉体验。

江南地区的环境营造，不管是空间整体规划还是建筑单体或景观的细节营造，都在追求着环境的整体感，强调各部分的连续性，不管是私家园林还

❶ 阿诺德·柏林特.美学与环境[M].程相占，宋春艳译。2013: 27.
❷ 伯纳德·贝伦松.审美运动[J].美学与历史，纽约：先贤图书出版社，1984.
❸ 阿诺德·柏林特.美学与环境[M].程相占，宋春艳译 .2013: 33.
❹ 陈志华，李秋香.楠溪江中游[M].北京：清华大学出版社，2010: 3.
❺ （日）志水英树.建筑外部空间[M].张丽丽译.北京：中国建筑工业出版社，2002.
❻ 王雅涵.基于知觉连续性的校园外部空间研究[D].同济大学硕士学位论文，2008: 20.
❼ 同❻

❶ 见第一章微观环境尺度范围限定。

是山村民居都以优美和谐作为环境营造的终极目标。根据前文对于微观环境的尺度范围设定 ❶，视觉连续性的控制指标主要受到尺度比例、结构形式、材质肌理色彩以及自然光摄入等因素的影响。

1. 尺度比例的适宜性

从毕达哥拉斯学派开始，尺度比例就被认为是塑造美的重要因素。审美活动作为人的一种知觉活动，对于相关技艺的判断也是依据人的知觉，在一个连续的运动序列上考察技艺介入的实体与空间之间的相对关系。对于比例尺度感知度的量化在相关专业中已经有对应的研究，比如 C·莫丁在《城市设计：绿色尺度》中提到了一种尺度控制方式，即以 70m×70m 至 100m×100m 为限定，对街区尺度进行控制；也有学者提出以步行时间为基础限定活动区；包括芦原义信在内的许多理论家则主张以建筑高度与街道及广场宽度的比例 D/H 来对空间与实体的尺度关系进行评价，并且确定哪类 D/H 关系给人的感觉是最舒服的。❷ 国内的学者对这种感知尺度量化的方法又进行了深化和细化，并且开始以视觉面上空间面积与总面积的比值（Φ）以及各视点 Φ 值的方差与离散度来评测空间中尺度的连续度。❸ 具体方法如下：

❷（日）芦原信义.街道的美学[M].尹培桐译.天津：百花文艺出版社，2006：49-50.
❸ 这个方法在王雅涵的硕士学位论文《基于知觉连续性的校园外部空间研究》中得到具体应用。

（1）确定 Φ 值的计算公式：

$$\Phi = \frac{透视面上的空间面积}{透视面上的总面积}$$

（2）确定选择的视点：确保视点间的连续性，即第一个视点的视觉范围与第二个视点范围有重合处，依此类推，视点选择不少于 3 个。

（3）拍摄研究用画面：可用仪器代替人眼进行画面取样，截取 1536×1536 像素的正方形图像。❹

❹ 由于空间与实体的拓扑关系在整个画面上有一定的均质性，因此，这样的近似仍然可以在一定程度上保证结论的可靠性。

（4）面积的统计：仍然是一种近似统计，虽有误差，但以下规定仍然可以保证结果在一定程度上的可比性，其中包括：①天空和地面记入空间的统计面积；②建筑物和构筑物按照实体进行统计；③可以完全遮挡视线的景观植物，按照实体进行统计；④不能完全遮挡视线的景观植物，按照由轮廓围合面积的一半作为实体进行统计；⑤所有面积均采用软件 AutoCAD 进行测量。

（5）最后计算出视点 Φ 值的方差与离散度，对所获得的数据进行分析（多为几个方案的对比分析）。

以上的计算方法和步骤是针对应用于垂直界面的传统技艺，如果是针对应用于顶面或地面的技艺，则 Φ 值的计算公式改为：

$$\Phi = \frac{技艺应用后的单体元素面积}{相邻界面上的单体元素面积}$$

2. 结构的装饰性及适应性

本文所探讨的传统结构以"结构装饰"为主，所谓结构装饰，就是指环境营造中出现的不仅起到支撑重量、连接、坚固的作用，还起到加强装饰美化效果的结构及构件，即将结构与装饰件二者合二为一的构件及其组织方式（表3-18）。❶

环境营造中涉及的结构装饰类型 ❷　　　　　　　　　　　　　表 3-18

木作	大木作	大木构架
		梁架
		轩
		牌科
		木装饰构件
		屋顶木构件
	小木作	门
		窗
		家具
瓦石作	基础构造	基础
		阶沿
		柱础
		栏杆
	地面构造	室内铺地构造
		室外铺地构造
	墙体构造	砖墙砌筑
		石墙砌筑
		其他材料砌筑
	屋面瓦作	屋瓦铺砌
		屋脊构造

传统装饰结构本身所具的美感一方面来源于其表面所具有的装饰纹样，另一方面则来自于其对各种受力情况和材料应用的适应性。工匠出身的现代建筑大师密斯认为"建筑始于两块砖头的仔细叠加"，他认为环境营造的意义并不在于这两块砖头，而在于"仔细叠加"❸，结构关系的处理是评判建成环境美感和意义的重要标准，因此，在评估的时候，除了对这类结构装饰的形式感评判，还需要从适应性的角度对其进行审美评价，而装饰结构的适应性往往体现在以下两个方面：

（1）同类结构对不同类型营造物的适应。比如"一屋三分"结构同时在建筑和家具上得以体现，并且在这两类营造物上，许多构件结构相同或类似（表3-19）。

❶ 丁丽娟. 大理白族家具与白族民居建筑关系研究[D]. 昆明理工大学硕士学位论文, 2008 (03).
❷ 此表列出的结构装饰类型包括建筑、室内、景观和家具。

❸ 王群, 赵辰, 朱涛. 建构学的建筑与文化期盼[J]. DOMUS, 2007, 17 (12): 122-125.

建筑—家具结构对应关系   表 3-19

序号	建筑	家具	图例1
1	屋脊	搭脑	
2	飞檐翼角	翘头	
3	雀替	牙子	
4	挂落	牙条	
5	栏杆	围栏	
6	门罩	券口	
7	门枕石	墩子	
8	须弥座	束腰	
9	柱础	龟足	
10	台基	托泥	

（2）同类结构对不同材料的适应性。比如江浙一带的木作师傅都掌握了利用弯材制作梁枋、檐柱等构件的技艺，匠师们会充分利用材料弯曲的特性，表现出天然朴拙的意趣，同时适应结构上的需要。此外，在民间住居环境营造中也常常用到各种拼接结构，

图3-78 裕耕堂入口门厅铺地
图片来源：作者自摄。

通过这些结构将小料拼合成大料，并且拼料的手法适用于不同的材料，比如对于将小料拼接成梁、柱、家具。也有以拼贴方式进行装饰的处理，如苏州戒幢律寺保留的千拼桌就是采用的包镶做法，在案桌面镶贴一层黄花梨木片，使用了2930块形状不等的木片，镶拼成冰绽纹。此外，在石作中常见的拼接结构常见于各类室内外铺地中（图3-78）。

3. 界面肌理的丰富度

肌理原指人的肌肤组织、形态特征，比如杜甫在《丽人行》中所写"肌理细腻骨肉匀"，现代设计中指材料或描刷底纹的质感和纹理，有的也称"物肌"。[1]古汉语中也指器物、花木、果实、水土等表面的纹理，如蔡邕《弹棋赋》："设此文石……光泽，滑不可屡。"党怀英《琼花木后土像》："诊材归好事……致且坚。"[2]环境营造物的外表面是与使用者视觉接触的直接媒介，在环境营造活动中，肌理的丰富度与材料的种类和组织方式密切相关。

对材料肌理进行评判，除了要注意材料第一属性对肌理形成的影响，即不变的物理属性，如硬度、密度、热惰性、抗弯能力，更重要的是注重材料第二属性对肌理形成的影响。所谓的材料第二属性，是指人们感知到的材料属性。[3]第二属性与物理属性相比是易变的，它在形成过程中受偶然因素的影响比较多。比如地形的影响：同地开采的竹材，生长在竹林边的竹子会比生长在中间的含水量高，而且纤维有韧性，但是密度低[4]；时间也是一个重要的影响因素，许多材料表面在日晒雨淋下会被风化，从而形成各不相同的表面肌理[5]；其他的影响因素还有光线、植物附着等。

以材料第二属性对肌理的丰富度进行评判避免了以种类为惟一标准，更多地考虑到自然因素与材料之间的关系，比如雨水、自然风、光照等对材料的影响。在江南地区的传统营造技艺中就有许多利用材料第二属性而形成的丰富肌理，以砖石作为例，《营造法原》中记录的砖石砌法多达数十种，而尚未收录进去的民间做法更多，比如在苏州东西山许多传统建筑采用扁砌法砌筑整面山墙，但是每块砖的外皮并不是垂直于地面的，而是下沿向内收缩一点，据说这样的外墙面有利于外墙面排水（图3-79）。[6]此外，还有利用当地盛产物品创造墙体不同肌理的做法，比如江苏宜兴蜀山古南街盛产紫砂制品，当地有的隔墙是采用紫砂罐或者紫砂罐的碎片砌筑的，其

❶ 释意来自《中国工艺美术大辞典》。
❷ 释意来自《古汉语实用词典》。

❸ 郑小东.建构语境下当代中国建筑中传统材料的使用策略研究[D].清华大学博士论文，2012（04）：30.
❹ 同上。

❺ 郑小东.建构语境下当代中国建筑中传统材料的使用策略研究[D].清华大学博士论文，2012（04）：30.

❻ 钱岑.苏南传统聚落建筑构造及其特征研究[D].江南大学硕士学位论文，2012（09）：76.

图3-79 苏州明月古村建筑外墙使用的扁砌法
图片来源：作者自摄。

中有两类常用的形式：一种是用紫砂整罐砌筑，即基础采用砖砌，一正一反砌紫砂罐，顶部再砌砖；另一种方法是单用紫砂罐的残片砌筑。❶

4. 色彩的特征性

法国著名色彩学家让·菲利普·朗科罗以"色彩地理学"理论为依据，对法国15个地区、欧洲13个国家和南美、非洲、亚洲的11个国家进行色彩调查，了解每个国家或地区的代表色彩规律❷，并且得出结论："每一个国家，每一座城市或乡村都有自己的色彩，而这些色彩对一个国家和文化本体的建立做出了强有力的贡献。"❸因此，一种技艺的实施是否能够增强环境色彩的地域性是对其进行生态审美评估的重要指标。

色彩地理学有一套成熟的研究方法，该方法是按照"调查、取证、归纳、编谱、小结"等一系列步骤，通过采样及分析，最后总结每一区域内的色彩，分析其色彩构成情况，使人们直观了解每个地域范围的色彩特征，为维护这种色彩提供现实依据。❹色彩地理学所采用的分析方法都是基于人眼对可见范围内色彩的感知，因此此方法很适用于对微观环境的整体色彩进行特征分析。国内已经出现了不少用此方法对环境色彩特征进行分析的研究成果，研究对象包括历史建筑色彩地域性特征分析❺、南北园林色彩差异❻、江南水乡色彩形象分析❼、江南乡土环境色彩分析❽等，并且获得了部分色彩分析结果：江南地区的整体色彩特征是以低彩度为主，明度层次丰富，自然环境以绿色系为主调，夹杂少量中彩度的红、黄色；而人工环境则以无彩色为主，局部点缀色色调丰富，明度层次丰富且各层次间差异较大。

环境色彩包含的色相种类和明度变化非常丰富，采用量化的方法进行测量并不是为了得到一个精确的结果，更多地是为了获取设计参与者以及项目各方利益人对于环境色彩特征的认知信息，从而为下一步的设计提供可借鉴的依据，并且因为测量的方式主要是肉眼观察与色卡比对，所以越是微观的环境其可控度越强。

5. 对自然光的利用度

从环境设计的角度来说，自然光常常被作为塑造环境的"软材料"，通过控制光的入射方式，阴影的组合，将光与各种材质的透明、半透明、不透明状态结合在一起，可以赋予空间完全不同的形象，同一个空间根据时间的变化可以创造出完全不同的审美感知。

有学者从生物学的角度来看人与自然光之间的联系，自然光对于维持人体内生物钟的正常运行有着重要作用。人们需要自然光，不仅因为它的照度

❶ 钱岑.苏南传统聚落建筑构造及其特征研究[D].江南大学硕士学位论文，2012（09）：76-77.
❷ 李萧馄.色彩学讲座[M].桂林：广西师范大学出版社，2003：30.
❸ 宋建明.色彩设计在法国[M].上海：上海人民美术出版社，1999：34.
❹ Jean PhiliP PeLenelos. DominiqueLenelos. CouleursdelaFranee. Paris:EditionsduMoniteur,1990：22-26.
❺ 详细分析过程详见：喻金焰.历史建筑色彩的地域特征及其保护方法研究[D].湖南大学硕士学位论文.
❻ 详细分析过程详见：马卫华.中国南北传统园林色彩差异及其对现代园林色彩的影响和借鉴[D].中南林业科技大学硕士学位论文.
❼ 详细分析过程详见：张博.江南水乡环境艺术色彩审美研究[D].北京林业大学硕士学位论文.
❽ 详细分析过程详见：张春梅.乡土景观元素在江南历史街区中的保护与再生研究[D].四川农业大学硕士学位论文.

和光谱的性质，更重要的是，通过太阳的运动来感知天气和一天中的时间可以带给人们的安全感 ❶，并且感知到自己与外在环境的联系，"自然光通过日间不同的时间和一年的不同季节而进入并且修饰空间来给予空间以情绪和气氛" ❷。

以体验设计为主导的传统环境营造尤其注重在人居环境中引入自然光影，以江南典型的私家园宅为例，院宅中往往通过各种手法进行采光、反光、滤光、阻光的设计（表3-20），进而在居住环境中创造出丰富的光影效果，并且通过时间序列和流线序列形成整体环境的多层次的光影组合，也使得变化的光影成为代表江南园林的一种符号，"云破月来花弄影"、"娇柔懒起，帘卷压花影"、"拂墙花影动"都是以光影来描绘充满诗意的园林环境。

❶ 温丽敏.建筑光影之心理环境分析[J].东南大学学报（哲学社会科学版），2006（12）：152.
❷ ZumthorP.Atmospheres: Architectural Environments Surrounding Objects. Basel:Birkhauser,2006.

江南园林中常用的光影塑造手法 ❸　　　　　　　表3-20

❸ 此部分表格综合实地考察信息及闵淇硕士学位论文《古典园林光影设计手法在酒店室内设计中的应用研究》中的部分结论绘制而成。

光影序列设计	设计依据	考察实例	图示
同一空间	时间序列	留园入口	
整体环境	空间序列	留园	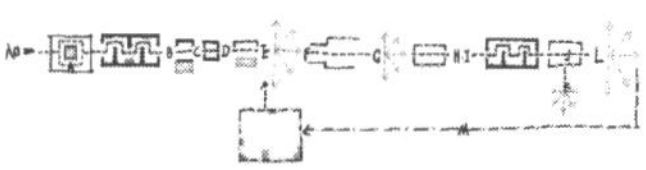
采光口设计	园中园设计	艺圃	
门窗洞设计	漏窗	留园	
	建筑门窗	拙政园	
	天窗	留园	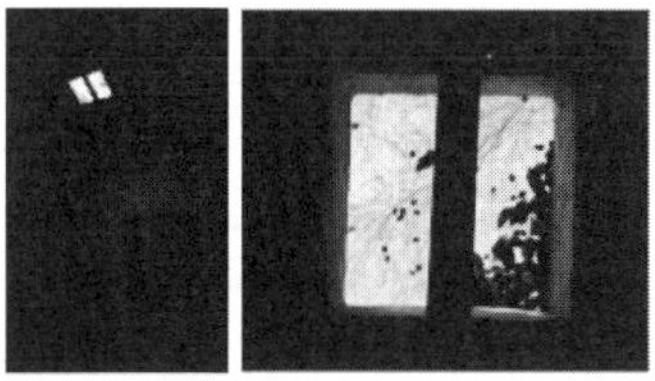
反光设计	镜面反射	网师园	

续表

光影序列设计	设计依据	考察实例	图示
反光设计	玻璃反射	拙政园	
	水面反射	艺圃	
	墙面反射	留园	
滤光设计	植物滤光	艺圃	
	彩色玻璃滤光	拙政园	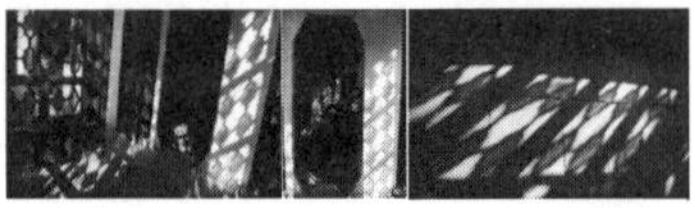
阻光设计	照壁设置	留园	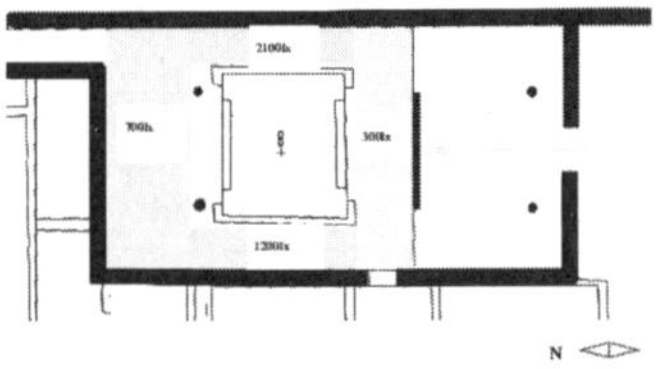

3.3.2　听觉：尽可能利用周围自然环境的声音

　　许多西方学者对中国文化的听觉审美特征深有感触，可能是处于不同的文化背景下更能够感知到文化间的差异性，H·M·麦克卢汉认为西方文化不如中国文化高雅，因为中国人是"偏重耳朵的人"，在他的观点里，"眼睛不具备耳朵那样的灵敏度"，而中国礼乐文化中的"乐"已经说明中国人具有更敏锐的感知力。❶另一位学者梅斯特·艾克哈特也认为："听可给人带来更多的东西。""因为听这个永恒世界的能力是内在于我的。"❷对听觉的重视与中国古人惯于"向内求"的生命体悟方式一致，生命的智慧只有在"静"、"空"中沉淀后才能从听觉的维度去料理整个世界。

❶ 路文彬.论中国文化的听觉审美特质[J].中国文化研究，2006（03）；129.
❷ 梁漱溟.中国文化要义[M].上海：上海世纪出版集团，2005；239.

中国人营造的"静"、"空"境界是需要自然之声来衬托的，因此出现了许多巧妙的自然之声的佳构，比如扬州个园春景区与冬景区隔墙上的音洞设计。两个区域的隔墙上共有24个音洞，每当起风时，气流首先经南面的窄巷加速，经过孔洞时便会形成山吟石啸的效果，因此营造出了冬景区"北风呼啸雪光寒"的隆冬寒意。

雨能够渲染出特殊的气氛，在江南的园林中有不少利用雨声的佳构，比如拙政园的听雨轩借雨打芭蕉而产生的声响效果来渲染雨景气氛，轩前特意设置碧池睡莲，取"蕉叶半黄荷叶碧，两家秋雨一家声"和"听雨入秋竹，留僧复旧棋"的意境。拙政园中另一建筑留听阁也以听雨声为主，取意"留得残荷听雨声"，也是在建筑物两侧遍植荷莲。此外还有利用山涧溪水的案例，如无锡寄畅园八音涧就是利用流淌的泉水与假山结合，创造出了高山流水的意境。

3.3.3　嗅觉：与安全性紧密相关

嗅觉是外激素通讯实现的前提，所有的生命体都能感觉和识别所在环境中的化学物质，鉴别出适当的食物，拒绝腐烂和有害的食物是一项重要的生存能力。[1] 在环境营造中，对嗅觉环境的营造始于利用香料植物驱疫避秽，屈原的《离骚》中已有"户服艾以盈要兮，谓幽兰其不可佩"的记载[2]，发展到后期，熏香成为了古人的一种日常生活方式，至明清时期，玩香赏香已经成为了文人所欣赏的高雅活动，李渔在《闲情偶寄》中记录了多项关于"香熏"器物的改良与创造。现代医疗实践也证明，很多种香气对很多种疾病如血管疾病、气喘、高血压、肝硬化、神经衰退、失眠有积极的辅助治疗作用。[3]

除了对身心起保健作用外，嗅觉也是塑造场所精神和文化记忆的重要因素，因为气味虽然脆弱，但是在记忆中"经久不散、忠贞不贰"，所以可以"坚强不屈地支撑起整座回忆的巨厦"[4]，正如陈志华先生在《中国乡土建筑·诸葛村》中的描述一样："水阁楼里开茶馆，别有情趣。夏季上塘铺满了碧绿的荷叶，映衬着鲜艳的花朵，茶客们推窗眺望，清香随风而来。"在江南的传统园林中，利用嗅觉进行景观营造的案例更是不胜枚举，比如拙政园的远香堂、狮子林的双香仙馆、留园的闻木樨香轩，还有在历代名园记中多有出现的"惹香径"的设置等（图3-80），都说明了嗅觉设计在传统环境营造中的重要性。

● 成朝晖.城市气息——城市形象嗅觉识别系统营造[J].中国美术馆，2009（08）.
❷ 陈辉，张显.浅析芳香植物的历史及在园林中的应用[J].陕西农业科学，2005（03）：140-142.
❸ 黄宝宝.保健型园林设计理论与实践研究[D].浙江农林大学硕士学位论文，2013（09）：19.
❹ （法）马塞尔·普鲁斯特.追忆似水年华[M].周克希等译.南京：译林出版社，2008：36-37.

图3-80　苏州园林中常见的利用植物编织而成的"惹香径"
图片来源：作者自摄。

除了室外环境营造中的嗅觉设计，在室内环境的塑造中，古人利用熏香、插花以及建筑材料等多种方式来保持室内空气的洁净与芳香。《朝野金载》记载："宗楚客造以新宅成，皆是文柏为梁，沉香和红粉以为泥壁，开门则香气蓬勃。"[1]文震亨在其著作《长物志》中记载了不少花道和香道的相关内容，"造香"是改善室内环境质量的重要手段。

❶ 张鷟.朝野金载[M].赵守俨点校.北京:中华书局,1779:70.

3.3.4　触觉：体验的多层次性

帕拉斯玛认为：眼睛是一种分离感很强的知觉器官，触觉则具有亲近性、私密性和感染性。视觉巡视、控制和探究，触觉则是接近和关怀。[2]梅洛-庞蒂在描述"身体图式"的概念时，首先给予了触觉优先性。[3]有学者认为肤觉经验与视觉结合的空间感受是将肤觉自我和肤觉自我的情感向更辽阔的空间投射，这一过程使得空间中充盈着丰富的生命情感色彩以及由此而凝聚成的诗性特质，正是这种诗性特质使得物理空间成为一定的审美空间[4]，而肤觉经验的形成主要借助于触觉、温度觉和痛觉。

❷ 沈克宁.光影的形而上学[J].建筑师,2010(02).
❸ 身体图式指的是身体"体现"以及知觉的整体性(视觉和触觉的交织)。
❹ 赵之昂.肤觉经验与审美意识[D].山东师范大学博士学位论文,2005(04):65.

由肤觉经验引起的自我情感会因为距离的不同而产生变化，直接肤觉是无距离的皮肤感觉，具有微观性，而一定距离下的肤觉经验则同时融合了触觉和视觉两种感知，比如"一块毛茸茸的草坪"是在一定距离下产生的肤觉经验，但是如果直接用手去触摸则可能产生扎手的感觉。因此，在环境营造的过程中，空间中出现的触觉设计需要考虑到不同的距离层次的效果。

触觉与嗅觉具有同样的记忆特征，乡土材料独特的触觉感受会成为场所精神和地域文化的象征，比如脚底感受到石子路的凹凸不平、双手抚摸生土墙时独有的温暖粗糙、雨水洒落在脸庞上时密集而轻柔的凉意，这些都可以成为审美经验的重要组成部分。

3.3.5　审美感知层评估因子的确定

对审美感知评估因子的选择充分体现了"非视觉动力因素"介入的原则，根据3.3.1节对传统环境营造技艺审美感知的分析，来确定生态审美评估模型下的审美感知层B3的具体指标：视觉因子C10、听觉因子C11、嗅觉因子C12、触觉因子C13。

各指标下又继续细分出评估因子层D，具体评估因子分布如下：

C10视觉因子下可分为：尺度比例的适宜性D22、结构的装饰性及适应性D23、界面肌理的丰富度D24、色彩的特征性D25、自然光的利用度D26。

C11听觉因子下可分为：自然声响的引入度D27、声音的和谐性D28。

C12嗅觉因子下可分为：自然气味的引入度D29、清洁度D30。

C13触觉因子下分为：近距触感特征性D31、远距触感特征性D32。

按照上述指标列出准则层的指标体系应该如表3-21所示。

江南地区传统环境营造技艺的生态审美价值 A　　　　　　　　　　　　　　表 3-21

审美感知 B3	视觉因子 C10	尺度比例的适宜度 D22
		结构的装饰性及适应性 D23
		界面肌理的丰富度 D24
		色彩的特征性 D25
		自然光的利用度 D26
	听觉因子 C11	自然声响的引入度 D27
		声音的和谐性 D28
	嗅觉因子 C12	自然气息的引入度 D29
		清洁度 D30
	触觉因子 C13	近距触感特征性 D31
		远距触感特征性 D32

第一章关于生态审美的研究共识中提到"生态审美是以参与审美为主，多种审美方式为辅"，参与模式（the participatory model）是由阿诺德·柏林特首先提出的，在他看来，环境是一个与有机体相连的、由各种力量组成的场域，在这种力场中，有机体与环境之间没有明确的界限，它们互相影响，保持着互动关系❶，并且在以后的研究中将这种模式发展为"交融模式"。这种生态审美模式与传统审美模式最大的区别就在于，这种审美模式强调的是各种感官在审美活动中的参与，并且认为各种感官获得的感知综合在一起才形成了最终的审美判断。因此，审美感知层的关联因子指标是以人们的五感为依据，对技艺结果进行相应的审美判断。

❶ （美）阿诺德·伯林特. 美学与环境：一个主题的多重变奏[M]. 程相占，宋艳霞译. 郑州：河南大学出版社，2013：12.

3.4　评估指标体系验证、权重计算与评分标准的拟定

虽然通过文献分析、实地考察和专家访谈对生态审美评价层级和评价因素进行了确定（图 3-81），但是还需要采用专家调查法对这些因素集进行验证。

　　因此，笔者制定了调研问卷《传统环境营造技艺生态审美评价因素集调查问卷》（附录十），通过访谈填写、电子邮件、微信问卷调研等方式发送给相关专家，通过这种方式对评价因素集进行检验。检验过的评估因子再通过专家调查法，利用访谈、问卷调研等方式获得各评估因子的权重（图 3-82）。

3.4.1　评估指标因素集的验证

经过前几步的文献资料收集与分析，传统环境营造技艺生态审美评估因素集已经基本确立（表 3-22）。

A 总目标层	生态审美价值												
B 准则层	生态效益层 B1					文化特质层 B2				审美感知层 B3			
C 指标层	材料选择方式 C1	结构类型和组合方式 C2	能源利用方式 C3	施工工具 C4	适人性 C5	技艺与历史事件的关联度 C6	技艺的典型性 C7	自然环境的影响 C8	特有生活方式的影响 C9	视觉因子 C10	听觉因子 C11	嗅觉因子 C12	触觉因子 C13
D 指标细化层	材料的易得性 D1／选材方式的科学性 D2／节材方式的多样性 D3	结构的长效性 D4／结构的易施工性 D5	被动式利用程度 D6／能源消耗量 D7	经济成本 D8／操作难易程度 D9／多功能性 D10	手工参与程度 D11／技艺控制的直观性 D12	与历史传说或人物的关联度 D13／在相关典籍中的出现频次 D14	在江南地区产生的年代 D15／高使用频次区域 D16	D17／D18／D19	D20／D21	D22～D26	D27／D28	D29／D30	近距离触感特征 D31／远距离触感特征 D32

图 3-81　江南地区传统环境营造技艺生态审美评估体系结构表
图片来源：作者自绘。

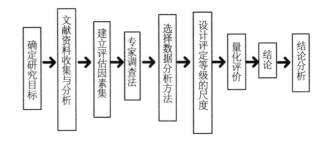

确定研究目标 → 文献资料收集与分析 → 建立评估因素集 → 专家调查法 → 选择数据分析方法 → 设计评定等级的尺度 → 量化评价 → 结论 → 结论分析

图 3-82　传统环境营造技艺生态审美评估体系构建步骤
图片来源：作者自绘。

江南地区传统环境营造技艺的生态审美评估体系因素集　　表 3-22

A	B	C	D
江南地区传统环境营造技艺生态审美价值 A	生态效益 B1	材料选择方式 C1	材料的易得性 D1
			选材方式的科学性 D2
			节材方式的多样性 D3
		结构类型和组合方式 C2	结构的长效性 D4
			结构的易施工性 D5
		能源利用方式 C3	被动式利用程度 D6
			能源消耗量 D7
		施工工具 C4	经济成本 D8
			操作难易程度 D9
			多功能性 D10
		适人性 C5	手工参与程度 D11
			技艺控制的直观性 D12
	文化特质 B2	技艺与历史事件的关联 C6	与历史传说或人物的关联度 D13
			在相关典籍中的出现频次 D14
		技艺的典型性 C7	在江南地区产生的年代 D15
			高使用频次区域❶ D16

❶ 使用区域与狭义江南范围之间的重合度。

江南地区传统环境营造技艺生态审美价值 A	文化特质 B2	自然环境的影响 C8	对多水环境的适应性 D17
			对冬冷夏热环境的适应 D18
			与四季变化之间的联系 D19
		特有生活方式的影响 C9	与地区民俗的联系 D20
			地区禁忌的影响 D21
	审美感知 B3	视觉因子 C10	尺度比例的适宜度 D22
			结构的装饰性及适应性 D23
			界面肌理的丰富度 D24
			色彩的特征性 D25
			对自然光的利用度 D26
		听觉因子 C11	自然声响的引入度 D27
			声音的和谐性 D28
		嗅觉因子 C12	自然气息的引入度 D29
			清洁度 D30
		触觉因子 C13	近距触感特征性 D31
			远距触感特征性 D32

根据此表制作了调研问卷《传统环境营造技艺生态审美评价因素集调查问卷》(附录十),问卷被发放给 45 位专家,专家的研究领域包括环境设计、建筑学、景观和园林设计、美学、工业设计、工艺美术、民俗学等相关专业,各位专家或是职称在副教授以上,或是具有博士学位,共回收问卷 45 份,有效问卷 40 份。

调研问卷将评估因素依据准则层分为三个模块,分别为生态效益层、文化特质层和审美感知层,每个模块将隶属于不同准则层的指标列出进行评估,每个指标都由两部分组成:评价因素名称和指标说明,专家可以根据说明了解该指标是针对传统环境营造技艺的哪个方面进行评估的。

评估因素本身的评估标度共 5 级,1 代表影响度不高,2 代表影响度不太高,3 代表影响度一般,4 代表影响度高,5 代表影响度很高,为了获取更为准确的信息,增加了一个 0 的标度,当专家觉得该评估因素对于传统环境营造技艺的生态审美评价无影响时,可以选择 0。如果有超过 20%(包含 20%)的专家对某一评估因素标度选择了 0,则该评估因素应该被删除。

根据有效问卷获得的信息,专家对调研问卷中列出的 32 个评估因素进行评判的结果均没有超出上述指标,评估因素集保持 32 个指标的结构,但是根据专家的反馈意见对其中的某些术语进行了规范化处理。

3.4.2　各层次指标的权重确定

确定评估因素集后，制定评估因子权重值调查问卷，依然采用专家调查法进行调查；第二次的权重调查选择了对江南地区传统营造技艺专题进行持续性研究的环境设计、建筑学、景观设计相关专家12位，并且回收12份有效问卷进行了权重计算。

具体方法如下：

（1）首先需要建立各层次的判断矩阵，判断矩阵是以矩阵的形式来表述每一层中各要素相对其上层要素的重要程度。在本体系中，则是假定各层次中的指标与其下一层次中的指标的关系，分析各指标间的相对重要程度，构造各层级的判断矩阵。示例如下图3-83：

A	C_1	C_2	C_3	C_4
C_1	a_{11}	a_{12}	a_{13}	a_{14}
C_2	a_{21}	a_{22}	a_{23}	a_{24}
C_3	a_{31}	a_{32}	a_{33}	a_{34}
C_4	a_{41}	a_{42}	a_{43}	a_{44}

图3-83　判断矩阵
图片来源：作者自绘。

其中 a_{ij} 表示针对 C_K 而言，A_i 对 A_j 的相对重要程度的数值，即重要性的比较标度。通常用两两比较的方式进行确定。为了使各因素之间进行两两比较得到量化的判断矩阵，引入 1～9 的标度，见表3-23。

❶ 比例标度表采用通用表格。

比例标度表 ❶

表3-23

相对重要性的权数	定义	解释
1	同等重要	对于目标，两个因素的影响值是等同的
3	一个因素比另一个因素稍微重要	经验和判断觉得一个因素的影响稍大
5	一个因素比另一个因素明显重要	经验和判断觉得一个因素的影响明显较大
7	一个因素比另一个因素强烈重要	强烈感觉一个因素的影响大于另一个
9	一个因素比另一个因素极端重要	一个因素的影响度大到可将另一个影响因素忽略不计
2，4，6，8	上述两相邻判断的中值	
上述非零数的倒数	如一个因素相对于另一个因素有上述的数目（例如3），那么，第二个因素相对于第一个就有倒数值（如1/3）	

本体系共分为三个部分："第一层指标比较"、"第二层指标比较"和"第

三层指标比较",采用 9 级标度将判断矩阵以问卷调研的形式发送给各位专家进行填写（附录十九），为了方便各位专家填写，采用了两段式填空调查表，示例如表 3-24 所示，其中同等重要对应标度 1，较重要对应 3，重要对应 5，很重要对应 7，非常重要对应 9。

两段式填空调查表示例　　表 3-24

两两比较判断的因素		同等重要	较重要	重要	很重要	非常重要
A. 生态效益	B. 文化特质					
A. 生态效益	C. 审美感知					
B. 文化特质	C. 审美感知					

（2）获取了 12 份问卷后，首先需要对专家们所给出的各组指标的两两矩阵标度进行处理，对各层级指标标度进行几何平均取值，获得各组指标最终两两矩阵标度，进而算出各指标的权重。在计算"各层级指标标度平均值"时采用了几何平均的算法，计算公式为：

$$\overline{X} = \sqrt[n]{X_1 X_2 X_3 X_4 X_5 \cdots X_n}$$

根据已有研究发现：对若干人的不同判断结果取平均数值时，应该使用几何平均数而不是算术平均数，因为假如两个人的判断值中一个为 N，另一个为 $1/N$，算术平均数为（$N+1/N$），几何平均数为 $N \cdot 1/N$ 的平方根，就是 1，这样更具科学性。[1]

❶ 张艳玲. 历史文化村镇评价体系研究 [D]. 华南理工大学博士学位论文, 2011: 52.

通过对调查问卷数据的处理，得到了层次结构模型的 17 个判断矩阵。

（3）层次单排序

对 17 个判断矩阵进行层次单排序。判断矩阵 A 对应于最大特征值 λ_{max} 的特征向量 W，经归一化后即为同一层次相应因素对于上一层次某因素的相对重要性的权值排序，这一过程称为层次单排序。为了使计算结果更具有科学性，采用方根法进行各层次单排序，计算步骤如下：

第一步：计算判断矩阵每行全部元素乘积的 n 次方根：

$$\overline{w}_i = \sqrt[n]{\prod_{j=1}^{n} a_{ij}} \qquad i = 1, 2, \cdots, n$$

第二步：将 $\overline{w}_i$ 归一化，即：

$$W_i = \frac{\overline{w}_i}{\sum_{i=1}^{n} w_i} \qquad i = 1, 2, \cdots, n$$

即可以得到：$V=(v_1, v_2\cdots, v_n)^T$

V 就是所求特征向量的近似值，几个因素的相对权重。

（4）层次总排序及一致性检验

所谓层次总排序就是针对最高层目标，对本层次各要素重要性进行排序。总排序需要从上到下逐层顺序进行，最高层次的总排序就是其层次单排序。得到最底层各指标针对最高层的权重后，就可以得到各方案的优劣次序。各指标权重得到后，还要检验判断矩阵中各要素的重要性判断是否一致，不能出现矛盾，即进行一致性检验。

判断矩阵的一致性是指比较过程的传递性要符合逻辑，比较结果要避免犯 a 好于 b，b 好于 c，则 c 好于 a，或 c 与 a 一样好的逻辑错误，因此，需要对判断矩阵作一致性检验，把偏差限制在一定范围内。[228] 在层次分析法中，Saaty 提出用一致性比率 $CR<0.1$ 作为判断矩阵具有满意一致性的条件，至今人们已提出许多改进判断矩阵一致性的方法，尽管这些方法的具体原理、算法不同，但均以 $CR<0.1$ 作为终止调整的标准。❶

对判断矩阵一致性检验的步骤如下：

1）计算一致性指标 CI：

$$CI = \frac{\lambda_{max}-n}{n-1}$$

2）查找相应的平均随机一致性指标 RI。对于 $n=1,\cdots,9$，给出了 RI 的值，如表 3-25 所示。

平均随机一致性指标　　　　表 3-25

n	1	2	3	4	5	6	7	8	9	10	11
RI	0	0	0.58	0.90	1.12	1.24	1.32	1.41	1.45	1.49	1.52

RI 的值是随机地在 1～9 之间及其倒数中抽取数字构造成正互反矩阵，求得最大特征根的平均值 λ'_{max}，并定义：

$$RI = \frac{\lambda'_{max}-n}{n-1}$$

3）计算一致性比例 CR：

$$CR = \frac{CI}{RI}$$

本评估体系的判断矩阵一致性值见表 3-26～表 3-42 所示注释，结果

❶ 宋光兴，杨德礼．模糊判断矩阵的一致性检验及一致性改进方法 [J]．系统工程，2003（01）．

显示判断矩阵都通过了一致性检验。

生态审美价值（一致性比例: 0.0001; 对"生态审美价值"的权重: 1.0000）　表 3-26

生态审美价值	生态效益层 B1	文化特质层 B2	审美感知层 B3	W_i
生态效益层 B1	1.0000	1.4630	2.3300	0.4738
文化特质层 B2	0.6835	1.0000	1.5520	0.3211
审美感知层 B3	0.4292	0.6443	1.0000	0.2051

生态效益层 B1（一致性比例: 0.0775; 对"生态审美价值"的权重: 0.4738）　表 3-27

生态效益层 B1	材料选择方式 C1	结构类型和组合方式 C2	适人性 C5	能源利用方式 C3	施工工具 C4	W_i
材料选择方式 C1	1.0000	1.3440	1.4760	1.7780	3.2400	0.2799
结构类型和组合方式 C2	0.7440	1.0000	5.0000	1.1450	5.0000	0.3171
适人性 C5	0.6775	0.2000	1.0000	0.3330	3.1600	0.1165
能源利用方式 C3	0.5624	0.8734	3.0030	1.0000	2.3480	0.2205
施工工具 C4	0.3086	0.2000	0.3165	0.4259	1.0000	0.0660

文化特质层 B2（一致性比例: 0.0179; 对"生态审美价值"的权重: 0.3211）　表 3-28

文化特质层 B2	特有生活方式的影响 C9	自然环境的影响 C8	技艺的典型性 C7	记忆与历史事件的关联度 C6	W_i
特有生活方式的影响 C9	1.0000	0.9000	1.9000	4.2000	0.3493
自然环境的影响 C8	1.1111	1.0000	1.6000	3.9000	0.3462
技艺的典型性 C7	0.5263	0.6250	1.0000	4.1000	0.2299
技艺与历史事件的关联度 C6	0.2381	0.2564	0.2439	1.0000	0.0745

审美感知层 B3（一致性比例: 0.0255; 对"生态审美价值"的权重: 0.2051）　表 3-29

审美感知层 B3	听觉因子 C11	视觉因子 C10	触觉因子 C13	嗅觉因子 C12	W_i
听觉因子 C11	1.0000	0.2180	0.3630	1.9800	0.1237
视觉因子 C10	4.5872	1.0000	2.3300	4.7400	0.5244
触觉因子 C13	2.7548	0.4292	1.0000	2.8000	0.2651
嗅觉因子 C12	0.5051	0.2110	0.3571	1.0000	0.0868

材料选择方式 C1（一致性比例：0.0422；对"生态审美价值"的权重：0.1326） 表 3-30

材料选择方式 C1	选材方式的科学性 D2	材料的易得性 D1	节材方式的多样性 D3	W_i
选材方式的科学性 D2	1.0000	0.3870	1.1450	0.2396
材料的易得性 D1	2.5840	1.0000	1.5800	0.5024
节材方式的多样性 D3	0.8734	0.6329	1.0000	0.2580

结构类型和组合方式 C2（一致性比例：0.0000；对"生态审美价值"的权重：0.1502） 表 3-31

结构类型和组合方式 C2	结构的易施工性 D5	结构的长效性 D4	W_i
结构的易施工性 D5	1.0000	0.5210	0.3425
结构的长效性 D4	1.9194	1.0000	0.6575

适人性 C5（一致性比例：0.0000；对"生态审美价值"的权重：0.0552） 表 3-32

适人性 C5	手工参与程度 D11	记忆控制的直观性 D12	W_i
手工参与程度 D11	1.0000	1.7780	0.6400
记忆控制的直观性 D12	0.5624	1.0000	0.3600

能源利用方式 C3（一致性比例：0.0000；对"生态审美价值"的权重：0.1045） 表 3-33

能源利用方式 C3	能源消耗量 D7	被动式利用程度 D6	W_i
能源消耗量 D7	1.0000	0.7820	0.4388
被动式利用程度 D6	1.2788	1.0000	0.5612

施工工具 C4（一致性比例：0.0009；对"生态审美价值"的权重：0.0313） 表 3-34

施工工具 C4	操作难易程度 D9	经济成本 D8	多功能性 D10	W_i
操作难易程度 D9	1.0000	0.6230	2.0520	0.3269
经济成本 D8	1.6051	1.0000	3.0030	0.5088
多功能性 D10	0.4873	0.3330	1.0000	0.1643

特有生活方式的影响 C9（一致性比例：0.0000；对"生态审美价值"的权重：0.1122）

表3–35

特有生活方式的影响 C9	地区禁忌的影响 D21	与地区民俗的联系 D20	W_i
地区禁忌的影响 D21	1.0000	0.5040	0.3351
与地区民俗的联系 D20	1.9841	1.0000	0.6649

自然环境的影响 C8（一致性比例：0.0156；对"生态审美价值"的权重：0.1112）

表3–36

自然环境的影响 C8	对冬冷夏热环境的适应 D18	对多水环境的适应 D17	与四季变化之间的联系 D19	W_i
对冬冷夏热环境的适应 D18	1.0000	0.7820	1.2050	0.3259
对多水环境的适应 D17	1.2788	1.0000	1.0520	0.3670
与四季变化之间的联系 D19	0.8299	0.9506	1.0000	0.3071

技艺的典型性 C7（一致性比例：0.0000；对"生态审美价值"的权重：0.0738）

表3–37

技艺的典型性 C7	高使用频次区域 D16	在江南地区产生的年代 D15	W_i
高使用频次区域 D16	1.0000	1.6890	0.6281
在江南地区产生的年代 D15	0.5921	1.0000	0.3719

技艺与历史事件的关联度 C6（一致性比例：0.0000；对"生态审美价值"的权重：0.0239）

表3–38

技艺与历史事件的关联度 C6	与历史传说或人物的关联度 D13	在相关典籍中的出现频次 D14	W_i
与历史传说或人物的关联度 D13	1.0000	0.9030	0.4745
在相关典籍中的出现频次 D14	1.1074	1.0000	0.5255

听觉因子 C11（一致性比例：0.0000；对"生态审美价值"的权重：0.0254）
表3–39

听觉因子 C11	声音的和谐度 D28	自然声响的引入度 D27	W_i
声音的和谐度 D28	1.0000	1.8090	0.6440
自然声响的引入度 D27	0.5528	1.0000	0.3560

视觉因子 C10（一致性比例：0.0308；对"生态审美价值"的权重：0.1076） 表 3-40

视觉因子 C10	对自然光的利用度 D26	色彩的特征性 D25	尺度比例的适宜度 D22	界面肌理的丰富度 D24	结构的装饰性及适宜性 D23	W_i
对自然光的利用度 D26	1.0000	1.9700	1.2000	1.2100	1.1100	0.2407
色彩的特征性 D25	0.5076	1.0000	0.8810	1.3100	0.3540	0.1395
尺度比例的适宜度 D22	0.8333	1.1351	1.0000	2.0350	1.0610	0.2203
界面肌理的丰富度 D24	0.8264	0.7634	0.4914	1.0000	0.3950	0.1255
结构的装饰性及适宜性 D23	0.9009	2.8249	0.9425	2.5316	1.0000	0.2740

触觉因子 C13（一致性比例：0.0000；对"生态审美价值"的权重：0.0544） 表 3-41

触觉因子 C13	远距离触感特征 D32	近距离触感特征 D31	W_i
远距离触感特征 D32	1.0000	0.5300	0.3464
近距离触感特征 D31	1.8868	1.0000	0.6536

嗅觉因子 C12（一致性比例：0.0000；对"生态审美价值"的权重：0.0178） 表 3-42

嗅觉因子 C12	清洁度 D30	自然气息的引入度 D29	W_i
清洁度 D30	1.0000	1.9990	0.6666
自然气息的引入度 D29	0.5003	1.0000	0.3334

最后，整理出了江南地区传统环境营造技艺生态审美评估体系各因素的权重值（表 3-43）。

江南地区传统环境营造技艺的生态审美评估体系因素精确权重值 表 3-43

目标层	第一层	权重（%）	第二层	权重（%）	第三层	权重（%）
江南地区传统环境营造技艺生态审美价值 A	生态效益 B1	47.4	材料选择方式 C1	13.3	材料的易得性 D1	6.7

续表

目标层	第一层	权重（%）	第二层	权重（%）	第三层	权重（%）
江南地区传统环境营造技艺生态审美价值 A	生态效益 B1	47.4	材料选择方式 C1	13.3	选材方式的科学性 D2	3.2
					节材方式的多样性 D3	3.4
			结构类型和组合方式 C2	15.0	结构的长效性 D4	9.9
					结构的易施工性 D5	5.1
			能源利用方式 C3	10.5	被动式利用程度 D6	5.9
					能源消耗量 D7	4.6
			施工工具 C4	3.1	经济成本 D8	1.6
					操作难易程度 D9	1.0
					多功能性 D10	0.5
			适人性 C5	5.5	手工参与程度 D11	3.5
					技艺控制的直观性 D12	2.0
	文化特质 B2	32.1	技艺与历史事件的关联 C6	2.4	与历史传说或人物的关联度 D13	1.1
					在相关典籍中的出现频次 D14	1.3
			技艺的典型性 C7	7.4	在江南地区产生的年代 D15	2.8
					高使用频次区域 ❶D16	4.6
			自然环境的影响 C8	11.1	对多水环境的适应性 D17	4.1
					对冬冷夏热环境的适应 D18	3.6
					与四季变化之间的联系 D19	3.4
			特有生活方式的影响 C9	11.2	与地区民俗的联系 D20	7.5
					地区禁忌的影响 D21	3.8
	审美感知 B3	20.5	视觉因子 C10	10.8	尺度比例的适宜度 D22	2.4
					结构的装饰性及适应性 D23	3.0
					界面肌理的丰富度 D24	1.4
					色彩的特征性 D25	1.5
					对自然光的利用度 D26	2.6
			听觉因子 C11	2.5	自然声响的引入度 D27	0.9
					声音的和谐性 D28	1.6
			嗅觉因子 C12	1.8	自然气息的引入度 D29	0.6
					清洁度 D30	1.2
			触觉因子 C13	5.4	近距触感特征性 D31	3.6
					远距触感特征性 D32	1.9

❶ 使用区域与狭义江南范围之间的重合度。

3.4.3　评估体系评分标准的拟定

　　根据 3.1 至 3.3 中对各指标因子的具体释义及分析，借鉴现有的相关评估体系评分标准，如《传统村落评价认定指标体系（试行）》（附录十二）《苏南建筑遗产评价体系》及不完全统计❶，暂拟定相应的评分标准如表 3-44 所示。

❶ 评分标准的获取通过与多位专家和资深从业人员的深度访谈与讨论获得。

江南地区传统环境营造技艺的生态审美评估体系评分标准　　　　表 3-44

评估因子	指标解释	分值评定方法
材料的易得性 D1	该指标是对传统环境营造技艺的材料获得过程是否生态进行评价，比如是否就地取材、短距离运输等	技艺实施所用材料的运输距离在 10km 以内评 10 分；100km 以内评 8 分；500km 以内评 6 分；1000km 以内评 4 分；1000km 以上评 0 分
选材方式的科学性 D2	该指标是对传统环境营造技艺在选择材料的过程中能否根据营造需要选择适宜的材料进行评价，比如是否能顺应物性、物尽其用等	技艺实施中材料废弃率在 20% 以下评 10 分；20%～40% 评 8 分；40%～60% 评 6 分；60%～80% 评 4 分；80% 以上评 0 分
节材方式的多样性 D3	该指标是对传统环境营造技艺在运用过程中是否利用多种方式对材料进行节约使用进行评价，比如是否采用了小料拼接、废料再利用等方式	技艺实施中废弃材料的利用率在 80% 以上评 10 分；60%～80% 评 8 分；40%～60% 评 6 分；20%～40% 评 4 分；20% 以下评 0 分
结构的长效性 D4	该指标是对传统环境营造技艺营造的结构使用时间长度进行评价，比如结构是否可逆、是否容易维护和更换部件等	技艺实施后形成的结构 80% 以上为可逆部件可更换评 10 分；60%～80% 评 8 分；40%～60% 评 6 分；20%～40% 评 4 分；20% 以下评 0 分
结构的易施工性 D5	该指标是对传统环境营造技艺营造的结构是否容易施工进行评价，比如结构的逻辑性是否易于理解，施工人员是否有自由发挥空间等	技艺实施过程中工匠自主发挥程度高，结构外露，结构逻辑易于理解评 10 分；工匠自主发挥程度一般，结构外露，结构逻辑易于理解评 8 分；工匠自主发挥程度较低，结构外露，结构逻辑不易理解评 6 分；工匠自主发挥程度较低，隐藏结构评 4 分；工匠无自主发挥空间，隐藏结构评 0 分
被动式利用程度 D6	该指标是对传统环境营造技艺在当代实施过程中是否以非机械电气设备干预手段为主进行评价，比如巧妙地利用各种可再生能源（水能、风能、太阳能等）	技艺实施过程及后期运行中，采用非机械电气干预手段在 20% 以下（如采用传统通风技术而非空调调节温度），评 10 分；60%～80% 评 8 分；40%～60% 评 6 分；20%～40% 评 4 分；20% 以下评 0 分
能源消耗量 D7	该指标是对传统环境营造技艺应用后是否有利于降低建成环境能源消耗的评估，比如利用空斗墙技能能够降低室内采暖能耗，引水入宅能够降低夏日降温所需能耗	技艺实施后能够长期有效降低环境能源消耗（如引水入宅可以常年保持室内恒温恒湿），评 10 分；能够在全年 75% 的时间内有效，评 8 分；能够在全年 50% 的时间内有效，评 6 分；能够在全年 25% 的时间内有效，评 4 分；低于全年 25% 的时间，评 0 分

续表

评估因子	指标解释	分值评定方法
经济成本 D8	该指标是对传统环境营造技艺实施时所用工具所需花费的经济成本高低进行评估，主要从工具材料和应用能耗两个方面进行评价	技艺实施工具制作材料普通，工具运行能耗低，评 10 分；制作材料昂贵、工具运行能耗低，评 8 分；制作材料普通、工具运行能耗高（如运行需要长时熬电），评 4 分；制作材料昂贵、工具运行能耗高，评 0 分
操作难易程度 D9	该指标是对施工工具是否易于传播和掌握进行评估，比如工具是否符合人体工学、技术原理是否易于理解等，主要从工具材料和应用能耗两个方面进行评价	工具使用技术原理简明易懂、培训时间在 1 周以内、能耗少（非电动工具），评 10 分；技术原理简明易懂，培训时间在 6 周以内，评 8 分；技术原理较复杂，培训时间在 12 周以内、能耗少（非电动工具），评 6 分；技术原理简明易懂，培训时间在 1 年以上，评 4 分；技术原理复杂，培训时间在 1 年以上，评 0 分
多功能性 D10	该指标是对施工工具的适用性进行评价，比如工具是否能够同时应用于不同的传统环境营造技艺或同时适用于技艺实施的不同步骤等	施工工具能够同时应用于 5 个以上不同工序，评 10 分；4～5 个，评 8 分；3～4 个，评 6 分；2～4 个，评 4 分；只能应用于 1 个工序，评 1 分
手工参与程度 D11	从审美愉悦的角度来说，手工劳动带给人的愉悦感较强，因此该指标是从这个角度对传统环境营造技艺中手工劳动的参与度进行评价	技艺实施过程中手工劳动全程参与，评 10 分；参与 75% 的工序，评 8 分；参与 50% 的工序，评 6 分；参与 25% 的工序，评 4 分；参与工序在 25% 的以下，评 2 分；没有参与，评 0 分
技艺控制的直观性 D12	传统环境营造技艺中有很大一部分是依靠工匠的经验进行施工控制的，该指标就是对技艺施工控制时对仪器的依赖程度进行评估	技艺实施过程中所有工序都不需要依赖仪器，评 10 分；60%～80% 的工序不需要依赖仪器，评 8 分；40%～60% 的工序不需要依赖仪器，评 6 分；20%～40% 的工序不需要依赖仪器，评 4 分；20% 以下的工序不需要依赖仪器，评 2 分；所有工序都需要依靠仪器进行判断，评 0 分
与历史传说或人物的关联度 D13	巧匠现象是江南地区特有的文化现象，巧匠现象的盛行与发展与江南文人参与的技艺创新与改良活动有很大关系，因此技艺的改良与历史传说或人物关联度越紧密，其文化价值就越高	技艺的产生与 5 个以上的历史人物或历史传说相关（含不同版本）评 10 分；4 个评 8 分；3 个评 6 分；2 个评 4 分；1 个评 2 分；没有评 0 分
在相关典籍中的出现频次 D14	江南地区文化发达，这使得对传统环境营造技艺的典籍记载也较为丰富，在相关技术典籍中出现的频率和次数越高则文化价值越高	技艺在 5 个以上的历史典籍中出现（含不同版本）评 10 分；4 个评 8 分；3 个评 6 分；2 个评 4 分；1 个评 2 分；没有评 0 分
在江南地区产生的年代 D15	传统环境营造技艺的演变是所在地域文化中的一部分，它的产生与演变不能摆脱社会经济、气候条件等的影响，技艺在当地存在的时间越长则其典型性越强	技艺在江南地区最早产生年代距今在 2500 年以上的，评 10 分；距今 1000～2500 年，评 8 分；距今 500～1000 年，评 6 分；距今 300～500 年，评 4 分；距今 100～300 年，评 2 分；距今 100 年以内，评 0 分

评估因子	指标解释	分值评定方法
高使用频次区域 ❶ D16	该指标是对传统环境营造技艺在该地区的传播范围进行评价,比如香山帮营造技艺不仅是苏州地区的主流技艺,使用范围还辐射到周边的无锡、常熟、常州等地区,部分北方地区,甚至是海外,技艺应用辐射范围越广则说明其(特征性)典型性越强	技艺当前主要应用范围除了江苏、浙江和安徽,还包含其他省份的,评10分;主要应用范围包含江苏、浙江和安徽3个省份的,评8分;主要应用范围只在三个省份之一的,评6分;主要应用范围只在三个省份内的某一市县的,评4分;只局限于某一村镇的,评0分
对多水环境的适应性 D17	该指标具有较强的地域性,对不同类型水环境的适应是江南地区传统环境营造技艺的重要特征。该指标是对技艺是否能较好地适应或者利用环境中的水资源进行评价,例如利用歇山顶防止雨水对墙面的侵蚀,技艺对多水环境的适应度越高则其文化性越强	技艺应用能够巧妙地利用当地的水资源(如水码头、引水入宅等),评10分;能够利用水资源,但是需要借助机械动力(如水泵),评8分;能够利用水资源,但需要稍微改变原有地形地貌的,评6分;能够利用水资源,但需要较多改变地形地貌的,评4分;能够利用水资源,但需要较多改变地形地貌,并且后期运行需要较多机械动力,评2分;不能利用当地水资源,评0分
对冬冷夏热环境的适应 D18	江南大部分地区都处于冬冷夏热的气候条件下,不少技艺的形成都受到这种气候的影响。该指标是对传统环境营造技艺对当地气候顺应程度进行评价,顺应度越高则文化性越强,例如传统的防太阳辐射技艺、自然通风技艺等	技艺能够较好地使100%的建成环境(如室内所有房间)适应冬冷夏热的气候条件,评10分;建成环境的80%,评8分;建成环境的60%,评6分;建成环境的40%,评4分;建成环境的20%,评2分;没有,评0分
与四季变化之间的联系 D19	江南地区四季分明的特点既影响到室外景观的季相又影响到室内陈设的布局,技艺随四季变化的适应度越高则其文化性越强	技艺的应用需随着四季变化更新的,评10分;随三个季节变化的,评8分;随两个季节变化的,评6分;随一个季节变化的,评4分;不随季节变化的,评0分
与地区民俗的联系 D20	每个地区在长期的发展过程中都形成了本地区特有的民俗,该指标就是对技艺因民俗而形成或改良的程度进行评价,与地区民俗之间的关联度越高则文化性越强,比如江南地区的昆曲盛行影响了住宅的布置和相关的建筑隔声传声技艺	技艺的产生或应用过程与5个以上的民俗有关,评10分;4个评8分;3个评6分;2个评4分;1个评2分;没有评0分
地区禁忌的影响 D21	禁忌起源于人们为了趋利避害而形成的一系列行为法则,对居住环境的禁忌是其中的重要组成部分,该指标是对技艺受到地区禁忌影响的程度进行评价,受影响程度越高则文化性越强,比如风水学说对村落选址、居室朝向的影响	技艺的产生或应用过程与5个以上的地区禁忌有关,评10分;4个评8分;3个评6分;2个评4分;1个评2分;没有评0分

❶ 使用区域与狭义江南范围之间的重合度。

评估因子	指标解释	分值评定方法
尺度比例的适宜度 D22	该指标拟通过对技艺介入后的环境构筑物尺度进行感知度量化，以环境中不同视觉面上空间面积与总面积的比值方差和离散度来评测各构筑物之间的尺度连续性（比值方差和离散度越小则说明新建成构筑物尺度与环境尺度越接近），连续性越强则审美感知度越优	此评分标准需对技艺介入后的环境构筑物尺度进行感知度量化后所获得的数据进行比较评分，不管选择几个方案，离散度得分最低者评10分，其次评8分，以此类推。相同值赋相同评分
结构的装饰性及适应性 D23	结构关系的处理是评判建成环境美感和意义的重要标准，技艺应用后以结构装饰性增强或者适应性增强则审美感知度越优	技艺应用后建成环境中的结构关系更具整体性并且装饰性增强，评10分；整体性增强但装饰性削弱，评8分；装饰性增强但整体性削弱，评6分；无明显效果，评4分；应用后破坏整体性，评0分
界面肌理的丰富度 D24	环境营造物的外表面是与使用者视觉接触的直接媒介，技艺应用后界面肌理越丰富则审美感知度越优	技艺应用后界面的肌理效果非常丰富，且不破坏整体感，评10分；界面肌理丰富，且不破坏整体感，评8分；界面肌理丰富度稍有增强，且不破坏整体感，评6分；界面肌理丰富度无改变但不破坏整体感，评4分；界面整体感被破坏得0分
色彩的特征性 D25	以色彩地理学为理论依据，环境中新增加的构筑物色彩应该以促进该环境的整体色彩特征为目标，技艺应用后促进环境整体色彩特征性则审美感知度越优	技艺应用后极大地促进了环境整体色彩特征，评10分；促进了整体色彩特征，评8分；较好地融入环境整体色彩中，评6分；对整体色彩特征无影响，评4分；对整体色彩特征有破坏作用，评0分
对自然光的利用度 D26	该指标是对技艺应用后促进环境中自然光利用的程度进行评价，例如采光天井技艺对室内光环境的改善，对自然光利用度越高则审美感知度越优	技艺应用后建成环境中自然光引入全天超过8小时，并且塑造良好的光环境，评10分；6~8小时，并且塑造良好的光环境，评6分；虽然低于8小时，但能塑造良好的光环境，评4分；只有2~4小时，评2分；2小时以下，评0分
自然声响的引入度 D27	该指标是从听觉的角度对技艺应用后是否能够促进环境中自然声响的引入进行评价，自然声响引入度越高则审美感知度越优，例如利用流水声营造室内外声景的技艺	技艺应用后环境中引入自然声响3种以上，能够营造气氛，评10分；引入自然声响2种，能够营造气氛，评8分；引入自然声响1种，能够营造气氛，评6分；引入自然声响，声环境不嘈杂，评4分；未引入自然声响或引入后声环境嘈杂，评0分
声音的和谐性 D28	某些技艺的应用可能会使得环境中的声音种类增加，比如江南水乡常见的廊街使得居室外部随时可以成为商业销售或交流空间，叫卖声、交谈声与河流中的舟楫划水声混杂在一起形成特殊的声音效果	技艺应用后环境中引入声音种类5种以上，声景层次丰富，反映地域特色，评10分；引入声音种类3~5种，声景层次丰富，反映地域特色，评8分；引入声音种类1~3种，声景层次丰富，反映地域特色，评6分；引入声音种类1种，声景反映地域特色，评4分；未引入其他声音或引入后声环境嘈杂，评0分
自然气息的引入度 D29	该指标是从嗅觉的角度对技艺应用后是否能够促进环境中自然气味的引入进行评价，例如利用香味植物营造室内氛围	技艺应用后环境中引入自然气息3种以上，能够营造气氛，评10分；引入自然气息2种，能够营造气氛，评8分；引入自然气息1种，能够营造气氛，评6分；引入自然气息，对环境氛围无明显影响，评4分；未引入自然气息或气味不佳，评0分

评估因子	指标解释	分值评定方法
清洁度 D30	该指标是对技艺应用后能否提高空气清洁度进行评价，例如利用可拆卸的隔断改善室内通风的技艺	技艺应用后能够促进建成环境中的空气流通并抑尘杀菌，评 10 分；促进建成环境中的空气流通或抑尘杀菌，评 8 分；促进建成环境中的空气流通，评 6 分；能够对引入空气进行抑尘杀菌，评 4 分；无明显效果，评 0 分
近距触感特征性 D31	该指标是从视触觉的角度对技艺应用后是否能够促进环境中近距离触摸时产生有特征的触觉感受（主要指触摸材质时产生的触觉感受）进行评价，近距离触摸特征感越强则对审美知觉的优化度越高	技艺应用后近距离触摸特征性非常突出，且不破坏整体感，评 10 分；近距离触摸特征性强，且不破坏整体感，评 8 分；近距离触摸特征性稍有增强，且不破坏整体感，评 6 分；近距离触摸特征性不明显但不破坏整体感，评 4 分；界面整体感被破坏得 0 分
远距触感特征性 D32	该指标是从视触觉的角度对技艺应用后是否能够促进环境中远距离观看时产生有特征的视触觉感受进行评价，比如远远看到草坪会产生毛茸茸的感觉	技艺应用后远距离视触觉特征性非常突出，且不破坏整体感，评 10 分；远距离视触觉特征性强，且不破坏整体感，评 8 分；远距离视触觉特征性稍有增强，且不破坏整体感，评 6 分；远距离视触觉特征性不明显但不破坏整体感，评 4 分；界面整体感被破坏得 0 分

3.5　本章小结

本章在第二章的基础上深化生态审美评估模型，通过文献分析、田野考察对每个层级下的评估因子进行设定与论证，然后通过专家调查法对评估因素集进行意见采集和确认，并且通过两两矩阵计算出每一层级的具体权重，参考已有的相关评估体系设定具体的评分标准，建立了江南地区传统环境营造技艺的生态审美评估体系，为下一步的实例验证做好了准备。

本章主要确定了评估体系的第三层与第四层，这两层指标根据地域性而变化，有着极强的针对性，其中受地域性影响最大的是"文化特质"层下的各评估因子。以北方地区为例，"自然环境的影响"下的四级指标就需要更改，"对多水环境的适应"不再适用于对该地区技艺的评估，应该删除；以西南地区为例，则三级指标"技艺的典型性"也应进行调整，因为该地区的技艺多是对官方技艺的改良与适应，技艺的本土特征不是十分突出。因此，该评估体系必须针对具体区域进行细化指标的调整与建立。

江南地区传统环境营造技艺
生态审美评估体系的验证

　　单个的评估研究以及许多类似研究的知识积累，能够为旨在改善人类环境的社会行动提供实质性的帮助。

——（美）彼得·罗希

4.1　验证项目概况

　　研究项目是某室内设计公司工作室，位于无锡市蠡溪西苑市民公园内。蠡溪西苑东邻蠡溪大桥、西邻永康浜、北接泰康苑、南邻梁溪河，占地 3.7hm²。蠡溪西苑隶属蠡溪苑，是整个梁溪河水环境综合整治工程的一部分。此工程主要是对梁溪河进行生态治理，梁溪河是无锡最古老的自然河流，又名梁清溪，自古就是无锡重要的水利枢纽——城区水系、京杭大运河、五里湖、太湖的水利枢纽（图 4-1），历史上即以"凡岁涝，则是邑之水由溪泄入太湖；早则湖水复自此溪回"著称。据无锡历代县志记载，梁溪一词在汉代就已出现。县志记载，这条古河道正式被命名为"梁溪"是在南朝梁代大同年间，当时对河道进行大规模的疏浚与拓宽，自此，这条古溪便被正式命名为"梁溪"，整个河道源出惠山，至西水墩与环城河分流，经蠡桥、小渲、大渲，流入五里湖和太湖。

　　梁溪河水环境综合整治工程以改善水体生态环境，保护和恢复沿河景观和自然生态为主要任务，同时以历史文脉为主线，重塑母亲河朴实、自然、优美的形象，展现从新石器时代到吴越春秋，到唐宋、明清，再到近现代长达五六千年的历史文化内涵和古今相融的人文景观。整个工程东起位于蠡桥以东的梁溪河和新运河、马蠡港河交汇处的三河口部位，西至梁湖大桥，河道全长约 7km，沿河绿化景观用地面积约 116hm²，工程将沿线的梁韵苑、仙蠡墩、蠡湖苑、渔趣园、梁湖生态园等多个开放式景点连接为穿越历史人文、回归自然生态的风情梁溪河景观带。蠡溪苑同时还是整个梁溪河水环境综合整治工程的"承转"部分，此部分以蠡湖桥为界，分为东、西两苑，蠡溪

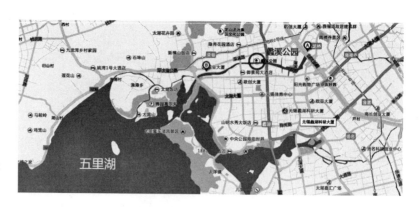

图 4-1　梁溪河直接连接无锡五里湖
资料来源：作者自绘。

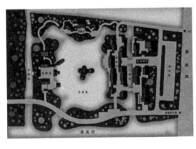

图 4-2　蠡溪西苑总平图及
江南水乡枕河古街
图片来源：作者自绘、自摄。

西苑以江南水乡枕河古街（图 4-2）及纪念宋代抗金名相李纲的梁溪居（图 4-3）和明代谏臣顾可久的清溪庄（图 4-4）为主景，为市民提供了一个自然与人文相映成趣的休闲胜地（图 4-5）。

图 4-3　梁溪居
图片来源：作者自摄。

本研究项目是位于蠡溪西苑东北角的小合院（图 4-6），为某室内设计公司工作室，合院内主体建筑共有三栋，均为现代造仿古建筑（图 4-7），三栋建筑分别是空间设计部工作空间及材料展示区，陈设部工作空间及软装样板设计展示区以及客户接待区（图 4-8）。

图 4-4　清溪庄
图片来源：作者自摄。

其中空间设计的室内设计及施工已完成，在空间设计部工作的设计师人数较多，因此一层以开放工作区为中心（图 4-9）、洽谈区（图 4-10）、经理办公室（图 4-11）、打印室等空间围绕工作区展开布置；

图 4-5　在蠡溪西苑内锻炼身体的老人
图片来源：作者自摄。

二层则作为材料展示区（图 4-12）。至 2015 年 6 月，空间设计部一层的设计施工已经全部完成，二层尚在施工中。

位于合院正中的一层厅堂式建筑作为客户接待区，是主案设计师向客户进行方案展示及与客户沟通的场所。室内设计按照传统厅堂格局进行布局，仅在两侧增设设备操作区，并且为了满足方案展示的需求，对厅堂入口的门槛处略作修改以放置投影幕布（图 4-13）。至 2015 年 6 月，客户接待区已经在施工中。

陈设部的第一轮设计方案已经完成，但是尚有需要调整之处，所以并未施工，拟在室内设计中引入江南地区传统环境营造技艺，以此为契机进行评

图4-6　项目所在地入口
图片来源：作者自摄。

图4-7　主体建筑之一
图片来源：作者自摄。

图4-8　小合院平面布置图
图片来源：作者自绘。

图4-9　空间设计部
图片来源：作者自摄。

图4-10　空间设计部接待区
图片来源：作者自摄。

图4-11　空间设计部经理办公室
图片来源：作者自摄。

图4-12　二楼展厅
图片来源：作者自摄。

估体系的应用实验。

　　因为工作室的理念是以再现文化传统为设计目标，所以合院景观应用了较多的江南地区传统环境营造技艺，设计师利用建筑与围廊的边界形成了四处小景致。院子西北角挖塘引水，并请香山帮匠人砌岸叠石，筑碧水一潭（图4-14）。西南角原有朴树一棵，乔木森森，树荫蔽日，因此再引种数棵罗汉松、石榴、芭蕉，下设石桌石椅，或春日赏花，或夏日饮茶，可秋听落叶，亦可

图 4-13　贵宾接待厅（中堂）
图片来源：作者自摄。

图 4-14　叠山理水
图片来源：作者自摄。

图 4-15　院子西南角
图片来源：作者自摄。

图 4-16　院子东南角
图片来源：作者自摄。

图 4-17　院子东北角
图片来源：作者自摄。

图 4-18　周边环境
图片来源：作者自摄。

图 4-19　周边仿古建筑
图片来源：作者自摄。

冬观飘雪（图 4-15）。东南角则以瓦片为主要景观要素，将瓦片按同心圆的方式竖向铺砌，相邻两环以反方向排列，形成特殊纹理，周围以白砂铺设，并布置石桌石椅，引种红枫两株，与此景紧邻的墙体更换为落地玻璃窗，将室外景观引入室内，强调内外环境的连续性（图 4-16）。东北角则是在粉墙前移种凌霄一株，此株凌霄是从拙政园百年凌霄上截取后移植成活，同时以假山石围合一方小台，上用黄道砖以人字形铺砌，周围种植少许月季与凌霄花相配，同时假山石围岸与对面的池岸相呼应（图 4-17）。

　　合院的室外环境到室内环境都极具典型性，不管是周围的自然环境还是人文环境都极具江南水乡的特征性，周围河道纵横、本土植物密集（图 4-18），蠡溪西苑内留存众多宋、明建筑遗址，复建建筑努力保留江南传统建筑的风韵（图 4-19）。该项目的已建成部分充分尊重了周围环境的自然生态及人文生态，被测试区域引入江南地区传统环境营造技艺的前提条件较为充分，形成了较为理想的实验环境。

具体的研究样本为陈设部一楼茶室及走廊空间拟采用的铺地及隔断技艺，原本的实验设计拟对单个技艺评估后进行比较，比如设计师拟采用铺地为城砖地坪或方砖地坪，评估者根据评估指标及评分标准对两项技艺分别打分后，将分数逐项相加，将得到的总分进行对比，分数较高项则为建议采用项。但是后来发现，环境设计中某项技艺的应用应该首先以其是否促进设计整体性为审美基础，而在被测空间中铺地与竖向界面都有不同的传统环境营造技艺可以应用，也就是说，对此空间而言，同时存在两个需要被评估的对象，即两个变量，技艺应用于此空间是否合适则是两个变量综合应用后产生的结果，因此，最终将实验设计为对技艺组合进行评估，评估对象变为四组技艺组合，即：方砖地坪与小木作隔断、方砖地坪与竹作隔断、城砖地坪与小木作隔断及城砖地坪与竹作隔断。

4.2 评估对象所在区域：茶室及过道的铺地及隔断技艺组合

陈设部包含工作区、洽谈区、展示区（样板空间展示及材料展示）、休息区（茶室）、会议空间、资料室、文印室、储藏室。在第一轮方案中，陈设部的工作区布置在了二楼，与洽谈区、休息区及其他附属空间相隔较远，因此将工作区调整至一楼；原先的材料展示区位于中堂背后，无法为前庭的样板空间展示提供较好的背景，而相邻的茶室空间又显得过于拥挤，因此，将原有的材料展示区改成室内景观，引入自然元素（植物与光），并去除了原展示区与茶室之间的隔断，改变了原有的较为局促的格局，而改造过的室内景观同时成为茶室的对景（图4-20）。

4.2.1 铺地拟采用传统技艺介绍

室内景观的过道隔断与走廊地面铺装拟采用江南地区传统环境营造技艺，按相关典籍[1]的记录，自明代中期开始，制砖业的发达使得江南地区室内地坪普遍采用砖地坪，一般采用黄道砖或者方砖。不管是黄道砖还是方砖都比较适合江南地区的气候，因为江南地区潮湿多雨，特别是在梅雨季节，地面返潮现象严重，砖具有较强的吸湿性，能够较好地适应这种气候，而且一些实验数据表明，在江南地区由于冻融循环、微生物繁殖等的影响会使青砖（黄道砖）在时间作用下具有更大的吸湿量。[2]

方砖的制作工艺则较黄道砖要复杂一些，根据《造砖图说》中所载："其土必取城东北陆慕所产，干黄作金银色者。掘而运，运而晒，晒而椎，椎而春，春而磨，磨而筛，凡七转而后得土。复澄以三级之池，滤以三重之罗，筑地以晾之，布瓦以晞之，勒以铁弦，踏以人足，凡六转而后成泥。揉以手，

❶ 资料信息来源于《营造法原》《鲁班经》《新编营造正式》、《造砖图说》等。
❷ 李永辉，谢华荣，王建国，李新建，吴锦绣.苏州吴江近现代青砖等温吸湿性能实验研究[J].东南大学学报（自然科学版），2014：441-444.

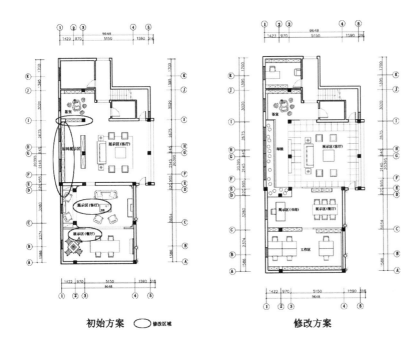

初始方案 ⬭ 修改区域   修改方案

图 4-20 陈设部茶室方案对比
图片来源：作者自绘。

承以托版，砑以石轮，椎以木掌，避风避日，置之阴室，而日日轻筑之。阅八月而后成坯。其入窑也，防骤火激烈，先以穰草薰一月，乃以片柴烧一月，又以棵柴烧一月，又以松枝柴烧四十日，凡百三十日而后窨水出窑。或三五而选一，或数十而选一。必面背四旁，色尽纯白，无燥纹，无坠角，叩之声震而清者，乃为入格。其费不赀。嘉靖中营建宫殿，问之往督其役。凡需砖五万，而造至三年有余乃成。"张问之所记载的是"细料方砖"中最高级别的"金砖"的制作过程，张问之所记载的苏州陆慕地区至今仍在生产方砖，根据笔者对陆慕御窑金砖厂厂长助理黄晓明先生的访谈，现在仍在生产的细料方砖从 300mm×300mm 到 700mm×700mm 间的各种规格都有，在行内一般将 500mm×500mm 以上的称为"金砖"，并且现在的方砖依然按照古法进行生产。方砖作为铺装材料，自身能平衡空气的干湿状况，梅雨天不会湿砖，冬天也不干燥，会带来冬暖夏凉的功效。❶ 方砖与黄道砖都是江南地区特有的传统材料，都能够应用于茶室过道空间中，但是哪种材质更符合生态审美则需要借助评估工具进行相应的设计决策。

4.2.2 隔断拟采用传统技艺介绍

另一个需要设计决策的则是过道空间的隔断技艺，在江南地区传统环境营造技艺中常见的两种隔断制作技艺为木作与竹作。

小木作在《营造法式》中的分类包括门、窗、隔断、栏杆、地袱、楼梯等，大部分属内外檐装修。❷ 小木作既完善了室内分隔与功能，又丰富了室内空间的细节与表情，在环境氛围的营造中起着重要的作用，在《营造法式》、

❶ 孙凝异，温荣．金砖有多少活力 [J]．中华手工，2013（06）：84.

❷ 根据《营造法式》整理。

图 4-21 海棠纹花格窗
图片来源：作者自摄。

《营造则例》、《营造法原》等典籍中都记载有几十种做法，配有大量图样。在江南一带，小木作又被称为"装折"。小木作讲求制作精细、装饰感强，在有着精工传统的江南一带，小木作技艺一度发展出各种分支，如在《营造法原》中提到的"花作"，民间还分出"红木"、"白木"、"村装""箍桶匠"等。本方案中拟采用的隔断形式之一就是小木作中的隔扇，准确地说是长窗的"内心仔"部分。明及清早期长窗多使用明瓦，因此内心仔的间距较小，直到清同光年间 ❶ 以后玻璃的传入使得内心仔的图案和间距可以自由设计，图案变得更为丰富，而且也能更好地满足采光需求。本次方案拟选用的图案为海棠纹，主要原因是海棠纹在江南遗留的园林门窗中运用得非常频繁。一些学者认为海棠纹起源于"方眼菱花"，比如《园冶》中所提"古之户槅，多于方眼而菱花者" ❷，《长物志》中也称窗槅"间用菱花及象眼者"，在玻璃尚未引入时由于明瓦尺度的限制，推测古法方眼菱花的视觉形象应该接近《法式》中的"四斜球纹格眼"，本案中拟采用的海棠纹样式为清晚期出现的海棠纹（图 4-21），该纹样疏密适宜、大方明快，在江南民居和园林建筑中应用广泛。

竹作在相关典籍如《营造法式》中所占篇幅都较少，因为竹材的易损耗性，所以未被官方视为主材，但是在民间营造活动中，竹材被大量使用，尤其是在江南地带。南宋迁都杭州后重新修订的《营造法式》版本中记载的"竹作"内容就比北宋版的多，竹作正式成为了《营造法式》卷十二中的一章，这也说明竹作具有较突出的江南地域特征。本方案中拟采用的竹作为竹帘，在《营造法式》中与此对应的竹作条目为"簟"或"? ❸（音"榻"）"，在《法式》中称为"隔日?"，准确地说应该是竹编遮阳板。本案拟采用的竹帘功能与遮阳板相同，因此将其对应该条目。架设竹帘在江南地区是常用的调节室内微气候的手段之一，在第三章中已经提到，在一般的宋词中，如果不对"帘"字的材质进行特殊说明，就表明该帘为竹帘，这从另一个侧面证明了竹帘在日常生活中的普遍性。

❶ 陈从周.苏州旧住宅.上海：三联书店，2003：27.
❷ 明计成著《园冶》"户槅"。
❸ 该字为竹字头加榻的右半边，未在输入法中找到该字。

4.2.3 技艺组合的测试场景

虽然生态审美强调的是"全部感官的参与"，但是视觉感受在设计结果的评估中依然占有较高的权重，因此为了增加评估指标的可读性，加快评估设计师对项目的理解，对评估项目的总体环境及具体的测试场景进行了三维虚拟场景再现，供评估过程中使用。

（1）测试场景外围环境（图 4-22 ~ 图 4-24）；

（2）测试场景一：方砖地坪与小木作隔断（图4-25）；

（3）测试场景二：方砖地坪与竹作隔断（图4-26）；

（4）测试场景三：城砖地坪小木作隔断（图4-27）；

（5）测试场景四：城砖地坪与竹作隔断（图4-28）。

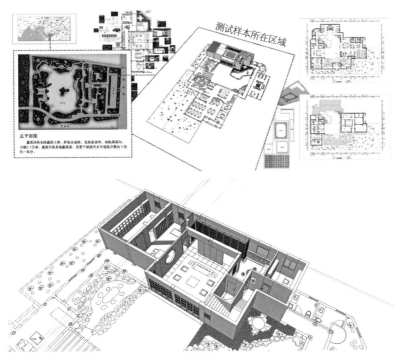

图4-22 外围环境图释一
图片来源：作者自绘。

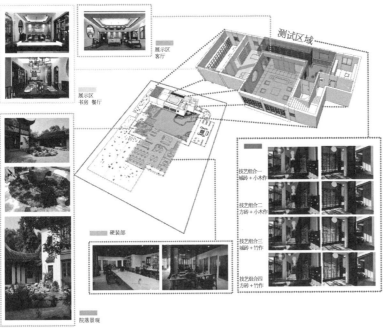

图4-23 外围环境图释二
图片来源：作者自绘。

图 4-24　陈设部一层室内环境
图片来源：作者自绘。

小木作－海棠纹内心仔

瓦作－水磨方砖

技艺组合一

图 4-25　测试场景一：方砖地坪
与小木作隔断
图片来源：作者自绘。

竹作－竹帘　　瓦作－水磨方砖

图 4-26　测试场景二：方砖地坪
与竹作隔断
图片来源：作者自绘。

技艺组合二

小木作－海棠纹内心仔　瓦作－人字形城砖

技艺组合三

图 4-27　测试场景三：城砖地坪
与小木作隔断
图片来源：作者自绘。

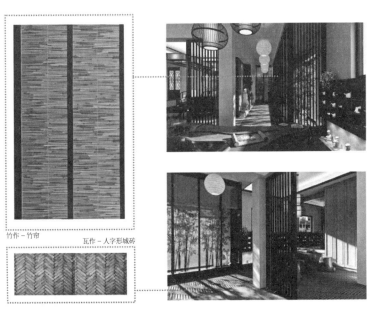

竹作－竹帘　瓦作－人字形城砖

技艺组合四

图 4-28　测试场景四：城砖地坪
与竹作隔断
图片来源：作者自绘。

4.3　评估结果与分析

　　生态审美评估涉及定量和定性两种不同的研究方法，在指标确定上得到
了相应的体现，在进行具体评估时，需要对两部分指标分类处理。定量指标

可以通过客观数据的获得对被评估技艺进行打分，而定性指标部分则通过对设计师的调研获得打分结果，最后将两部分分数相加获得最终结果。

4.3.1 评估指标的分类

根据各指标的性质可以分为定量与定性两种，生态审美评估体系所包含的指标中有 19 个定量指标和 13 个定性指标（表 4-1）。

评估指标分类表   表 4-1

评估指标	权重	指标解释	指标类型
材料的易得性 D1	6.7	该指标是对传统环境营造技艺的材料获得过程是否生态进行评价，比如是否就地取材、短距离运输等	定量
选材方式的科学性 D2	3.2	该指标是对传统环境营造技艺在选择材料的过程中能否根据营造需要选择适宜的材料进行评价，比如是否能顺应物性、物尽其用等	定量
节材方式的多样性 D3	3.4	该指标是对传统环境营造技艺在运用过程中是否利用多种方式对材料进行节约使用进行评价，比如是否采用了小料拼接、废料再利用等方式	定量
结构的长效性 D4	9.9	该指标是对传统环境营造技艺营造的结构使用时间长度进行评价，比如结构是否可逆、是否容易维护和更换部件等	定量
结构的易施工性 D5	5.1	该指标是对传统环境营造技艺实施后的结构是否容易施工进行评价，比如结构的逻辑性是否易于理解，施工人员是否有自由发挥空间等	定性
被动式利用程度 D6	5.9	该指标是对传统环境营造技艺在当代实施过程中是否以非机械电气设备干预手段为主进行评价，比如巧妙地利用各种可再生能源（水能、风能、太阳能等）	定量
能源消耗量 D7	4.6	该指标是对传统环境营造技艺应用后是否有利于降低建成环境能源消耗的评估，比如利用空斗墙技艺能够降低室内采暖能耗，引水入宅能够降低夏日降温所需能耗	定量
经济成本 D8	1.6	该指标是对传统环境营造技艺实施时使用工具所需花费的经济成本高低进行评估，主要从工具材料和应用能耗两个方面进行评价	定性
操作难易程度 D9	1.0	该指标是对施工工具是否易于传播和掌握进行评估，比如工具是否符合人体工学、技术原理是否易于理解等，主要从工具材料和应用能耗两个方面进行评价	定量
多功能性 D10	0.5	该指标是对施工工具的适用性进行评价，比如工具是否能够同时应用于不同的传统环境营造技艺或适用于技艺实施的不同步骤等	定量
手工参与程度 D11	3.5	从审美愉悦的角度来说，手工劳动带给人的愉悦感较强，因此该指标是从这个角度对传统环境营造技艺中手工劳动的参与度进行评价	定量

续表

评估指标	权重	指标解释	指标类型
技艺控制的直观性 D12	2.0	传统环境营造技艺中有很大一部分是依靠工匠的经验进行施工控制，该指标就是对技艺施工控制时对仪器的依赖程度进行评估	定量
与历史传说或人物的关联度 D13	1.1	巧匠现象是江南地区特有的文化现象，巧匠现象的盛行与发展与江南文人参与的技艺创新与改良活动有很大关系，因此技艺的改良与历史传说或人物关联度越紧密，其文化价值就越高	定量
在相关典籍中的出现频次 D14	1.3	江南地区文化发达，这使得对传统环境营造技艺的典籍记载也较为丰富，在相关技术典籍中出现的频率和次数越高则文化价值越高	定量
在江南地区产生的年代 D15	2.8	传统环境营造技艺的演变是所在地域文化中的一部分，它的产生与演变不能摆脱社会经济、气候条件等的影响，技艺在当地存在的时间越长则其典型性越强	定量
高使用频次区域❶D16	4.6	该指标是对传统环境营造技艺在该地区的传播范围进行评价，比如香山帮营造技艺不仅是苏州地区的主流技艺，使用范围还辐射到周边的无锡、常熟、常州等地区，部分北方地区，甚至是海外，技艺应用辐射范围越广则说明其（特征性）典型性越强	定量
对多水环境的适应性 D17	4.1	该指标具有较强的地域性，对不同类型水环境的适应是江南地区传统环境营造技艺的重要特征。该指标是对技艺是否能较好地适应或者利用环境中的水资源进行评价，例如利用歇山顶防止雨水对墙面的侵蚀，技艺对多水环境的适应度越高则其文化性越强	定性
对冬冷夏热环境的适应 D18	3.6	江南大部分地区都处于冬冷夏热的气候条件下，不少技艺的形成都受到这种气候的影响。该指标是对传统环境营造技艺对当地气候的顺应程度进行评价，顺应度越高则文化性越强，例如传统的防太阳辐射技艺、自然通风技艺等	定量
与四季变化之间的联系 D19	3.4	江南地区四季分明的特点既影响到室外景观的季相又影响到室内陈设的布局，技艺随四季变化的适应度越高则其文化性越强	定量
与地区民俗的联系 D20	7.5	每个地区在长期的发展过程中都形成了本地区特有的民俗，该指标就是对技艺因民俗而形成或改良的程度进行评价，与地区民俗之间的关联度越高则文化性越强，比如江南地区的昆曲盛行影响了住宅的布置和相关的建筑隔声传声技艺	定量
地区禁忌的影响 D21	3.8	禁忌起源于人们为了趋利避害而形成的一系列行为法则，对居住环境的禁忌是其中的重要组成部分，该指标是对技艺受到地区禁忌影响的程度进行评价，受影响程度越高则文化性越强，比如风水学说对村落选址、居室朝向的影响	定量
尺度比例的适宜度 D22	2.4	该指标拟通过对技艺介入后的环境构筑物尺度进行感知度量化，以环境中不同视觉上空间面积与总面积的比值方差和离散度来评测各构筑物之间的尺度连续性（比值方差和离散度越小则说明新建成构筑物尺度与环境尺度越接近），连续性越强则审美感知度越优	定量

❶ 使用区域与狭义江南范围之间的重合度。

续表

评估指标	权重	指标解释	指标类型
结构的装饰性及适应性 D23	3.0	结构关系的处理是评判建成环境美感和意义的重要标准，技艺应用后结构装饰性增强或者适应性增强则审美感知度越优	定性
界面肌理的丰富度 D24	1.4	环境营造物的外表面是与使用者视觉接触的直接媒介，技艺应用后界面肌理越丰富则审美感知度越优	定性
色彩的特征性 D25	1.5	以色彩地理学为理论依据，环境中新增加的构筑物色彩应该以促进该环境的整体色彩特征为目标，技艺应用后促进环境整体色彩特征性则审美感知度越优	定性
对自然光的利用度 D26	2.6	该指标是对技艺应用后促进环境中自然光利用的程度进行评价，例如采光天井技艺对室内光环境的改善，对自然光的利用度越高则审美感知度越优	定性（与定量结合）
自然声响的引入度 D27	0.9	该指标是从听觉的角度对技艺应用后是否能够促进环境中自然声响的引入进行评价，自然声响引入度越高则审美感知度越优，例如利用流水声营造室内外声景的技艺	定性（与定量结合）
声音的和谐性 D28	1.6	某些技艺的应用可能会使得环境中的声音种类增加，比如江南水乡常见的廊街使得居室外部随时可以成为商业销售或交流空间，叫卖声、交谈声与河流中的舟楫划水声混杂在一起形成特殊的声音效果	定性（与定量结合）
自然气息的引入度 D29	0.6	该指标是从嗅觉的角度对技艺应用后是否能够促进环境中自然气味的引入进行评价，例如利用香味植物营造室内氛围	定性（与定量结合）
清洁度 D30	1.2	该指标是对技艺应用后能否提高空气清洁度进行评价，例如利用可拆卸的隔断改善室内通风的技艺	定性
近距触感特征性 D31	3.6	该指标是从视触觉的角度对技艺应用后是否能够促进环境中近距离触摸时产生有特征的触觉感受（主要指触摸材质时产生的触觉感受）进行评价，近距离触摸特征感越强则对审美知觉的优化度越高	定性
远距触感特征性 D32	1.9	该指标是从视触觉的角度对技艺应用后是否能够促进环境中远距离观看时产生有特征的视触觉感受进行评价，比如远远看到草坪会产生毛茸茸的感觉	定性

4.3.2 评估过程及数据收集

评估过程是两个部分同时进行：定量指标的客观评分与定性指标的设计师主观评分。

1. 客观评分

此部分评分主要由设计师通过文献查阅、专家访谈获取信息，分别对黄道砖、方砖地坪、竹帘、花格窗进行打分（表4-2），然后依据不同组合将

两项分数相加后求平均值（附录十三）。❶

❶ 定量指标的评分依据需要通过文献查阅、专家访谈、工匠访谈获得，具体的评分过程和依据见附录二十。

客观评估得分表　　　　　　　　　　　　　　　　　表 4-2

评估指标（定量）	权重	分值评定方法	评测对象			
			黄道砖	方砖	竹帘	花格窗
材料的易得性 D1	6.7	技艺实施所用材料的运输距离在 10km 以内评 10 分；100km 以内评 8 分；500km 以内评 6 分；1000km 以内评 4 分；1000km 以上评 0 分	8	8	10	8
选材方式的科学性 D2	3.2	技艺实施中材料废弃率在 20% 以下评 10 分；20% ~ 40% 评 8 分；40% ~ 60% 评 6 分；60% ~ 80% 评 4 分；80% 以上评 0 分	10	8	10	6
节材方式的多样性 D3	3.4	技艺实施中废弃材料的利用率在 80% 以上评 10 分；60% ~ 80% 评 8 分；40% ~ 60% 评 6 分；20% ~ 40% 评 4 分；20% 以下评 0 分	10	10	6	4
结构的长效性 D4	9.9	技艺实施后形成的结构 80% 以上为可逆部件可更换评 10 分；60% ~ 80% 评 8 分；40% ~ 60% 评 6 分；20% ~ 40% 评 4 分；20% 以下评 0 分	10	10	10	4
被动式利用程度 D6	5.9	技艺实施过程及后期运行中，采用非机械电气干预手段在 20% 以下（如采用传统通风技术而非空调调节温度），评 10 分；60% ~ 80% 评 8 分；40% ~ 60% 评 6 分；20% ~ 40% 评 4 分；20% 以下评 0 分	6	8	10	0
能源消耗量 D7	4.6	技艺实施后能够长期有效降低环境能源消耗（如引水入宅可以常年保持室内恒温恒湿），评 10 分；能够在全年 75% 的时间内有效，评 8 分；能够在全年 50% 的时间内有效，评 6 分；能够在全年 25% 的时间内有效，评 4 分；低于全年 25% 的时间，评 0 分	6	8	8	0
操作难易程度 D9	1.0	工具使用技术原理简明易懂、培训时间在 1 周以内、能耗少（非电动工具），评 10 分；技术原理简明易懂、培训时间在 6 周以内，评 8 分；技术原理较复杂、培训时间在 12 周以内、能耗少（非电动工具），评 6 分；技术原理简明易懂、培训时间在 1 年以上，评 4 分；技术原理复杂、培训时间在 1 年以上，评 0 分	6	4	6	0
多功能性 D10	0.5	施工工具能够同时应用于 5 个以上不同工序，评 10 分；4 ~ 5 个，评 8 分；3 ~ 4 个，评 6 分；2 个，评 4 分；只能应用于一个工序，评 1 分	8	8	1	6

续表

评估指标（定量）	权重	分值评定方法	评测对象			
			黄道砖	方砖	竹帘	花格窗
手工参与程度 D11	3.5	技艺实施过程中手工劳动全程参与，评10分；参与75%的工序，评8分；参与50%的工序，评6分；参与25%的工序，评4分；参与工序在25%以下，评2分；没有参与，评0分	10	10	10	8
技艺控制的直观性 D12	2.0	技艺实施过程中所有工序都不需要依赖仪器，评10分；60%~80%的工序不需要依赖仪器，评8分；40%~60%的工序不需要依赖仪器，评6分；20%~40%的工序不需要依赖仪器，评4分；20%以下的工序不需要依赖仪器，评2分；所有工序都需要依靠仪器，评0分	10	10	10	10
与历史传说或人物的关联度 D13	1.1	技艺的产生与5个以上的历史人物或历史传说相关（含不同版本）评10分；4个评8分；3个评6分；2个评4分；1个评2分；没有评0分	2	10	4	4
在相关典籍中的出现频次 D14	1.3	技艺在5个以上的历史典籍中出现（含不同版本）评10分；4个评8分；3个评6分；2个评4分；1个评2分；没有评0分	10	10	6	10
在江南地区产生的年代 D15	2.8	技艺在江南地区最早产生年代距今2500年以上的，评10分；距今1000~2500年，评8分；距今500~1000年，评6分；距今300~500年，评4分；距今100~300年，评2分；距今100年以内，评0分	8	6	10	6
高使用频次区域 ❶D16	4.6	技艺当前主要应用范围除了江苏、浙江和安徽，还包含其他省份的，评10分；主要应用范围包含江苏、浙江和安徽3省份的，评8分；主要应用范围只在三个省份之一的，评6分；主要应用范围只在三个省份内的某一市县的，评4分；只局限于某一村镇的，评0分	10	10	10	8
对冬冷夏热环境的适应 D18	3.6	技艺能够较好地使100%的建成环境（如室内所有房间空间）适应冬冷夏热的气候条件，评10分；建成环境的80%，评8分；建成环境的60%，评6分；建成环境的40%，评4分；建成环境的20%，评2分；20%以下，评0分	0	4	0	0
与四季变化之间的联系 D19	3.4	技艺的应用需随着四季变化更新的，评10分；随三个季节变化的，评8分；随两个季节变化的，评6分；随一个季节变化的，评4分；不随季节变化的，评0分	0	0	6	0

❶ 使用区域与狭义江南范围之间的重合度。

续表

评估指标（定量）	权重	分值评定方法	评测对象			
			黄道砖	方砖	竹帘	花格窗
与地区民俗的联系 D20	7.5	技艺的产生或应用过程与 5 个以上的民俗有关，评 10 分；4 个评 8 分；3 个评 6 分；2 个评 4 分；1 个评 2 分；没有评 0 分	4	4	0	2
地区禁忌的影响 D21	3.8	技艺的产生或应用过程与 5 个以上的地区禁忌有关，评 10 分；4 个评 8 分；3 个评 6 分；2 个评 4 分；1 个评 2 分；没有评 0 分	0	4	0	0
尺度比例的适宜度 D22	2.4	此评分标准需对技艺介入后的环境构筑物尺度进行感知度量化后所获得数据进行比较评分，不管选择几个方案，离散度得分最低者评 10 分，其次评 8 分，以此类推。相同值赋相同评分	4	8	8	8
		各项分值合计	6.598	7.371	7.044	3.963

每个单项得分以加权求和的方式获得，公式如下：

$$\overline{X} = \frac{\sum\limits_{i=1}^{n} x_i f_i}{\sum\limits_{i=1}^{n} f_i}$$

具体步骤如下：

指标权重为 f_i，评测对象各列值为 x_i，以黄道砖得分为例，算法如下：

$$\overline{X_{黄道砖}} = \frac{\sum\limits_{i=1}^{n} x_i f_i}{\sum\limits_{i=1}^{n} f_i}$$

$$= \frac{\begin{matrix}8\times6.7+10\times3.2+10\times3.4+10\times9.9+6\times5.9+6\times4.6+6\times1+8\times0.5+10\times3.5+10\times2\\+2\times1.1+10\times1.3+8\times2.8+10\times4.6+0\times3.6+0\times3.4+4\times7.5+0\times3.8+4\times2.4\end{matrix}}{6.7+3.2+3.4+9.9+5.9+4.6+1.0+0.5+3.5+2.0+1.1+1.3+2.8+4.6+3.6+3.4+7.5+3.8+2.4}$$

$$= 6.598$$

同理可得：

$$\overline{X_{方砖}} = \frac{\sum\limits_{i=1}^{n} x_i f_i}{\sum\limits_{i=1}^{n} f_i}$$

$$= \frac{\begin{matrix}8\times6.7+8\times3.2+10\times3.4+10\times9.9+8\times5.9+8\times4.6+4\times1+8\times0.5+10\times3.5+10\times2\\+10\times1.1+10\times1.3+6\times2.8+10\times4.6+4\times3.6+0\times3.4+4\times7.5+4\times3.8+8\times2.4\end{matrix}}{6.7+3.2+3.4+9.9+5.9+4.6+1.0+0.5+3.5+2.0+1.1+1.3+2.8+4.6+3.6+3.4+7.5+3.8+2.4}$$

$$= 7.371$$

$$\overline{X_{\text{竹帘}}} = \frac{\sum\limits_{i=1}^{n} x_i f_i}{\sum\limits_{i=1}^{n} f_i}$$

$$= \frac{\begin{aligned}&10\times6.7+10\times3.2+6\times3.4+10\times9.9+10\times5.9+8\times4.6+6\times1+1\times0.5+10\times3.5+10\times2\\&+4\times1.1+6\times1.3+10\times2.8+10\times4.6+0\times3.6+6\times3.4+0\times7.5+0\times3.8+8\times2.4\end{aligned}}{6.7+3.2+3.4+9.9+5.9+4.6+1.0+0.5+3.5+2.0+1.1+1.3+2.8+4.6+3.6+3.4+7.5+3.8+2.4}$$

$$= 7.044$$

$$\overline{X_{\text{花格窗}}} = \frac{\sum\limits_{i=1}^{n} x_i f_i}{\sum\limits_{i=1}^{n} f_i}$$

$$= \frac{\begin{aligned}&8\times6.7+6\times3.2+4\times3.4+4\times9.9+0\times5.9+0\times4.6+0\times1+6\times0.5+8\times3.5+10\times2\\&+4\times1.1+10\times1.3+6\times2.8+8\times4.6+0\times3.6+0\times3.4+2\times7.5+0\times3.8+8\times2.4\end{aligned}}{6.7+3.2+3.4+9.9+5.9+4.6+1.0+0.5+3.5+2.0+1.1+1.3+2.8+4.6+3.6+3.4+7.5+3.8+2.4}$$

$$= 3.963$$

技艺组合的得分将不同单项分值相加后求平均值，最后得出四个不同组合的客观指标评分（表4-3）。

客观评估最终分值　　　　　　　　　　　　　　　　　　　　　　表4-3

技艺组合	分值
方砖地坪与小木作隔断	（7.371+3.963）/2=5.667
方砖地坪与竹作隔断	（7.371+7.044）/2=7.207
城砖地坪与小木作隔断	（6.598+3.963）/2=5.281
城砖地坪与竹作隔断	（6.598+7.044）/2=6.821

2. 主观评分

与客观评估相比，主观评估更紧密地与评价主体本身的性质联系在一起，主观评估标准表现出来的更多是评估主体的隐性心理标准，这些心理标准以行业标准为背景，并混杂着评估主体的职业标准、专业知识、时代背景等因素，是具有地域差异的、模糊的社会心理标准。❶

主观指标的评分标准具有复杂性与模糊性的双重特征，因此主观评分应采用如下的方式：评估数据的采集可以结合预设的调查问卷并与多种形式的访谈和观察相结合。

本次的主观评价指标主要涉及审美感知部分，与评价主体的社会背景、专业素养、价值观和思维模式等都有着密切的关系，由于该评估体系的设定目标是设计师决策的辅助工具，因此评估主体选择了几个不同的设计师团队，这些团队都长期在江南地区从事环境设计实践。

❶ 朱小雷.建成环境主观评价方法[M].南京:东南大学出版社,2005:9-10.

具体评估步骤包括：

（1）由组织者制作测试场景的评测影像并制定相关的调研问卷（附录十四）。调研问卷以主观评估指标为基础，问卷设计注意用词准确、意义清晰，避免模棱两可的问题设定。

（2）由组织者向设计师团队对评估目的及项目概况进行介绍。介绍内容包括评估体系的适用范围，向评价主体解释评分标准并且回答评估主体对评估体系的疑问；介绍项目的具体情况，包括位置、面积、使用对象、功能、现有施工进度等。

（3）放映评测影像并请评估主体仔细观察，发放调研问卷，组织评估主体进行打分；填写调研问卷时，继续循环播放评测影像并解答评估主体的问题。

（4）收取问卷，获取数据。

此次最终选择了 4 个江南地区的设计师团队，分别是苏州金螳螂第五设计院、无锡领秀名筑室内设计公司、无锡轻大建筑设计院及苏州顾氏装饰工程有限公司，其中无锡领秀名筑设计团队既是项目的使用者也是评估者，因为测试项目正是该公司室内设计的一部分。

几个设计师团队人数为 6 ～ 14 人不等，团队结构多为以主案设计师为核心，主设计师占大多数，助理设计师为辅，因此，在进行问卷数据统计时，根据设计师从业年限设定 1.0（10 年以上）、0.8（7 ～ 10 年）、0.6（3 ～ 6 年）、0.4（3 年以下）的系数，并根据系数对打分分值进行加权求和计算（附录十五），获得每一组技艺的最终主观评分（表 4-3）。

每一单项评分在乘以系数后再进行平均，公式如下：

$$\overline{X} = \frac{\sum\limits_{i=1}^{n} x_i y_j}{\sum\limits_{i=1}^{n} y_j}$$ （x_i 表示调查得到的分值；$y_j = y_1$，y_2，y_3，y_4；$y_1 = 1, y_2 = 0.8$，$y_3 = 0.6$，$y_4 = 0.4$）

得到未乘权重的最终得分后，再乘以相应权重，进行加权求和平均，公式如下：

$$\overline{Z} = \frac{\sum\limits_{i=1}^{n} \overline{X_i} f_i}{\sum\limits_{i=1}^{n} f_i}$$ （$\overline{X_i}$ 为第一步求得值，$f_i = 5.1$，1.6，4.1，3.0，$\cdots$，3.6，3.9）

以领秀名筑技艺组合为例，详细计算步骤如下：

（1）计算不同指标下各技艺组合的平均分值(考虑系数,不考虑权重),如：

$$\overline{X_1} = \frac{10 \times 1 + 10 \times 0.6 + 10 \times 0.6 + 10 \times 0.6 + 8 \times 0.6 + 8 \times 0.4 + 10 \times 0.4 + 8 \times 0.6 + 10 \times 0.6 + 6 \times 0.6 + 10 \times 0.8}{1 + 0.6 + 0.6 + 0.6 + 0.6 + 0.4 + 0.4 + 0.6 + 0.6 + 0.6 + 0.8}$$

$= 9.152$

依此类推，将数值计算完毕。

（2）计算各技艺组合的加权平均分值（考虑权重）

$$\overline{Z_{方砖木隔断}} = \frac{\sum_{i=1}^{n} \overline{X_i} f_i}{\sum_{i=1}^{n} f_i} = \frac{\begin{array}{l}9.152 \times 5.1 + 8.387 \times 1.6 + 8.29 \times 4.1 + 9.08 \times 3 + 8.8 \times 1.4 + 8.55 \times 1.5 + 8.15 \times 2.6 \\ + 7.9 \times 0.9 + 7.6 \times 1.6 + 8 \times 0.6 + 7.45 \times 1.2 + 8.85 \times 3.6 + 8.95 \times 1.9\end{array}}{5.1 + 1.6 + 4.1 + 3 + 1.4 + 1.5 + 2.6 + 0.9 + 1.6 + 0.6 + 1.2 + 3.6 + 1.9}$$

$= 8.73$

依此类推得到各技艺组合的分值。

主观评估最终得分表　　　　　　　　　　　　　　　　　　　　　　表 4-4

技艺组合	分值							
	领秀名筑		金螳螂		顾氏		轻大建筑院	
方砖地坪与小木作隔断	8.730	1	7.438	1	8.118	1	7.692	1
方砖地坪与竹作隔断	8.630	2	7.240	2	7.423	2	7.749	2
城砖地坪与小木作隔断	7.658	4	6.792	3	6.779	3	6.756	4
城砖地坪与竹作隔断	7.813	3	6.639	4	6.765	4	7.104	3

4.3.3　数据比较及结果

四组技艺在项目中应用的生态审美价值最终评估结果通过客观指标评分与主观指标评分的加权求和获得（表4-5）。

最终评分表　　　　　　　　　　　　　　　　　　　　　　　　　　表 4-5

技艺组合	分值							
	领秀名筑		金螳螂		顾氏		轻大建筑院	
方砖地坪与小木作隔断	6.558	3	6.182	3	6.380	3	6.256	3
方砖地坪与竹作隔断	7.621	1	7.217	1	7.270	1	7.365	1
城砖地坪与小木作隔断	5.973	4	5.721	4	5.717	4	5.71	4
城砖地坪与竹作隔断	7.110	2	6.768	2	6.805	2	6.903	2

从上表中我们可以看到在四个不同设计团队中的评估结果是一致的，都为：技艺组合二＞技艺组合四＞技艺组合一＞技艺组合三，但是值得注意的

是四个团队的主观指标评分结果之间存在轻微差别（表4-2），主要是各团队对于技艺组合三和技艺组合四在审美感知的评判上存在歧义。主观指标评分结果说明了两个问题：

（1）从审美感知的角度来评判，各设计团队均认为"方砖＋"的组合优于"城砖＋"的组合，说明大多数设计师是以"环境整体感"作为评判基础的（邻近客厅的展示区也采用方砖铺地）。

（2）各设计团队均认为"方砖＋"组合中，小木作（海棠纹内心仔）的美感优于竹作（竹帘），说明视觉形象的装饰性对大多数设计师的审美判断影响较大。

（3）各团队对"城砖＋"组合的不同评分说明决策各方的主观评定差异性很难避免，因为审美感知与评估主体的社会背景、专业素养、价值观和思维模式等都有着密切的关系，个体差异无法避免，这也是设计决策效率低下的主要原因之一，尤其是当设计决策还有投资方、管理方等人员介入时。

主观指标的评分结果说明纯粹依靠审美感知等主观因素进行评判，评判结果往往是模糊的，尤其是当参与方的价值观、审美观等存在差异时，并不能为设计决策提供最终的依据。本评估体系通过专家调查法确定各层级权重时得出的结果是：生态效益层为47.4、文化特质层为32.1、审美感知层为20.5，从权重上看，技艺能带来的生态效益和包含的文化特质是起主导作用的，这与生态审美判断需要生态、文化知识介入的观点一致。客观指标大多数位于生态效益层和文化特质层下，因此将最终的客观指标评分与主观指标评分综合后，几个团队获得了一致的评估结果：方砖地坪＋竹作隔断组合的生态审美价值最高，在四组技艺中是最适宜应用于本测试区域的，该实验证明评估体系能够成为设计师的有效沟通工具，并为设计决策提供科学有效的依据。

从欧洲现有的可持续设计评估体系模式看，评估体系有发展成评估工具群的趋势，中国的可持续设计必定也会顺应该发展趋势，本评估体系的定位就是从属于中国可持续设计评估工具群中的某个评估工具。本评估体系从生态审美的角度出发，为传统环境营造技艺在环境设计中的应用提供决策依据，在今天，可持续观念已经成为环境设计的基本指导观念，笔者认为本评估体系为设计所提供的决策依据应该成为在环境设计项目中是否应用某种传统技艺的决定性依据。

4.4 本章小结

在每次评估活动结束后，笔者都对设计师进行了访谈与问卷调查，80%的设计师表示这类设计前评估对于提高设计效率有一定帮助，但是在现有的设计活动中并不常见。另有一个有趣的现象是，大多数实践经验丰富的设计师（从业 10 年以上）觉得审美感知指标与他们的审美评判标准之间的差别不大，而从业年限较短人群（3 年以下）则觉得差别很大，审美感知指标遵循生态审美的"交融模式"进行选择并通过专家调查法进行确定，这说明专家学者和资深设计师都已经感受到了审美观的"生态转向"，评估体系使模糊的感知转变为明晰的细化指标，这对参加评估的其他设计师还起到了生态审美教育的作用。

　　本次评估的传统环境营造技艺所在样本空间典型性较强，光从视觉形象上看几组技艺组合之间的差别非常细微，但是本评估体系依然能够给出层次分明的辨析，辅助设计师作出科学正确的决策，该评估体系能够成为设计师团队内部、设计师与甲方沟通的有效工具。

5

结语

2015 年中央电视台纪录片频道推出的《园林》受到了热捧，其中不乏对作为"造梦载体"——传统技艺的描述。近两年浙江地区如雨后春笋般出现的新民宿因其居住环境的自然生态而受到世界各地旅游者的追捧，应用的乡土营造技艺是其亮点；而江南一地新建的中式精品楼盘也常常将营造过程中所采用的传统技艺作为宣传重点。这与几年前撰写本书之初引发研究假设的种种现象依然相似，但又有了些新的变化，虽然多数豪宅设计中看重的依然是传统营造技艺所需耗费的昂贵材料与时间成本，但是乡间民宿营造以及许多先锋设计师的实践中却一再选择低成本、低能耗的传统技艺，并利用这些传统技艺创造出了新的艺术形式。实现某种优秀传统文化的活态传承是复杂的问题，它涉及政策导向、经济效益、社会影响等诸多设计外的机制运作，但就设计活动而言，对其进行正确的"再评估"（Revalue）是活态传承的前提，本书基于此思路完成了"江南地区传统环境营造技艺生态审美评估体系"，并对该评估体系进行了实例验证，测试结果证明该评估体系能够从生态审美的角度对传统环境营造技艺进行辨析，辅助设计师作出正确的设计决策。

5.1　结论

（1）对传统环境营造技艺的审美认知是影响其在当代设计中的应用的关键，建立相应的审美评估体系是可行的有效路径，而在当今生态文明的全球化语境下，建立审美评估体系应当基于生态审美的角度。此外，从当代设计评估的发展来看，从不同的角度对同一目标进行评估获得综合性的决策建议是大趋势，因此本评估体系作为针对传统环境营造技艺评估的先行工具之一，还有待与以后产生的其他评估工具综合应用，以期更好地促进传统环境营造技艺的活态传承。

（2）在建立和应用此评估体系的过程中，专家调查法获得的反馈中"生态效益"权重最高的事实以及主观评估后设计师在调研中表达的观点都表明：生态审美事实上已经成为大多数研究者和部分设计师的共识。但是生态审美观念向大众的传播还需要经历一定的过程，设计师在引导大众审美的过程中，借助有效的评估工具是可行的路径之一，并且本评估体系在应用过程中不仅实现了原定的评估目标，辅助设计师进行方案优选，还从客观上促进了生态审美的教育与普及。

5.2　本研究已经解决的问题

（1）将生态审美理论转化为环境设计应用方法，建立了针对传统环境营造技艺的生态审美评估理论模型。

（2）以江南地区的传统环境营造技艺为例，采用层次分析法将理论模型具体化为可操作的评估体系。

（3）在设计活动中验证该评估体系，将指标分为客观评估指标与主观评估指标，客观评估体系以量化指标为主，提高了评估结果的科学性。

（4）本评估体系建立了传统环境营造技艺生态审美评估的开放性结构，第三层的评估因子可根据评估对象的地域性特征的不同进行调整，为以后建立传统境营造技艺生态审美评估工具群创造了理论及实践基础。

（5）本评估体系不仅能够促进设计决策各方的有效沟通，而且能够对参与评估的各方起到生态审美教育及普及的作用。

5.3　本评估体系的局限性

由于人力、物力、财力及个人能力有限，本评估体系也存在一定的局限性，总结起来有以下几个方面：

（1）评估体系的调研范围及调研深度有限。因为本评估体系以狭义江南地区为例，因此调研范围集中在江苏、浙江、安徽三省，虽然为了比较研究，对北京、天津、重庆、湖北、山东等省市存在的传统环境营造技艺也进行了实地调研，但由于时间和精力等原因，在其他省市的调研深度有限。

（2）部分指标的量化标准仍然需要改进。本研究在相关的评估体系研究的基础上，将某些量化指标进一步细化，但量化标准还需要在以后的评估实践中进一步验证其科学性。

（3）评估体系的可操作性可进一步增强。评估体系可以进一步转化为更易操作的自动化软件，以达到简化评估过程，并且更易推广的目的。

5.4　展望

针对该评估体系的研究现状，以后的研究工作可以从几个方面继续深入：

（1）根据该评估体系的开放性结构，选择不同区域的传统环境营造技艺细化第三层评估因子，建立不同区域的传统环境营造技艺生态审美体系，为各地区的相关政府部门、设计企业提供决策工具，应用范围包括非物质文化遗产保护、传统村落规划保护以及需要应用传统技艺的商业设计项目。

（2）该评估体系应用的评估原理和计算方法虽然广泛应用于社会多个领域，但是在传统环境营造技艺生态审美评估中尚属初级阶段，随着计算方法的发展，该评估体系也需要进一步的更新。

（3）评估体系的软件化研究。该评估体系可以进一步转化为更易操作的自动化软件，并且转化为一个能够分析、保存传统环境营造技艺信息的多功能的专家系统和数据库开发平台，能够自动统计传统环境技艺信息指标的智能软件，为传统环境营造技艺的当代应用提供有效的决策工具。

参考文献

[1] 吴良镛 . 建筑. 城市. 人居环境 [M]. 石家庄：河北教育出版社，2003.

[2] 吴良镛 . 人居环境科学导论 [M]. 北京：建筑工业出版社，2001.

[3] 中国科学院自然科学史研究所 . 中国古代建筑技术史 [M]. 科学出版社，1985.

[4] 国务院学位委员会第六届学科评议组 . 学位授予和人才培养一级学科简介 [M]. 北京：高等教育出版社，2013.

[5] 郑曙旸 . 环境艺术设计概论 [M]. 北京：中国建筑工业出版社，2007.

[6] 刘先觉 . 现代建筑理论 [M]. 北京：中国建筑工业出版社，1999.

[7] 刘先觉 . 生态建筑学 [M]. 北京：中国建筑工业出版社，2009.

[8] 周浩明 . 可持续室内环境设计理论 [M]. 北京：中国建筑工业出版社，2011.

[9] 周海林 . 可持续发展原理 [M]. 北京：商务印书馆，2006.

[10]（英）休谟 . 道德原则研究 [M]. 曾晓平译 . 北京：商务印书馆，2001.

[11] 清华大学美术学院环境艺术设计系艺术设计可持续发展研究课题组 . 设计艺术的环境生态学 [M]. 北京：中国建筑工业出版社，2007.

[12] 朱光潜 . 朱光潜美学文集 [M].1982.

[13] 朱光潜 . 西方美学史 [M]. 北京：人民文学出版社，1979.

[14] 宗白华 . 艺境 [M]. 北京：北京大学出版社，1987.

[15] 李泽厚 . 中国美学史 [M]. 北京：中国社会科学出版社，1984.

[16] 叶朗 . 美在意象 [M]. 北京：北京大学出版社，2010.

[17] 彭锋 . 美学导论 [M]. 上海：复旦大学出版社，2011.

[18]（美）史蒂文·布拉萨 . 景观美学 [M]. 彭锋译 . 北京：北京大学出版社，2008.

[19] 刘悦笛 . 生活美学与艺术经验 [M]. 南京：南京出版社，2007.

[20] 李砚祖，王明旨，徐恒醇 . 设计美学 [M]. 北京：清华大学出版社，2006.

[21] 李砚祖，王明旨编著 . 外国设计艺术经典论著选读（上下册）[M]. 北京：清华大学出版社，2006.

[22] 袁鼎生 . 生态艺术哲学 [M]. 北京：商务印书馆，2007.

[23] 阿诺德·柏林特主编 . 环境与艺术：环境美学的多维视角 [M].2007.

[24] 塔达基维奇 . 西方美学概念史 [M]. 褚朔维译 . 北京：学苑出版社，1990.

[25] 蒋孔阳，朱立元主编 . 西方美学通史导论 [M]. 上海：上海文艺出版社，1999.

[26]（美）大卫·格里芬，曾繁仁主编 . 建设性后现代思想与生态美学 [M]. 济南：山东大学出版社，2011.

[27] 曾繁仁 . 中西对话中的生态美学 [M]. 北京：人民出版社，2012.

[28] 陈望衡 . 环境美学 [M]. 武汉：武汉大学出版社，2007.

[29] 程相占 . 生生美学论集——从文艺美学到生态美学 [M]. 北京：人民出版社，2011.

[30] 程相占，（美）阿诺德·柏林特，（美）保罗·高博斯特，（美）王昕皓 . 生态美学与生态评估及规划 [M]. 郑州：河南人民出版社，2013.

[31] 万书元 . 当代西方建筑美学新潮 [M]. 上海：同济大学出版社，2012.

[32] 滕守尧 . 审美心理描述 [M]. 成都：四川人民出版社，1998.

[33]（法）米歇尔·柯南 . 穿越岩石景观——贝尔纳·拉絮斯的景观言说方式 [M]. 长沙：湖南科学技术出版社，2006.

[34]（美）桑德斯主编 . 设计生态学：俞孔坚的景观 [M]. 俞孔坚等译 . 北京：中国建筑工业出版社，2013.

[35] 俞孔坚 . 定位当代景观设计学：生存的艺术 [M]. 北京：中国建筑工业出版社，2006.

[36] 王澍 . 设计的开始 [M]. 北京：建筑工业出版社，2002.

[37] 俞孔坚 . 景观：文化、生态与感知 [M]. 北京：科学出版社，1998.

[38] 杨京平，田光明 . 生态设计与技术 [M]. 北京：化学工业出版社，2006.

[39] 王琥 . 设计史鉴：中国传统设计审美研究 [M]. 南京：江苏美术出版社，2010.

[40] 姜振寰 . 技术史理论与传统工艺 [M]. 北京：中国科学技术出版社，2012.

[41] 徐磊青 . 人体工程学与环境行为学 [M]. 北京：中国建筑工业出版社，2006.

[42] 张彤主编 . 绿色北欧——可持续发展的城市与建筑 [M]. 南京：东南大学出版社，2009.

[43] [比] 普利高津 . 从存在到演化 [M]. 上海：上海科学技术出版社，1986.

[44] 陈正祥 . 中国文化地理 [M]. 北京：三联书店，1983.

[45] 周振鹤 . 随无涯之旅，释江南 [M]. 北京：三联书店，1996.

[46] 周振鹤 . 游汝杰，方言与中国文化 [M]. 上海：上海人民出版社，2006.

[47] 施坚雅 . 中华帝国晚期的城市 [M]. 北京：中华书局，2000.

[48] 赵世瑜，周尚意 . 中华文化地理概说 [M]. 太原：山西教育出版社，1991.

[49] 刘士林 . 西洲在何处——江南文化的诗性叙事 [M]. 北京：东方出版社，2005.

[50] 马正林 . 中国历史地理简论 [M]. 西安：陕西人民出版社，1990.

[51] 梁漱溟 . 中国文化要义 [M]. 上海：上海世纪出版集团，2005.

[52]（汉）班固 . 汉书 [M]. 北京：中华书局，1962.

[53]（汉）刘歆等撰，王根林校点 . 西京杂记 [M]. 上海：上海古籍出版社，2012.

[54]（魏）王弼注，（唐）孔颖达疏 . 周易正义 [M]. 北京：北京大学出版社，2000.

[55]（宋）叶梦得，石林燕语 [M]. 侯忠义点校 . 北京：中华书局，1984.

[56]（宋）李诫 . 营造法式 [M]. 北京：商务印书馆，1993.

[57]（宋）孟元老等 . 东京梦华录（外四种）[M]. 上海：古典文学出版社，1956.

[58]（明）午荣汇编，易金木译注 . 鲁班经 [M]. 北京：华文出版社，2007.

[59]（明）宋应星 . 天工开物 [M]. 钟广言注 . 广州：广东人民出版社，1976.

[60]（明）王守仁 . 王阳明全集（上）[M]. 上海：上海古籍出版社 1992.

[61]（明）王士性 . 广志绎 [M]. 北京：中华书局，1981.

[62]（明）冯梦龙 . 古今谭概 [M]. 福州：海峡文艺出版社，1985.

[63]（明）计成 . 园冶注释 [M]. 陈植注释，杨伯超校订，陈从周校阅 . 北京：中国建筑工业出版社，1988.

[64]（明）王士性 . 广志绎（卷二）[M]. 北京：中华书局，1981.

[65]（明）申时行等 . 明会典（万历朝重修本）[M]. 北京：中华书局，1989.

[66]（明）李贽 . 焚书（卷五）[M]. 北京：中华书局，1997.

[67]（明）张岱 . 石匮书 [M]. 凤禧堂抄本，北京：中华书局，1959.

[68]（明）张岱 . 陶庵梦忆（卷五）[M]. 北京：故宫出版社，2011.

[69]（明）韩浚修，张应武纂 . 嘉定县志 [Z]. 万历三十三年刻本 .

[70]（明）谢肇淛 . 金玉琐碎 [M]. 上海：上海古籍出版社，2012.

[71]（明）高濂，遵生八笺 [M]. 北京：人民卫生出版社，2009.

[72]（明）胡应麟.少室山房笔丛 [M].北京：中华书局，1958.

[73]（明）王世贞.凤洲杂编及其他二种 [Z].中国台湾：台湾艺文印书馆，1964.

[74]（明）文震亨.长物志 [M].陈植校注.南京：江苏科学技术出版社，1984.

[75]（明）文震亨.长物志图说 [M].济南：山东画报出版社，2003.

[76]（清）王应奎.柳南随笔.续笔 [M].北京：中华书局，1997.

[77]（清）陆廷灿.南村随笔（卷六）[M].济南：齐鲁书社，1995.

[78]（清）钱大昕.十驾斋养新录 [M].上海：上海书店，1983.

[79]（清）李渔.闲情偶寄 [M].上海：上海古籍出版社，2000.

[80]（清）张履祥.杨园先生全集 [M].北京：中华书局，2002.

[81]（清）吴敬梓.儒林外史 [M].上海：上海文艺出版社，1996.

[82]（清）褚人获.坚瓠集戊集（卷四）// 顾廷龙主编.续修四库全书·子部（1261 册）[G].上海：上海古籍出版社，1992.

[83]（清）曹雪芹，高鹗.红楼梦 [M].北京：人民文学出版社，2008.

[84]（清）郑玄注.周礼注疏 [M].（唐）贾公彦疏，彭林整理.上海：上海古籍出版社，2010.

[85]（清）钱泳.履园丛话 [M].北京：中华书局，1979.

[86]（清）徐崧.百城烟水 [M].（清）张大纯 辑.南京：江苏古籍出版社，1999.

[87]（清）曹庭栋.老老恒言 [M].北京：人民卫生出版社，2006.

[88]（清）龚炜.巢林笔谈 [M].北京：中华书局，1981.

[89]（清）袁学澜.吴郡岁华纪丽 [M].南京：江苏古籍出版社，1998.

[90]（清）沈复.浮生六记 [M].北京：人民文学出版社，1980.

[91]（清）顾禄.清嘉录 [M].江苏古籍出版社，1999.

[92] 影印本出版社.明鲁般营造正式 [M].上海：上海科学技术出版社，1988.

[93] 清代史料笔记丛刊 [M].北京：中华书局，1981.

[94] 祝纪楠.《营造法原》诠释 [M].北京：中国建筑工业出版社，2012.

[95] 沈黎.香山帮匠作系统研究 [M].上海：同济大学出版社，2011.

[96] 张道一.考工记注释 [M].西安：陕西人民美术出版社，2004.

[97] 宾慧中.中国白族传统民居营造技艺 [M].上海：同济大学出版社，2012.

[98] 刘大可.中国古建筑瓦石营法 [M].北京：建筑工业出版社，1993.

[99] 沈从文.花花朵朵坛坛罐罐 [M].北京：外文出版社，1994.

[100] 黄宾虹.黄宾虹文集"金石编" [M].上海：上海书画出版社，1999.

[101] 潘谷西，何建中.《营造法式》解读 [M].南京：东南大学出版社，2005.

[102] 李路珂.营造法式彩画研究 [M].南京：东南大学出版社，2011.

[103] 杨鸿勋.江南园林论 [M].北京：中国建筑工业出版社，2011.

[104] 赫西俄德.工作与时日·神谱 [M].北京：商务印书馆，1991.

[105] 王晓朝.希腊宗教概论 [M].上海：上海人民出版社，1997.

[106] 喻学才.中国历代名匠志 [M].武汉：湖北教育出版社，2011.

[107] 王国维.两浙古刊本考 [M].上海：上海书店出版社，1983.

[108] 钱伯城 . 袁宏道集笺校（卷五）[M]. 上海：上海古籍出版社，1981.

[109] 王世襄 . 王世襄文集明式家具研究 [M]. 北京：生活读书新知三联书店，2007.

[110] 刘杰 . 江南木构 [M]. 上海：上海交通大学出版社，2009.

[111] 浙江省文物考古研究所，南京博物院考古研究所 . 江南文化之源——纪念马家滨遗址发现五十周年图文集 [M].2009.

[112] 刘敦桢 . 中国古代建筑史 [M]. 北京：中国建筑工业出版社，2006.

[113] 张公弛 . 中国历代名园记选注 [M]. 合肥：安徽科技出版社，1982.

[114] 徐民苏等 . 苏州民居 [M]. 北京：中国建筑工业出版社，1991.

[115] 井庆生 . 清式大木作操作工艺 [M]. 北京：文物出版社，1985.

[116] 杨通山 . 侗乡风情录 [M]. 成都：四川民族出版社，1983.

[117] 李华东主编 . 高技术生态建筑 [M]. 天津：天津大学出版社，2002.

[118] 余树勋 . 园林美与园林艺术 [M]. 北京：科学出版社，1987.

[119] 苏雪痕 . 植物造景 [M]. 北京：北京林业出版社，1994.

[120]（法）谢和耐 . 蒙元入侵前夜的中国日常生活 [M]. 刘东译 . 南京：江苏人民出版社，1995.

[121] 陈去病 . 丹午笔记·吴城日记·五石脂 . 南京：江苏古籍出版社，1999.

[122] 王学典编译 . 山海经 [M]. 哈尔滨：哈尔滨出版社，2007.

[123] 王其亨主编 . 风水理论研究 [M]. 天津：天津大学出版社，1992.

[124] 何晓昕 . 风水探源 [M]. 南京：东南大学出版社，1990.

[125] 安徽省文化厅 . 徽州文化生态保护实验区规划纲要 [Z].2010.

[126] 张培坤，郭力民等 . 浙江气候及其应用 [M]. 北京：气象出版社，1999.

[127] 周芬芳，陆则起，苏旭东 . 中国木拱桥传统营造技艺 [M]. 杭州：浙江人民出版社，2011.

[128]（美）N·维纳 . 控制论：或关于在动物和机器中控制和通讯的科学 [M]. 郝季仁译 . 北京：科学出版社，2009.

[129]（美）凯文·凯利 . 失控——全人类的最终命运和结局 [M]. 东西文库译 . 北京：新星出版社，2010.

[130] 陈志华，李秋香 . 楠溪江中游 [M]. 北京：清华大学出版社，2010.

[131] 陈从周 . 苏州旧住宅 [M]. 上海：上海三联书店，2003.

[132] 王贵祥，刘畅，段智钧 . 中国古代木构建筑比例与尺度研究 [M]. 北京：中国建筑工业出版社，2011.

[133] 国家图书馆 . 中国传统建筑营造技艺展图录 [M]. 北京：国家图书馆出版社，2012.

[134] 冯晓东 . 承香堂——香山帮营造技艺实录 [M]. 北京：中国建筑工业出版社，2012.

[135] 石四军主编，筑龙网组编 . 古建筑营造技术细部图解 [M]. 沈阳：辽宁科学技术出版社，2010.

[136]《传统村落保护与更新关键技术研究》研究组 . 传统村镇保护发展规划控制技术指南与保护利用技术手册 [M]. 北京：中国建筑工业出版社，2012.

[137] 朱家溍 . 明清室内陈设 [M]. 北京：故宫出版社，2012.

[138]（日）志水英树 . 建筑外部空间 [M]. 张丽丽译 . 北京：中国建筑工业出版社，2002.

[139] 西蒙德 . 景园建筑学 [M]. 王济昌译 . 台北：台隆书店，1982.

[140]（日）芦原信义 . 街道的美学 [M]. 尹培桐译 . 天津：百花文艺出版社，2006.

[141] 李萧锟 . 色彩学讲座 [M]. 桂林：广西师范大学出版社，2003.

[142] 宋建明 . 色彩设计在法国 [M]. 上海：上海人民美术出版社，1999.

[143] 马江彬.人机工程学及其应用 [M].北京:机械工业出版社, 1993.

[144] 大师系列丛书编辑部.斯蒂文·霍尔的作品与思想阅读 [M].北京:中国电力出版社, 2005.

[145] 巩在武.不确定模糊判断矩阵原理、方法与应用 [M].北京:科学出版社, 2011.

[146] 杜栋,庞庆华,吴炎.现代综合评价方法与案例精选 [M].北京:清华大学出版社, 2008.

[147] 彼得·罗希,马克·李普希,霍华德·弗里曼.评估:方法与技术 [M].重庆:重庆大学出版社, 2007.

[148] 许树柏.层次分析法 [M].北京:煤炭工业出版社, 1988.

[149] 赵焕臣.层次分析法——一种简易的新决策方法 [M].北京:科学出版社, 1986.

[150] 朱小雷.建成环境主观评价方法 [M].南京:东南大学出版社, 2005.

[151] 张松.城市文化遗产保护国际宪章与国内法规选编 [M].上海:同济大学出版社, 2009.

[152] 张宗元.模糊数学入门和在建筑管理中的应用 [M].北京:建筑工业出版社, 1991.

[153] Leopold, Aldo. A sand country almanac: with essays on conservation. New York: Oxford University Press.

[154] Mosquin, Ted. The Roles of Biodiversity in Creating and Maintaining the Ecosphere,2005（4）.

[155] Charles Jencks. Language of Post Modern Architecture. London: Academy Edition, 1984.

[156] Minke, Gernot, Birkhäuser Generalst and Ingorder: Builsing with Bamboo: Design and Technology of Sustainable Architecture, Basel, CHE, Birkhäuser, 2012（12）.

[157] Yoshikawa, Isao Suzuki, Osamu. Bamboo Fences.New York：Princeton Architectural Press, 2009（04）.

[158] Lois Swironoff. The Color of Cities, an International Perspective. New York: Mcdraw Hill,2000.

[159] Jean Philip Pe Lenelos. Dominique Lenelors. Couleursdela France. Paris: Editionsdu Moniteur,1990.

[160] Zumthor P. Atmospheres: Architectural Environments Surrouding Objects. Basel: Birkhauser,2006.

[161] 刘毅青.庄子技艺观的生态美学内涵——以徐复观的阐释为中心 [J]// 建设性后现代思想与生态美学 [M].济南:山东大学出版社, 2011.

[162] 保罗·高博斯特,杭迪.西方生态美学的进展:从景观感知与评估的视角看 [J].学术研究, 2010（04）.

[163] 曾繁仁,程相占.生态文明时代的美学建设——关于生态文明理念与中国美学当代转型的对话 [J].鄱阳湖学报, 2014（03）.

[164] 程相占.环境美学对分析美学的承续与拓展 [J].文艺研究, 2012（03）.

[165]（日）齐藤百合子.非美自然的美学 [J].李菲译.郑州大学学报（哲学社会科学版）, 2012（03）.

[166] 蔡冠丽,高民权.大量性建筑的室内设计 [J].建筑学报, 1982（10）.

[167] 陆震纬,屠兰芬.住宅室内环境艺术的若干问题 [J].建筑学报, 1988（02）.

[168] 张耀曾.环境营造说——龙柏"文峰"设计谈 [J].时代建筑, 1984（01）.

[169] 王澍.那一天 [J].时代建筑, 2005（04）.

[170] 荆其敏.生态建筑学 [J].建筑学报, 2000（07）.

[171] 唐孝祥.传统环境美学观与现代城市住区环境美的创造 [J].新建筑, 2000（06）.

[172] 戴复东.创造宜人的微观环境——室内设计漫谈 [J].室内, 1988（05）.

[173] 张春阳,孙一民.创造舒适的园林微观环境——座椅设置与人的心理、行为要求 [J].中国园林, 1989（04）.

[174] 李伯华,曾菊新.基于农户空间行为变迁的乡村人居环境研究 [J].地理与地理信息科学, 2009（09）.

[175] 俞孔坚.自然风景质量评价研究 [J].北京林业大学学报, 1988（06）.

[176] 俞孔坚.论景观概念及其研究发展 [J].北京林业大学学报, 1987（04）.

[177] 俞孔坚，吉庆萍 . 专家与公众景观审美差异研究及对策 [J]. 中国园林，1990（02）.

[178] 张曼，刘松茯，康健 . 后工业社会英国建筑符号的生态审美研究 [J]. 建筑学报，2011（09）.

[179] 张延国 . 胡塞尔的"生活世界"理论及其意义 [J]. 华中科技大学学报（人文社会科学版），2002（05）.

[180] 杨春时 . 论生态美学的主体间性 [J]. 贵州师范大学学报（社会科学版），2004（01）.

[181] 唐英，史承勇 . 尊重"地域性"的居住区景观设计 [J]. 科技咨询，2012（05）.

[182] 方行 . 清代江南经济：自然环境作用的一个典型 [J]. 丝语·品茗，2008（04）.

[183] 祁伟成 . 中国古代建筑装修上的楔钉销砕 [J]. 文物世界，2006 年（05）.

[184] 蒋博光 . "样式雷"家传有关古建筑口诀的秘籍 [J]. 古建园林技术，1988（03）.

[185] 徐艺乙 . 手工工具习惯——传统手工艺实践中的不确定性相关的问题 [J]. 装饰，2014（03）.

[186] 徐艺乙 . 传统工具——艺术设计研究的一个重要方面 [J]. 装饰，1995（12）.

[187] 赵德利 . 生命永恒：文艺与民俗同构的人生契点 [J]. 宁夏社会科学，1997（06）.

[188] 范玉刚 . 技术美学始源内涵探微——试析威廉·莫里斯的美学思想 [J]. 烟台大学学报（哲学社会科学版），1998（01）.

[189] 陈辉 . 探析仿古建筑施工质量控制的有效措施 [J]. 中华民居，2014（02）.

[190] 卜复鸣 . 现代假山堆叠举隅—小型假山的堆叠训练 [J]. 花园与设计，2006（07）.

[191] 于坚 . 江南：中国人的天堂 [J]. 中国国家地理，2007（03）.

[192] 刘士林 . 江南与江南文化的界定及当代形态 [J]. 江苏社会科学，2009（05）.

[193] 冻国栋 . 六朝至吴郡大姓的演变，魏晋南北朝隋唐史资料（第 15 辑）[C]. 武汉：武汉大学出版社，1997.

[194] 华林甫 . 论唐代宰相的籍贯地理分布 [J]. 史学月刊，1995（03）.

[195] 张葳 . 唐中晚期北方士人主动移居江南现象探析——以唐代墓志材料为中心 [J]. 史学月刊，2010（09）.

[196] 谭其骧 . 晋永嘉丧乱后之民族迁徙 [C]// 长水集 . 北京：人民出版社，1987.

[197] 梁旻 .《燕几图》版本与图谱中的家具形制研究 [J]. 美苑，2013（03）.

[198] 姚光珏 . 明代建筑变革对徽派建筑轩顶之影响 [J]. 古建园林技术，2010（03）.

[199] 曹汛 . 草架源流 [J]. 中国建筑史论汇刊，2013（01）.

[200] 刘榕 . 静怡轩的建筑渊源及其复原设计 [J]. 故宫博物院院刊，2005（05）.

[201] 过常宝 . 论先秦工匠的文化形象 [J]. 北京师范大学学报（社会科学版），2012（01）.

[202] 巫仁恕 . 晚明文士的消费文化——以家具为个案的考察 [J]. 浙江学刊，2005（06）.

[203] 雍振华 . "牌科"小议 [J]. 古建园林技术，2013（01）.

[204] 苏州市地方志编纂委员会办公室,苏州市档案局,政协苏州市委员会文史编辑部 . 苏州史志资料选辑（半年刊）[G].1992.

[205] 张朋川 . 试论书画"中堂"样式的缘起 [J]// 张朋川 . 黄土上下：美术考古文粹 [M]. 济南：山东画报出版社，2006.

[206] 王家范 . 明清江南消费性质与消费效果解析 [J]. 华东师范大学学报（哲学社会科学版），1998（02）.

[207] 周南泉 . 明陆子冈及"子刚"款玉器 [J]. 故宫博物院院刊，1984（03）.

[208] 谭刚毅 . 中国传统"轻型建筑"之原型思考与比较分析 [J]. 建筑学报，2014（12）.

[209] 尚书静，孟祥彬 . 彩画在园林建筑中的应用 [J]. 中国园林，2007（12）.

[210] 郑丽虹 . 明代苏州宋式锦对宋锦图案的继承 [J]. 丝绸，2010（12）.

[211] 陈薇 . 江南明式彩画构图 [J]. 古建园林技术，1994（01）.

[212] 陈薇 . 江南明式彩画制作工序 [J]. 古建园林技术，1989（03）.

[213] 熊燕军 . 宋代江南崛起与南北自然环境变迁 [J]. 重庆社会科学，2006（05）.

[214] 王其亨 . 歇山沿革试析 [J]. 古建园林技术，1991（01）.

[215] 杨凯，唐敏，刘源，吴阿娜，范群杰 . 上海中心城区河流及水体周边小气候效应分析 [J]. 华东师范大学学报，
2004（03）.

[216] 钟军力，曾艺军 . 建筑的自然通风浅析 [J]. 重庆建筑大学学报，2004（04）.

[217] 司马景 . 竹帘的文化意蕴 [J]. 装饰，2010（01）.

[218] 郑丽虹 . "苏式"生活方式中的丝绸艺术 [J]. 丝绸，2008（11）.

[219] 韦明铧 . 扬州剧场考 [J]. 扬州大学学报（人文社会科学版），1999（04）.

[220] 李雪莲，秦菊英，王士超 . 古代家具类游具的继承与发展 [J]. 浙江理工大学学报，2014（06）.

[221] 詹石窗 . 从信阳习俗看闽南民宅营造的生命意识 [J]. 闽南文化研究——第二届闽南文化研讨会论文集，2003
（09）.

[222] 伯纳德·贝伦松 . 审美运动 [J]. 美学与历史，纽约：先贤图书出版社，1984.

[223] 王群，赵辰，朱涛 . 建构学的建筑与文化期盼 [J]. DOMUS，2007，17（12）.

[224] 温丽敏 . 建筑光影之心理环境分析 [J]. 东南大学学报（哲学社会科学版），2006（12）.

[225] 路文彬 . 论中国文化的听觉审美特质 [J]. 中国文化研究，2006（03）.

[226] 成朝晖 . 城市气息 – 城市形象嗅觉识别系统营造 [J]. 中国美术馆，2009（08）.

[227] 陈辉，张显 . 浅析芳香植物的历史及在园林中的应用 [J]. 陕西农业科学，2005（03）.

[228] 沈克宁 . 光影的形而上学 [J]. 建筑师，2010（02）.

[229] 宋光兴，杨德礼 . 模糊判断矩阵的一致性检验及一致性改进方法 [J]. 系统工程，2003（01）.

[230] 李永辉，谢华荣，王建国，李新建，吴锦绣 . 苏州吴江近现代青砖等温吸湿性能实验研究 [J]. 东南大学学报（自
然科学版），2012（03）.

[231] 孙凝异，温荣 . 金砖有多少活力 [J]. 中华手工，2013（06）.

[232] 周爱民 . 庞薰琹与中国图案艺术研究 [J]. 文艺研究，2010（04）: 35.

[233] 马全宝 . 香山帮传统营造技艺田野考察与保护方法探析 [D]. 中国艺术研究院硕士论文，2010.

[234] 宋文萌 . 技术哲学视角下的"造物"与"拆物" [D]. 大连理工大学硕士论文，2013（06）.

[235] 许婷 . 城市轨道交通枢纽行人微观行为机理及组织方案研究 [D]. 北京交通大学硕士学位论文，2007（12）.

[236] 周榕 . 微规划——微观城市学方法论研究 [D]. 清华大学博士学位论文，2006（04）.

[237] 骆娟 . 工业设计方案评估者视角差异研究 [D]. 湖南大学硕士学位论文，2013（03）.

[238] 于雅鑫 .12 种木兰科乔木的固碳释氧和降温增湿能力及景观评价研究 [D]. 中南林业科技大学硕士学位论文，
2013（05）.

[239] 董建文，福建中 . 南亚热带风景游憩林构建基础研究 [D]. 北京：北京林业大学 ,2007.

[240] 王云 . 风景区公路景观美学评价与环境保护设计 [D]. 中国科学院博士学位论文，2007（05）.

[241] 贺明 . 日常生活世界的传统聚落空间解读 [D]. 华中科技大学硕士学位论文，2004.

[242] 张艳玲 . 历史文化村镇评价体系研究 [D]. 华南理工大学博士学位论文，2011.

[243] 陈栋 . 中国传统建筑工艺遗产的原创性问题探讨 [D]. 同济大学硕士论文，2008（06）.

[244] 华亦雄.水在中国传统聚落中的生态价值及其在当代住区中的应用探讨 [D]. 江南大学硕士论文，2005（07）.

[245] 滕明邑.村镇住宅空斗墙体热工性能分析及节能技术研究 [D]. 湖南大学硕士学位论文，2008（04）.

[246] 陈建新.李渔造物思想研究 [D]. 武汉理工大学博士研究论文，2010.

[247] 赵佳琪.鲁班尺的应用及传统造物思想研究 [D]. 中国艺术研究院硕士学位论文，2012.

[248] 邱志涛.明式家具的科学性与价值研究 [D]. 南京林业大学博士论文，2006.

[249] 林作新.皖南民俗家具研究 [D]. 北京林业大学博士学位论文，2007（06）.

[250] 翟源静.新疆坎儿井技术文化研究 [D]. 清华大学博士学位论文，2011.

[251] 张伟.土作——对浙江部分地区乡土建造研究 [D]. 中国美术学院硕士学位论文，2009（06）.

[252] 刘铁军.明清江南士绅话语研究 [D]. 南京师范大学硕士学位论文，2005.

[253] 赵雯雯.从图样到空间——清代紫禁城内廷建筑室内空间设计研究 [D]. 清华大学硕士论文，2009.

[254] 郑丽虹.明代中晚期"苏式"工艺美术研究 [D]. 苏州大学博士学位论文，2008.

[255] 吴春年.江南民具竹篮的传统制作手艺考察与论析 [D]. 苏州大学硕士论文，2010（03）.

[256] 尹娜.两宋时期江南的瘟疫与社会控制 [D]. 上海师范大学硕士学位论文，2005（05）.

[257] 倪辉.江南竹枝词研究 [D]. 上海师范大学硕士学位论文，2013（04）.

[258] 李敏.江南传统聚落中水体的生态应用研究 [D]. 上海交通大学，2010（02）.

[259] 熊海珍.中国传统村镇水环境景观探析 [D]. 西南交通大学硕士学位论文，2008.

[260] 王建华.基于气候条件的江南传统民居应变研究 [D]. 浙江大学博士学位论文，2008（06）.

[261] 张晓青.中国古典诗歌中的季节表现——以中古诗歌为中心 [D]. 中国社会科学院博士学位论文，2012.

[262] 杨晓东.明清民居与文人园林中花文化的比较研究 [D]. 北京林业大学博士学位论文，2011（06）.

[263] 赵慧.宋代室内意匠研究 [D]. 中国美院博士学位论文，2009.

[264] 刘彦伶.晚晴至民国时期清唱常与研究 [D]. 苏州大学设计艺术学硕士学位论文，2012.

[265] 姜昧茗.论影响明清徽州民居的社会文化因素及表征 [D]. 武汉：华中师范大学，2003.

[266] 孟琳."香山帮"研究 [D]. 苏州大学硕士学位论文，2013（09）.

[267] 曹晖.视觉形式的美学研究 [D]. 中国人民大学博士学位论文，2007（05）.

[268] 丁丽娟.大理白族家具与白族民居建筑关系研究 [D]. 昆明理工大学硕士学位论文，2008（03）.

[269] 郑小东.建构语境下当代中国建筑中传统材料的使用策略研究 [D]. 清华大学博士论文，2012（04）.

[270] 钱岑.苏南传统聚落建筑构造及其特征研究 [D]. 江南大学硕士学位论文，2012（09）.

[271] 黄宝宝.保健型园林设计理论与实践研究 [D]. 浙江农林大学硕士学位论文，2013（09）.

[272] 赵之昂.肤觉经验与审美意识 [D]. 山东师范大学博士学位论文，2005（04）.

[273] 龙瀛.面向空间规划的微观模拟：数据、模拟与评价 [D]. 清华大学博士学位论文，2011（04）.

[274] 林翰.成都市代表性公园植物群落多样性和景观美学评价初探 [D]. 四川农业大学硕士学位论文，2013（04）.

[275] 尹乐.城市旅游景观视觉形象分析与评价研究——以扬州市为例 [D]. 安徽师范大学硕士学位论文，2007（05）.

[276] 李军.城市植物景观恢复技术与质量评价体系研究——以珠三角的广州、深圳、珠海为例 [D]. 中南林业大学博士学位论文，2005（12）.

[277] 刘萌.城镇河道生态护坡材料筛选及其生态健康评价研究 [D]. 山东师范大学硕士学位论文，2013（06）.

[278] 王忠君.福州国家森林公园生态效益与自然环境旅游适宜性评价研究 [D]. 北京林业大学硕士学位论文，2004（05）.

[279] 万亿 . 高校绿地景观格局及其美学质量优化研究 [D]. 东北农业大学硕士学位论文，2014（06）.

[280] 黄昭 . 工程机械产品形态设计评估体系研究 [D]. 中南大学硕士学位论文，2014（06）.

[281] 范黎明 . 广州近郊藜蒴群落花期美景度研究 [D]. 中国林业科学研究院硕士学位论文，2012（06）.

[282] 菅涛 . 呼和浩特市小黑河滨河景观的评价研究 [D]. 内蒙古农业大学硕士学位论文，2012（06）.

[283] 张伟 . 国内外绿色建筑评估体系比较研究 [D]. 湖南大学硕士学位论文，2012（06）.

[284] 刘向东 . 黄河故道地区土地整理项目综合效益评价研究——以濮阳市为例 [D]. 河南大学硕士学位论文，2012（06）.

[285] 林清 . 基于 SBE 法的福州郊区乡村景观调查及评价 [D]. 中国农业科学院硕士学位论文，2012（11）.

[286] 杜志秀 . 基于电子海图的航线设计评估模型研究 [D]. 集美大学硕士学位论文，2012（04）.

[287] 李慧敏 . 基于模糊评判理论对长春市综合公园的景观评价 [D]. 吉林农业大学硕士学位论文，2012（06）.

[288] 孙从丽 . 基于品牌战略的产品设计评估体系研究 [D]. 山东大学硕士学位论文，2008（05）.

[289] 汤雨琴 . 郊野公园游憩评价研究——以上海顾村公园为例 [D]. 上海交通大学硕士学位论文，2013（01）.

[290] 李婧 . 旧工业建筑再利用价值评价因子体系研究 [D]. 西南交通大学硕士学位论文，2013（01）.

[291] 王中锋 . 居住区建成环境使用后评估的理论研究及应用 [D]. 太原理工大学硕士学位论文，2013（01）.

[292] 吴杜 . 面向感性设计的数据挖掘模型与应用 [D]. 天津大学硕士学位论文，2008（05）.

[293] 张耀升 . 沙发面料材质视觉感受性研究 [D]. 南京林业大学硕士学位论文，2012（06）.

[294] 褚兴彪 . 山东乡村聚落景观评价模型构建与优化应用研究 [D]. 湖南农业大学博士学位论文，2013（06）.

[295] 桂涛 . 乡土建筑价值及其评价方法研究 [D]. 昆明理工大学硕士学位论文，2013（09）.

[296] 刘新 . 实事求"适"——商品设计评价体系研究 [D]. 清华大学博士学位论文，2006.

[297] Joseph W.Meeker. The Comedy of Survival: Studies in Literary, New York: Charles Scribner's Sons,1972.

[298] William Wordsworth.The Oxford Authors: William Wordsworth, Oxford and New York: Oxford University Press, Book VI, 1992: 549-658.

[299] Huang JH, Han XG. Biodiversity and ecosystem stability. Chinese Biodiversity,1995,3（1）.

[300] Deleourt HR. Dynamic Plant ecology: the spectrum vegetation change in space and time. Quaternary Science Review,1983.

[301] Gobster, P. H., Nassaure, J. I., Daniel, T. C., and Fry, G. The Shared Landscape: What does Aesthetics Have to do with Ecology?. Landscape Ecology，2007,22:7.

[302] Koh, Jusuck.An Ecological Aesthetic.Landscape Journal,1988,7:2.

[303] New building Institute. Benefits Guide-a design professional's guide to high prefer=romance office building benefits. Washington:2004.

[304] Allen Carlson.Aesthetics and the Environment: The Appreciation of Nature, Art and Architecture, London; New York: Routledge, 2000.

[305] Jerome Stolnitz.Beatuy: Some Stage in the History of an Idea.Eassys on the History of Aesthetics.

[306] Gaut.Berysand Dominic Mclver Lopes,eds.The Routledge Companion to Aesthetics, London: Routledge,2001.

[307] Pendlebury J. The conservation of historic areas in the UK: A case study of "Grainger Town"，New-castle up on Tyne. Cities,1999,16（6）.

[308] Kozlowski J, Vass-Bowen N. Buffering external threats to heritage conservation areas: a planner's perspective.

Landscape and Urban planning,1997.

[309] Saleh MAE. The decline vs the rise of architectural and urban forms in the vernacular villages of southwest Saudi Arabia. Building and Environment,2001.

[310] Kravkov, S.V. The Interaction of the Sense organs. Moscow: Akademya Nauk SSSR, 1948.

[311] 程相占,（美）阿诺德·柏林特,（美）保罗·高博斯特,（美）王昕皓. 生态美学与生态评估及规划 [M]. 郑州：河南人民出版社，2013.

[312] 程相占 . 论环境美学与生态美学的联系与区别 [J]. 学术研究，2013（01）.

[313] Arnold Berleant.The Aesthetic Field: A Phenomenology of Aesthetic Experience, Springfield, Ⅲ . :C.C.Thomas,1970.

附　录

附录一："营造技术"研究成果样本数据分析

　　基于课题研究内容的交叉性，因此在进行文献收集的时候，拟从艺术学和美学两个角度进行检索抽样。以"营造技术"作为主题词对2000年1月1日至2012年10月1日的中国学术文献网络出版总库所有文献进行精确检索。以"营造技术"为主题词的文献总量为1574篇，经过仔细筛选，剔除了植物学、经济学与管理学的相关文献后，最终获得实际样本110篇。

　　从研究年度的角度对样本进行分析，得出文献分布图（图1）。在以研究年度进行绘制的文献分布图上可以比较清晰地看出关于传统营造技术的研究成果数量从2003年开始就逐年增加，在总体趋势向上的过程中在2009年和2011年出现了两个小高峰，从2006年中共中央、国务院发出《关于深化文化体制改革的若干意见》❶一直到2011年提出"建立优秀的传统文化传承体系"、"增强文化自觉"等文化建设的政策导向，营造技术作为物质文化的典型代表成为学术界的科研热点，并且可以推测在政策导向的推动下此研究还将受到更为广泛的关注。

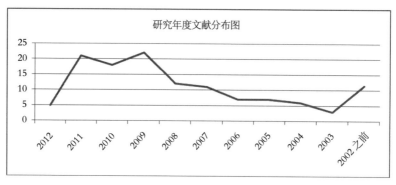

图1　研究年度文献分布图

　　从文献类型的角度对样本进行分析，得出文献分布图（图2）。从文献类型分析图上可以看到，研究成果最首位的是博硕士论文，共有80篇，其次为全国重要会议论文，共16篇，国际会议、报纸与全国辑刊上发表数量均在3篇以下（含3篇），但是值得注意的是，与营造技艺相关的科技成果开发有8个，因为每个科技成果都由一系列的科研成果和实际技术产品组成，因此这部分的成果数远不止8个，比如由中国建筑科学研究院建研科技股份有限公司主持的"开发中国古典建筑设计软件"，在完全自主知识产权的图形平台上，科技成果集成和运用了多种开发技术和设计理念，完成的科研成果包括传统构件参数化、建筑参数化及模型组装，数据库管理，施工图生成及辅助技术等一系列技术产品。从文献类型分析上可以看出，对传统营造技术的研究正进入理论指导实践的阶段，理论成果将逐步向指导应用的实践成果转化。但是从科研成果的文献类型来看，国内的学术界讨论较为热烈，但是在国内的文化普及和对外的译介输出上力度不够，因此报纸和国际会议等类型的文献数量非常之少。

　　从研究对象上对样本进行分析，得到研究对象分析图（图3和图4）。从研究图上可以看到，关

---

❶　资料来源：光明网时政频道要闻栏目．http://politics.gmw.cn/2012-10/31/content_5530286.htm．

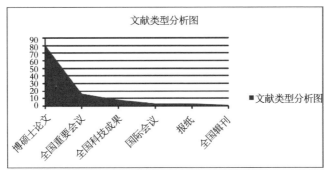

图2 文献类型分析图

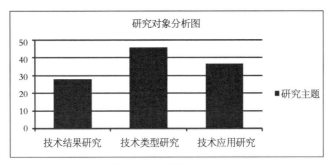

图3 研究对象分析图

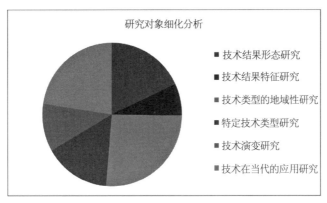

图4 研究对象细化分析

于营造技术类型的研究成果最多，占总量的 41.4%；而细分结果中对于技术类型的地域性研究成果数量是最多的，占总量的 26.1%。以上数据也证实了当今营造技术的研究已经进入了由模糊的整体概念向具体的地域性研究的转向。此外，对技术应用的探讨也占据了相当的数量，但是大都是对于营造技术应用的个案分析，对技术应用系统研究不多。

附录二：针对传统环境营造技艺的审美态度调研

《针对传统环境营造技艺审美态度的调研问卷》

亲爱的朋友：

您好！

传统环境营造技艺是指古人在营造家园时创造的诸多适宜技术，以最大限度利用周围自然资源与本土材料为基本原则，例如生土墙技术、竹材编织技术、卵石铺地技术等，这些技术经济成本较低，本土材质也有着独特的形式美感。

本次调研是为了解环境设计行业设计师对于传统技艺的认知程度、审美感受以及是否会将其运用于实践之中的意向，您不必填写真实单位和姓名，只需根据自己的实际情况或了解的信息来回答问题。选答时，您觉得哪一项内容符合实际情况，就点选该项的序号。谢谢您的合作！并衷心地祝愿您及家人安康快乐！笑口常开！

此外，本次调研为有奖问答，参加调研的朋友都有机会获得价值 50 元的手机充值卡，谢谢您的参与。

一、基础信息采集（这部分调研问题关系到最终数据的交叉分析，请您如实填写，谢谢！）

1. 您的性别：_____。
A. 男　　B. 女

2. 您的年龄是 _____。

3. 您的文化程度：_____。
A. 高中以下　B. 专科　C. 本科　D. 硕士　E. 博士

4. 您现在的身份是：_____。
A. 职业室内设计师　B. 职业景观设计师　C. 相关设计专业从业人员　D. 环境设计在校学生　E. 相关设计专业在校学生　F. 其他

二、审美态度信息采集（以下 6 小题均采用了李克特量表法，将您对调研对象的态度分为 1 ~ 5 级的不同标度，例如第 5 题中，数字 1 代表很不了解，2 代表不了解，3 代表一般，4 代表了解，5 代表很了解，请您根据自己对调研对象的真实态度选择相应的级别，并在数字上打钩，谢谢！）

5. 请根据以下分级选择您对传统环境营造技艺的了解程度。
很不了解　1　2　3　4　5　很了解

6. 您觉得乡土材料，比如土、木、竹、卵石具有美感吗？

很不美　　1　2　3　4　5　很美

7. 您觉得在项目中应用传统环境营造技艺会降低成本吗？

完全不可能　1　2　3　4　5　完全有可能

8. 您觉得由传统技艺形成的结构形式具有美感吗？（比如榫卯、垒叠、编织）。

很不美　1　2　3　4　5　很美

9. 您觉得乡土植物具有美感吗？（比如农作物）。

很不美　1　2　3　4　5　很美

10. 您作为设计师会优先考虑在项目中应用乡土材料、传统结构和乡土植物吗？

不太可能　1　2　3　4　5　很有可能

三、使用意向信息采集（此部分仅有1题，请您将相关原因填写在横线内，占用了您的宝贵时间，非常感谢！）

11. 如果您觉得不会在实际项目中选用传统技艺，麻烦您在下面的文本框内填写原因：

_____。

附录三：江南地区传统环境营造技艺的相关典籍 **❶**

建筑技艺类

朝代	书名	作者	备注
明	槎居谱	黄鹤	关于宫室器服构造之制
明	新编营造正式	无名氏	《鲁班经》前身
明	山洋指迷	周景一	关于景观及建筑布局的风水
明	造砖图说	张问之	关于江南地区的制砖工艺
明	修备纪略	周宗彝	记崇祯末年修备映石市关厢水栅事宜
明	蝶几谱	严徵	记录燕几的做法
明	邓尉圣恩寺志	周永年	记录营造邓尉圣恩寺的过程及相关技艺
明	鲁班经	无名氏	施工技艺、建筑形制及相关禁忌
明	新镌工师雕斫正式鲁班木经匠家镜	章严、午荣	施工技艺、建筑形制及相关禁忌
明	长物志	文震亨	室庐、书画、几榻、器具、衣饰、舟车、位置（陈设布置）等技艺
明	闲情偶记	李渔	涉及室内、家具、陈设布置等技艺
明末清初	新安屋经	无名氏	记录安徽地区建筑营造相关技艺及禁忌
清	历代帝王宅京记	顾炎武	历代帝王建都之制
清	东京考古录	顾炎武	宋制建筑及相关技艺
清	工部工程做法则例	雷发达	清代"官式"建筑做法和则例
清	宫室考	任启运	记录不同朝代的建筑形制
清	工程致富	江南制造局	涉及船舶制造及相关建筑工程技术的记录
清	船坞论略	傅兰雅翻译，钟天伟笔述	船坞营造相关技术
民国	营造法原	姚承祖	系统记录了江南地区的建筑营造技艺
民国	铁路汇考	傅兰雅译，潘松述	铁路工程及相关建筑技术

景观营造技艺类（以园林营造为主）

朝代	书名	作者	备注
明	园冶	计成	世界上最古的造园名著
清初	将就园记	黄周星	将就园营造过程及相关技艺
清	艺林汇考	沈自南	涉及栋宇、服饰、饮食、植物布置相关技艺
清	石谱	诸九鼎	山石的选择与布局
清	怪石录	沈心	山石赏鉴
清	绉云石图记	马汉	山石赏鉴

❶ 此部分书目参考了余同元的博士论文《中国传统工匠现代转型问题研究——江南早期工业化过程中工匠技术转型与角色转化为中心（1520-1920）》中对技术典籍的整理与论述。

续表

民国初年	艺兰秘诀	芬室主人著，永福村农校订	涉及兰花在景观中的布置
陈设清供制作技艺类			
明	装演志	周嘉胄	涉及室内陈设书画的装裱技艺
明	砚谱	沈仕	涉及室内陈设砚台的布置
明	墨苑序	焦站	见《十六家墨说》上册
明	潘方凯墨序	顾起元	见《十六家墨说》上册
明	论墨	张丑	见《十六家墨说》上册
明	纸录	项元汴	见《丛书集成初编》"艺术类·蕉窗九录"
明	香录	项元汴	见《丛书集成初编》"艺术类·蕉窗九录"
明	笔录	项元汴	见《丛书集成初编》"艺术类·蕉窗九录"
明	文房清事	顾元庆	见《格致丛书》
明	香本纪	吴从	见《香瀣丛书》第五集
明	香国	毛晋	
明	古今印史	徐官	见《四库全书》"子部·艺术类存目"
明	非烟香法	董说	
明	印薮	顾从德	见《四库全书》"子部·艺术类存目"
明	印史	何通	取历代名人各为刻一私印，而略附小传于下
明	三才图会	王圻	汇集诸书图谱，其中有宫室四卷、器用十二卷、衣服三卷、仪制八卷、草木十二卷等内容
清	黄熟香考	万泰	见《檀几丛书》余集
清	墨余赘稿	计楠	
清	墨诀	费庚吉	见《逊敏堂丛书·登瀛宝笈》
清	舭叟墨录	徐康	见《十六家墨说》下册
清	笔史	梁同书	
清	砚笺校	陆心源	见《潜园总集·群书校补》
清	水坑石记	钱朝鼎	
清	砚录	曹溶	
清	砚林	余怀撰	见《昭代丛书》（道光本）甲集"第六峡"
清	砚铭	潘耒	见《花近楼丛书》
清	冬心斋砚铭	金农	见《花近楼丛书》
清	存几希斋印存	陈克恕	此书分考篆、审名、辨印、论材、制度、幕古、撮要、章法、字法、笔法、刀法、制印色、收藏、选石等二十类
清	端溪砚谱记	袁树	《昭代丛书》（道光本）庚集碑编
清	端溪研坑考	计楠	
清	石隐砚谈	计楠	
清	端溪砚坑记	李兆洛	另《端溪研坑记》一卷，见《邀园丛书》
清	竹人录	金元珏	该书只收嘉定籍刻竹艺师

清	照相镂板印图法	卫理翻译、王汝骧笔述	
民国	中州墨录	袁励	见《涉园墨萃》
民国	武英殿造办处写刻印刷工价并颜料纸张定例	陶湘	见《武进陶氏书目丛刊》

其他相关营造技艺

明	古器具名	胡文焕	附《古器总说》一卷二古器具绘图
明	遵生八笺	高濂	见《四库全书·子部杂家类》
明	厚生训纂	周臣辑	见《格致丛书》
明	南京工部志	朱长芳	见《四库全书》"史部·政书类一"
明	农政全书	徐光启	总结了17世纪以前中国的农业生产经验与知识，而且还有关于农具制造、水利工程、农产品加工业和农林园艺业等内容
明	读书灯	冯京第	见《檀几丛书》二集第四帙
清	九喜榻记	丁雄飞	见《檀几丛书》二集第四帙
清	羽扇谱	张燕昌	见《昭代丛书》（道光本）别集
清	格致净原	陈元龙	分宫室、官服、布帛、舟车、饮食、文具、乐器、武备等三十类
清	桐桥倚棹录	顾禄	"工作"中的竹器制作、塑泥人、雕刻，"舟楫"中的沙飞船、灯船，"园圃"中的盆景、折枝等手工技艺记载颇详
清	唯自勉斋长物志	唐翰题	见《吴中文献小丛书》
清	废艺斋集稿	曹雪芹	论述问题包括印刻、编织、园林、风筝、烹调、脱胎手艺、印染等
清	乌衣香牒	陈邦彦	见《养和堂丛书》
清	履园丛话	钱泳	多记有关制墨、啄砚、玉工、装潢、竹刻、雕工等工艺"艺能"
清	格致汇编	傅兰雅	见《申报馆丛书正集》"丛残汇刻类"
清	西艺知新	傅兰雅翻译、徐寿笔述、徐华封校对	英诺格德原著十卷六册，附图395幅
清	考工纪要	傅兰雅翻译、钟天纬笔述、汪振声校对	[英]马体生原著十七卷八册，附图195幅
清	江南制造局记	魏允恭等纂修	见《续修四库全书》第八十九册
清	杖扇新录	王廷鼎	
民国	中国工艺沿革史略	许衍灼	商务印书馆1917年出版

附录四：《哲匠录》和《中国历代名匠志》中的南方人（出生地不详者，以营造作品是否在南方为准）

序号	朝代	姓名	籍贯	作品	类型	出处
1	周	为艾猎	楚	筑沂城	工程	《哲匠录》
2	周	楚庄王	楚	筑匏居台、五佽台、层台、钓台	工程	《中国历代名匠志》
3	周	楚灵王	楚	筑章华宫、乾溪之台	建筑、工程	《中国历代名匠志》
4	周	襄	楚	制弓送晋将郤克	器物	《中国历代名匠志》
5	周	路	楚	雕圭以为斧柄	器物	《中国历代名匠志》
6	周	赤	楚	在郏地筑城	工程	《中国历代名匠志》
7	周	管仲	颍上（属安徽）	设计水豫，遗留《管子》一书涉及建筑工程管理、设计标准等方面内容	理论、工程	《中国历代名匠志》
8	汉	章文	江西（属江南道）	筑豫章城	工程	《哲匠录》
9	汉	萧何	沛县（属江苏）	立宗庙社稷宫室县邑	建筑	《中国历代名匠志》
10	汉	刘信	舒（属安徽）	修七门堰	工程	《中国历代名匠志》
11	汉	倪宽	细阳（属安徽）	修六辅渠	工程	《中国历代名匠志》
12	汉	陈球	下邳淮浦（属江苏）	筑桓帝陵	工程	《中国历代名匠志》
13	汉	马臻	不详	在会稽、山阴两县筑镜湖	工程	《中国历代名匠志》
14	三国	孙权	吴郡富春（属浙江）	筑石头城	工程	《中国历代名匠志》
15	三国	潘芳	吴国人（属江苏）	作金镂屏风栩栩如生	器物	《中国历代名匠志》
16	晋	释云翼	不详	主荆州长沙寺	建筑	《哲匠录》
17	晋	桓温	龙亢（属安徽）	治江陵城甚丽	工程	《中国历代名匠志》
18	南朝	张永	吴郡吴（今苏州）	造华林园、玄武湖	建筑、景观、工程	《中国历代名匠志》
19	南朝	文惠太子	健康（今南京）	修玄圃园	建筑、景观、室内、陈设	《中国历代名匠志》
20	南朝	雷卑石	不详	塑释迦牟尼像	器物	《中国历代名匠志》

序号	朝代	姓名	籍贯	作品	类型	出处
21	南朝	傅大士	浙江义乌	制轮藏书架	器物	《中国历代名匠志》
22	南朝	王寿	不详	塑南京栖霞寺佛像	器物	《中国历代名匠志》
23	南朝	僧祐	不详	造浙江新昌大佛寺	建筑	《中国历代名匠志》
24	隋	项昇	浙	迷楼	建筑	《哲匠录》
25	唐	重元寺游僧	不详	修整苏州重元寺阁	建筑	《哲匠录》
26	唐	僧正言	不详	修复江西庐山东林寺	建筑	《哲匠录》
27	唐	幼临	不详	造方丈镜	器物	《中国历代名匠志》
28	唐	杨惠之	江苏苏州	塑甪直保圣寺十八罗汉塑像	器物	《中国历代名匠志》
29	唐	释鉴真	江苏扬州	日本奈良唐招提寺	建筑	《中国历代名匠志》
30	唐	路旻	不详	修祁门（今安徽祁门线）西武郡岭道和邑南阊门滩	工程	《中国历代名匠志》
31	唐	马待封	江苏东海	为皇后造妆具、歈器、酒山、扑满	器物	《中国历代名匠志》
32	唐	雷潮	不详	塑苏州东山紫金庵十八罗汉	器物	《中国历代名匠志》
33	宋	陈承昭	江表人（江南）	治理五丈、惠民二河	工程	《哲匠录》
34	宋	樊知古	池州（属安徽）	发明浮桥	工程	《哲匠录》
35	宋	喻皓	杭州	造开宝寺、修整梵天寺、著《木经》	建筑、理论	《哲匠录》
36	宋	杨佐	宣州（属安徽）	制洒水盘，修复盐井，疏通汴京水利	工程	《哲匠录》
37	宋	李嵩（文人）	钱塘（属浙江）	尤善界画	建筑、景观	《哲匠录》
38	宋	丁谓（文人）	苏州长洲（属苏州）	建玉清昭应宫	建筑	《哲匠录》
39	宋	刘承规	楚州山阳（今淮安）	修天雄军城垒，参与建玉清昭应宫	工程、建筑	《哲匠录》
40	宋	唐仲友	不详	在海宁（属浙江）建中建浮桥	工程	《哲匠录》
41	宋	朱冲父子	江苏苏州	修建艮岳、苏州同乐园	建筑、景观	《中国历代名匠志》
42	宋	陈智福	江西九江	建庐山栖霞桥（石桥）	工程	《中国历代名匠志》
43	宋	陈智海	江西九江	建庐山栖霞桥（石桥）	工程	《中国历代名匠志》
44	宋	陈智洪	江西九江	建庐山栖霞桥（石桥）	工程	《中国历代名匠志》
45	宋	丁允元(文人）	江苏常州	为潮州湘子祠增西岸六座桥墩	工程	《中国历代名匠志》
46	宋	徐康国	不详	做南宋临安皇城规划	工程	《中国历代名匠志》

序号	朝代	姓名	籍贯	作品	类型	出处
47	宋	马司恩	不详	造江苏常熟方塔	建筑	《中国历代名匠志》
48	辽	室昉	江苏南京	造南京无名佛寺	建筑	《中国历代名匠志》
49	辽	杨佶（文人）	江苏南京	造长桥	工程	《中国历代名匠志》
50	元	王振鹏（文人）	永嘉（属浙江）	构思大安阁界画，绘大明宫图	建筑、景观	《哲匠录》
51	元	图帖穆尔（元文帝）	不详	仿京都万岁山界画，造藩王金陵潜邸	建筑、景观	《哲匠录》
52	元	张显祖	不详	在吴江建长桥	工程	《哲匠录》
53	元	雅思立	不详	建吴江长桥上巨阁	建筑	《中国历代名匠志》
54	元	诸葛大狮	浙江兰溪	按八卦阵格局规划诸葛村	建筑、景观	《中国历代名匠志》
55	元	倪瓒（文人）	江苏无锡	与僧人天如共同叠长洲城东北隅之狮子林，并为之图	景观	《中国历代名匠志》
56	元	朱德润	不详	叠狮子林	景观	《中国历代名匠志》
57	元	赵元善	不详	叠狮子林	景观	《中国历代名匠志》
58	元	徐幼文	不详	叠狮子林	景观	《中国历代名匠志》
59	明	李新	濠州（属安徽）	修孝陵、改建鸡鸣山上的帝王庙、开胭脂河于溧水	建筑、工程	《哲匠录》
60	明	严震直	乌程县（属浙江）	筑渼潭及龙母祠，疏浚中江右堤	建筑、工程	《哲匠录》
61	明	袁义	庐江（属安徽）	垦田筑堰，治城郭桥梁	工程	《哲匠录》
62	明	陈珪	泰州（属江苏）	建北京宫殿	建筑	《哲匠录》
63	明	陈瑄	合肥（属安徽）	筑海门至盐城防潮堤，筑青浦港口，疏通淮安管家湖漕运，疏通徐州至济宁漕运，引泰州白塔河通大江，筑高邮湖堤，筑淮安至临清四十七闸	工程	《哲匠录》
64	明	杨青	金山卫（属江苏）	"以圬墙执技京师，曾内府新墙壁垩成，有蜗牛遗迹若异彩"	室内	《哲匠录》
65	明	蒯祥	吴县（属江苏）	原香山帮木工，"能主大营缮，仕至工部左侍郎"，修建北京城宫殿	建筑	《哲匠录》
66	明	朱信	华亭（属江苏）	精计算，"永乐中累官至户部郎中"	工程	《哲匠录》
67	明	叶宗人	华亭（属江苏）	治理松江水害	工程	《哲匠录》
68	明	蔡信	武进阳湖（属江苏）	营建北京城，官至工部侍郎	建筑	《哲匠录》
69	明	许从龙（文人）	昆山（属江苏）	修建清源古渡石桥（江西）	工程	《哲匠录》
70	明	周承源	不详	参与修建清源古渡石桥	工程	《哲匠录》
71	明	张溍	不详	参与修建清源古渡石桥	工程	《哲匠录》
72	明	王治隆	不详	参与修建清源古渡石桥	工程	《哲匠录》

序号	朝代	姓名	籍贯	作品	类型	出处
73	明	张梧	不详	参与修建清源古渡石桥	工程	《哲匠录》
74	明	胡瓒	桐城（属安徽）	修琉璃河桥	工程	《哲匠录》
75	明	倪元璐（文人）	上虞（属浙江）	"晚筑室于绍兴府城南隅，窗槛法式，皆手自绘画；巧匠见之束手，既成始叹其精工"	室内	《哲匠录》
76	明	张宁	洞庭东山（属江苏）	修建京城	建筑	《哲匠录》
77	明	鲍彦敬	浙江钱塘	修县南关之琴台及二贤祠	建筑	《哲匠录》
78	明	秦梁	无锡（属江苏）	筑京城外城	工程	《哲匠录》
79	明	秦逵	安徽宣城	制定工匠管理国家制度	理论	《中国历代名匠录》
80	明	薛祥	安徽无为	疏浚河道筑建河堤	工程	《中国历代名匠录》
81	明	徐晖	江苏常州	以木工官至尚书	建筑	《中国历代名匠录》
82	明	蒯福	江苏苏州香山	能主大营缮，供职南京工部	建筑	《中国历代名匠录》
83	明	张信	安徽临怀	治理黄河水患，修建武当山道观	工程，建筑	《中国历代名匠录》
84	明	金纯	江苏盱眙	治理黄河水患	工程	《中国历代名匠录》
85	明	周秉忠	江苏吴县	叠石，现存苏州留园及惠荫园，善绘画，善制室内陈设	景观、器物	《中国历代名匠录》
86	明	周廷策	江苏吴县	叠石	景观	《中国历代名匠录》
87	明	单安仁	安徽凤阳	规划金陵、开封、凤阳三都	工程	《中国历代名匠录》
88	明	陆贤	江苏无锡	匠作大匠，参与金陵、开封、凤阳三都修建	建筑	《中国历代名匠录》
89	明	陆祥	江苏无锡	匠作大匠，参与金陵、开封、凤阳三都修建	建筑	《中国历代名匠录》
90	明	柏丛桂	江苏宝应	修柏家堰	工程	《中国历代名匠录》
91	明	郭琎	安徽新安	扩建武当山道观	建筑	《中国历代名匠录》
92	明	陆叠山	浙江杭州	杭州陈家假山、许银家假山、洪静夫家假山	景观	《中国历代名匠录》
93	明	文征明（文人）	江苏苏州	造百窗楼	建筑	《中国历代名匠录》
94	明	张南阳	上海松江	叠潘宅五老峰	景观	《中国历代名匠录》

序号	朝代	姓名	籍贯	作品	类型	出处
95	明	林有麟（文人）	江苏华亭	著《素园石谱》	理论	《中国历代名匠录》
96	明	计成（文人兼工匠）	江苏吴江县	著《园冶》	理论	《中国历代名匠录》
97	明	潘季驯（文人）	浙江湖州	治理黄河，建湖州东南临湖门外石桥	工程	《中国历代名匠录》
98	明	李宪卿	江苏昆山	造景王府、修显陵	建筑、工程	《中国历代名匠录》
99	明	释通泉	不详	苏州天宫寺药师佛像	器物	《中国历代名匠录》
100	明	徐溶	江苏苏州	建苏州西园	建筑、景观	《中国历代名匠录》
101	明	包壮行（文人）	江苏扬州	叠石、创"包家灯"	景观、器物	《中国历代名匠录》
102	明	张介子（文人）	浙江绍兴	叠石	景观	《中国历代名匠录》
103	明	文震亨（文人）	江苏苏州	著《长物志》，造香草坞	理论、景观	《中国历代名匠录》
104	清	余忱（文人）	浙江龙游县	建藏书楼"书种"，修镜园"穿池引流结构闲雅"	建筑、景观	《哲匠录》
105	清	程兆彪	安徽休宁	治淮河、黄河水害	工程	《哲匠录》
106	清	嵇曾筠（文人）	江苏江宁	治黄河水害	工程	《哲匠录》
107	清	俞兆岳	浙江海宁	筑苏松海塘	工程	《哲匠录》
108	清	李斗（文人）	江苏征仪	著《扬州画舫录》	理论	《哲匠录》
109	清	某甲又称徐振明	吴县香山（属江苏）	造海棠亭	景观	《哲匠录》
110	清	姚承祖	吴县（属江苏）	"凡邑中大营造，胥出其手"，著《营造法原》	建筑、理论	《哲匠录》
111	清	嵇曾筠	江苏苏州	治理黄河	工程	《中国历代名匠录》
112	清	叶洮	上海青浦	造春园、怡园及佟氏园	建筑、景观	《中国历代名匠录》
113	清	俞兆岳	浙江海宁	筑苏松海塘	工程	《中国历代名匠录》
114	清	许荫松	不详	设计江苏如皋水绘园	建筑、景观	《中国历代名匠录》
115	清	李渔（文人）	浙江金华	造惠园、芥子园，所著《闲情偶寄》中多建筑、景观、室内及陈设的创新设计	理论、建筑、景观、室内及陈设	《中国历代名匠录》
116	清	叶陶（文人）	上海青浦	绘畅春园图本并佐建造园	建筑、景观	《中国历代名匠录》
117	清	姚蔚池	江苏苏州	善图样	建筑、景观	《中国历代名匠录》

序号	朝代	姓名	籍贯	作品	类型	出处
118	清	谷丽成	江苏苏州	两淮制造之内府装修图样尺寸，皆出丽成手	室内	《中国历代名匠录》
119	清	文起	江苏江都	精于工程做法	建筑	《中国历代名匠录》
120	清	黄氏兄弟四人	安徽歙县	好构名园	建筑、景观	《中国历代名匠录》
121	清	吴学成	江西修水	凿燕子崖山路	工程	《中国历代名匠录》
122	清	王明颂	江西武宁	凿里中石栈道	工程	《中国历代名匠录》
123	清	张琏	上海华亭	叠石冶园著闻于世	景观	《中国历代名匠录》
124	清	张然	上海华亭	造怡园	景观	《中国历代名匠录》
125	清	张鉽	上海华亭	叠无锡寄畅园假山	景观	《中国历代名匠录》
126	清	武龙台	不详	造随园	建筑、景观	《中国历代名匠录》
127	清	戈裕良	江苏常州	叠山大师，作品分布在徵仪之朴园、如皋之文园、江宁之五松园、虎丘之一榭园、燕谷、环秀山庄和小盘谷	景观	《中国历代名匠录》
128	清	姚灿庭	江苏苏州	著《梓业遗书》	理论、建筑	《中国历代名匠录》
129	清	杜士元	江苏苏州	核雕高手	器物	《中国历代名匠录》
130	清	黄至筠	江苏扬州	造个园	建筑、景观	《中国历代名匠录》
131	清	唐英	不详	制《陶冶图》二十幅	理论	《中国历代名匠录》
132	清	章攀桂	安徽桐城	开凿新河运河	工程	《中国历代名匠录》
133	清	沈复（文人）	江苏苏州	著《浮生六记》，其中对室内陈设与园林营造多有创新设计	景观、室内、器物	《中国历代名匠录》
134	清	董道士	江苏淮安	叠九狮山	景观	《中国历代名匠录》
135	清	刘蓉峰	不详	苏州阊门外寒绿山庄	建筑、景观	《中国历代名匠录》
136	清	周师濂（文人）	江苏江阴	作浮石小山	景观	《中国历代名匠录》
137	清	王松	江西修水	性耽花石，别有巧思	景观	《中国历代名匠录》
138	清	顾子山父子	江苏苏州	造怡园	景观	《中国历代名匠录》
139	清	贾林详	江苏苏州	修苏州皇宫前牌楼	建筑	《中国历代名匠录》
140	清	顾林甫	不详	南浔庞式园	建筑	《中国历代名匠录》
141	清	陶七彪（文人）	浙江绍兴	设计制作组合柜及折叠凳	器物	《中国历代名匠录》
142	清	王石谷	不详	苏州绣谷亭榭	建筑	《中国历代名匠录》
143	清	蕙风	不详	在扬州造水剧场	景观	《中国历代名匠录》
144	清	程客	不详	在扬州造焰火剧场	景观	《中国历代名匠录》

附录五:《闲情偶记》中《居室部》和《器玩部》所记录的环境营造技艺

序号	技艺名称	性质(原创或改良)	应用方式	原文
居室部				
1	储藏区(套房)设置	改良(空间布局技艺)	设置小屋;设置箱笼	"故必于精舍左右,另设小屋一间,有如复道,俗名套房是也";"如贫家不能办此,则以箱笼代之,案旁榻后皆可置"
2	书房室内厕所设计	原创(排污技术)	以竹管穿墙设置	"当于书室之旁,穴墙为孔,嵌以小竹,使遗在内而流于外,秽气罔闻,有若未尝溺者,无论阴晴寒暑,可以不出户庭"
3	纵横格窗栏	改良(窗格形式制作技艺)		"是格也,根数不多,而眼亦未尝不密……是从陈腐中变出"
4	欹斜格系栏	原创(窗格形式制作技艺)		"此格甚佳,为人意想所不到……当于尖木之后,另设坚固薄板一条,托于其后,上下投笋,而以尖木钉于其上,前看则无,后观则有"
5	屈曲体系栏	原创(窗格形式制作技艺)		"此格最坚,而又省费,名桃花浪,又名浪里梅。曲木另造,花另造,俟曲木人柱投笋后,始以花塞空处,上下着钉,借此联络,虽有大力者挠之,不能动矣"
6	扇面窗	原创(自然采光技艺)	以扇形窗借景	"四面皆实,犹虚其中,而为便面之形";"实者用板,蒙以灰布,勿露一隙之光;虚者用木作匡,上下皆曲而直其两旁,所谓便面是也"
7	湖舫式扇面窗	原创(自然采光技艺)	与支摘窗样式结合	"须以板内嵌窗之法处之"
8	外推板装花式	原创(自然采光技艺)	用花树装饰	"中作花树者,不失扇头图画之本色也";"花树粗细不一,其势莫妙于参差,棍则极匀而又贵乎极细,须以极坚之木为之,一法也";"油漆并着色之时,棍用白粉,与糊窗之纱纸同色,而花树则绘五彩,俨然活树生花,又一法也"
9	便面花卉虫鸟式	原创(自然采光技艺)	与灯光效果结合	"此窗若另制纱窗一扇,绘以灯色花鸟,至夜篝灯于内,自外视之,又是一盏扇面灯。即日间自内视之,光彩相照,亦与观灯无异"
10	山水窗图	改良(自然采光技艺)	以窗框为画框	"凡置此窗之屋,进步宜深,使坐客观山之地去窗稍远"
11	尺幅图窗	原创(自然采光技艺、室内陈设技艺)	可拆卸装饰窗	"且此窗虽多开少闭,然亦间有闭时……必须照式大小,作木槅一扇,以名画一幅裱之,嵌入窗中"
12	梅窗	原创(自然采光技艺、室内陈设技艺)	装饰窗	"必取整木一段,分中锯开,以有锯路者着墙,天然未斫者向内,则天工人巧,俱有所用之矣"

序号	技艺名称	性质（原创或改良）	应用方式	原文
13	花鸟墙	原创（室内陈设技艺）	真鸟真树结合壁画的室内装饰墙； 不同品种鸟笼安装技艺	"乃于厅旁四壁，请四名手，尽写着色花树，而绕以云烟，即以所爱禽鸟，蓄于虬枝老干之上"； "先于所画松枝之上，穴一小小壁孔，后以架鹦鹉者插入其中，务使极固，庶往来跳跃，不致动摇"； "取树枝之拳曲似龙者，载取一段，密者听其自如，疏者网以铁线……蓄画眉于中"
14	书房冰裂纹墙纸	原创（室内界面装饰）	酱色纸作底； 豆绿云母笺随手裂作零星小块贴在其上； 小块上可题诗作画	"先以酱色纸一层糊壁作底，后用豆绿云母笺，随手裂作零星小块，或方或扁，或短或长，或三角或四五角，但勿使圆，随手贴于酱色纸上，每缝一条，必露出酱色纸一线，……满房皆冰裂碎纹，有如哥窑美器。其块之大小，亦可题诗作画"
15	书房灯光设置	原创（室内灯光设计）	隔墙上凿小洞； 洞内置灯，照亮隔墙两边房间	"于墙上穴一小孔，置灯彼屋而光射此房，彼行彼事，我读我书，是一灯也，而备全家之用"
16	蕉叶联（雪里芭蕉）	原创（建筑立面装饰技艺、室内陈设技艺）	画蕉叶做样； 木板照样裁剪； 漆工满灰密布； 绘叶筋，填石黄字	"其法先画蕉叶一张于纸上，授木工以板为之，一样二扇，一正一反，即不雷同；后付漆工，令其满灰密布，以防碎裂。漆成后，始书联句，并画筋纹。蕉色宜绿，筋色宜黑；字则宜填石黄，始觉陆离可爱，他色皆不称也"
17	竹节联（此君联）	原创（建筑立面装饰技艺、室内陈设技艺）	取竹筒一节； 将竹节一剖为二； 去青磨光； 镌刻对联	"截竹一筒，剖而为二，外去其青，内铲其节，磨之极光，务使如镜，然后书以联句，令名手镌之，掺以石青或石绿，即墨字亦可"
18	碑文额	原创（建筑立面装饰技艺）		"名虽石，不果用石，用石费多而色不显，不若以木为之。其色亦不仿墨刻之色，墨刻色暗，而远视不甚分明。地用黑漆，字填白粉"
19	手卷额	改良（建筑立面装饰技艺、室内陈设技艺）		"与寻常匾式无异，只增圆木两条，缀于额之两旁，若轴然。左画锦纹，像装潢之色；右则不宜太工，但像托画之纸色而已"
20	册页匾	改良（建筑立面装饰技艺、室内陈设技艺）	取四块尺寸相同方板，后面用木条连接； 边上画类似装潢的锦纹； 在板中间刻上文字	"用方板四块，尺寸相同，其后以木绾之"； "边画锦纹，亦像装潢之色"； "字必用剞劂"
21	虚白匾	原创（室内界面装饰技艺）	取薄板刻字至镂空； 无字处上漆抛光； 贴白棉纸在字后； 作为挡板装饰在入口墙面上，正面朝室内	"用薄板之坚者，贴字于上，镂而空之"； "其无字处，坚以灰布，漆以退光。既成后，贴洁白棉纸一层于字后"； "但此匾不宜混用，择房舍之内暗外明者置之"
22	石光匾	原创（景观营造技艺）	用薄木板刻镂空字； 将板漆成石头颜色； 用小石头将板与假山粘合	"亦用薄板一块，镂字既成，用漆涂染，与山同色"； "至板之周围，亦用石补，与山合成一片"

序号	技艺名称	性质（原创或改良）	应用方式	原文
23	秋叶匾	原创（建筑立面装饰技艺、室内陈设技艺）	制法与蕉叶匾相同	"但制红叶与制蕉叶有异；蕉叶宜大，红叶宜小"
24	峭壁墙	改良（景观营造技艺、室内陈设技艺）	立石壁于亭、屋四周	"或面壁而居，或负墙而立，但使目与檐齐，不见石丈人之脱巾露顶，则尽致矣"
25	石洞屋	改良（景观营造技艺、室内陈设技艺）	屋与假山相连；屋内放置小块石头	"……则以他屋联之，屋中亦置小石数块，与此洞若断若连，是使屋与洞混而为一"
26	滴水石洞	改良（景观营造技艺）	假山上预留坑洞；洞中储水；假山上作裂隙，使水渗下	"洞中宜空少许，贮水其中而故作漏隙，使涓滴之声从上而下，且夕皆然"
27	取石为椅、榻、几案	原创（室内陈设技艺）	视天然石块的形状巧妙应用	"使其平可坐，则与椅榻同功；使其肩背稍平，可置香炉茗具，则又可代几案"

器玩部

序号	技艺名称	性质（原创或改良）	应用方式	原文
1	几案细节改造	改良（室内陈设技艺）	多加抽屉；隔板；桌撒	"不知此一物也，有之斯逸，无此则劳，且可借为容懒藏拙之地"；"一曰搁板，此于所独设置……当于未寒之先，另设活板一块，可用可去"；"但取其长不逾寸，宽过指，而一头极薄，一头稍厚者，拾而存之……但需加以油漆"
2	暖椅	原创（室内陈设技艺）	在椅子踏脚之下安装抽屉，抽屉下部镶嵌薄砖，四周镶铜，内置炭火；椅面采用格栅状板，有利火气上升；扶手上挖去手掌大的板材，用漆将端砚粘在上面	"前后置门，两旁实镶以板，臀下足俱用栅"；"此椅之妙，全在安抽替于脚栅之下……抽替以板为之，底嵌薄砖，四围镶铜"；"扶手用板，镂去掌大一块，以极薄端砚补之，胶以生漆，不问而知火气上蒸，砚石常暖，永无呵冻之劳"
3	凉机	原创（室内陈设技艺）	椅面下装方匣；匣内储水；上面覆盖瓦片	"凉机亦如他机，但机面必空其中，有如方匣，四围及底，俱以油灰嵌之，上覆方瓦一片"
4	花香之床	原创（室内陈设技艺）	床后设置支架；支架上置隔板；支架外围用彩色纱罗制成怪石状或数朵彩云，用线缝在围帐上	"先为小柱两根，暗钉床后，而以帐悬其外。托板不可太大，长止尺许，宽可数寸，其下又用小木数段，制为三角架子，用极细之钉，隔帐钉于柱上，而后以板架之，务使极固。架定之后，用彩色纱罗制成一物，或象怪石一卷，或作彩云数朵，护于板外以掩其形"
5	橱柜的内置隔板设计	改良（室内陈设技艺）	柜内多钉上两条细木条，以备架板之用；板不要太宽，为进深一半或三分之一	"当于每层之两旁，别钉细木二条，以备架板之用。板勿太宽，或及进身之半或三分之一，用则活置其上，不则撤而去之"
6	抽屉拉手的美化设计	改良（室内陈设技艺）	抽屉前做《博古图》，以真铜做鼎、炉、瓶形状；抽屉中间设置铜闩，防止抽屉拉出时错位；鼎中心挖小孔，两边按小纽，铜闩出时与纽平，纽上加锁时仍像画中之物；以炉和瓶上的铜圈做拉手；抽屉后用铜片剪出千层铜菊花隐藏铜闩	"前面有替可抽者，所雕系博古图……后面无替可抽者，系折枝花卉"；"乃命人亦制铜? 一条，贯于抽替之正中，而以薄板掩之"；"……鼎之中心穴一小孔，置二小钮于旁，使抽替闭足之时，铜? 自内而出，与钮相平，"；"炉瓶之上原当有耳，加以铜圈二枚，执此为柄，抽之不烦余力矣"；"菊色多黄，与铜相若，即以铜皮数层，剪千叶菊花一朵，以暗? 之透出者穿入其中，胶之甚固"

序号	技艺名称	性质（原创或改良）	应用方式	原文
7	笠翁香印	原创（室内陈设技艺）	以香炉形状剪裁木板，上按把手；木印着灰处刻诗画作品	"譬如炉体属圆，则仿其尺寸，镂一圆印为印，与炉相若，不爽纤毫，上置一柄，以便手持"；"凡着灰一面，或作老梅数茎，或为菊花一朵，或刻五言一绝，或雕八卦全形，只须举手一按，现出无数离奇"
8	改良香炉盖	改良（室内陈设技艺）	炉盖顶上挖一大孔，防风扬灰，但不阻隔香气上升	"同是一盖，何不于顶上穴一大孔，使之通气，无风置之高阁，一见风起，则取而覆之"
9	可移动灯具设计	原创（室内灯光营造技艺）	在造屋之前，在屋梁上镶嵌两条薄板，做成一条暗缝；灯的外罩系定在梁间，不能移动；内座的绳索则与滑轮相连；剪出灯芯时放下内座，用特殊长剪剪除灯芯	"如置此法于造屋之先，则于梁成之后，另镶薄板二条，空洞其中而蒙蔽其下，然后升降于柱，以?灯索，此一法也"；"灯之内柱外幕，分而为二，外幕系定于梁间，不使上下，内柱之索上跨轮盘。欲剪灯煤，则放内柱之索，使之卑以就人，剪毕复上，自投外幕之中，是外幕高悬不移，俨然以静待动"
10	门窗的模数设计	原创（建筑立面设计）	令工匠制作尺度相同而造型各异的门窗；过一段时间就互换不同房屋的门窗	"……授意工匠，凡作窗棂门窗，皆同其宽窄而异其体裁，以便交相更替。同一房也，以彼处门窗挪入此处，便觉耳目一新，有如房舍皆迁者"

附录六：出现格子长窗的历代名画（综合《中国美术全集》《中国古代书画图目》等资料）

序号	朝代	画作名称	画家	长窗的位置
1	五代	万壑松风图	巨然	水阁外檐口
2	五代	秋山图	巨然	水阁及厅堂外檐口
3	五代	囊琴怀鹤图	巨然	水阁外檐口
4	北宋	临流独坐图	范宽	厅堂外檐口
5	北宋	云烟揽胜图	郭熙	厅堂外檐口
6	北宋	峨眉雪霁图	郭熙	厅堂外檐口
7	南宋	中兴瑞应图	萧照	殿堂外檐口
8	南宋	会昌九老图	无名氏	水榭外檐口
9	南宋	月夜看潮图	李嵩	楼阁外檐口
10	南宋	水殿招凉图	李嵩	殿堂外檐口
11	南宋	桐荫对弈图	李嵩	水榭外檐口
12	南宋	梧竹溪堂图	夏圭	厅堂外檐口
13	南宋	雪堂客话图	夏圭	水榭内檐口
14	南宋	湖山春晓图	陈清波	殿堂及楼阁外檐口
15	南宋	薇省黄昏图	赵大亨	厅堂内檐口
16	南宋	深堂琴趣图	无名氏	厅堂外檐口
17	南宋	柳阁风帆图	无名氏	楼阁外檐口
18	南宋	四景山水图	刘松年	楼阁及水榭外檐口
19	南宋	溪亭客话图	刘松年	水榭外檐口
20	南宋	汉宫图	无名氏	楼阁外檐口
21	南宋	江山殿阁图	无名氏	厅堂外檐口
22	南宋	桐荫玩月图	无名氏	楼阁外檐口
23	南宋	雪溪水阁图	无名氏	水阁外檐口
24	南宋	溪山水阁图	无名氏	水阁内檐口
25	南宋	溪桥策杖图	无名氏	楼阁外檐口
26	南宋	层楼春晓图	无名氏	楼阁外檐口
27	南宋	水阁纳凉图	无名氏	水阁内檐口
28	南宋	悬圃春深图	无名氏	楼阁内檐、外檐口
29	南宋	楼阁图	无名氏	厅堂外檐口
30	南宋	雪窗读书图	无名氏	厅堂外檐口
31	南宋	水阁泉声图	无名氏	水阁内檐口

序号	朝代	画作名称	画家	长窗的位置
32	元	楼阁图	无名氏	厅堂外檐口
33	元	夏木垂荫图	本诚	水阁外檐口
34	元	柳院消夏图	无名氏	厅堂外檐口
35	元	碧梧庭榭图	无名氏	殿堂外檐口
36	元	百尺梧桐轩图	赵孟頫	草堂外檐口
37	元	水阁清幽图	黄公望	水阁外檐口
38	元	竹西草堂图	赵雍 张渥	厅堂外檐口
39	明	山居读书图轴	沈周	水阁外檐口
40	明	东园图册	沈周	拙修庵、知乐亭外檐口
41	明	林壑幽涧图	沈周	水阁外檐口
42	明	清园图	沈周	厅堂外檐口
43	明	中庭步月图轴	文徵明	草堂外檐口
44	明	虎山桥图卷	文徵明	厅堂外檐口
45	明	深翠轩图	文徵明	深翠轩外檐口
46	明	松径石矶图轴	文伯仁	水阁外檐口
47	明	桃花源图卷	李士达	草堂、厅堂外檐口
48	明	松斋客话图轴	文石	厅堂外檐口
49	明	山水图轴	沈士充	水阁外檐口
50	明	秋山读易图轴	沈宣	水阁外檐口
51	明	溪山访友图轴	关思	厅堂外檐口
52	明	山樵归路图轴	沈硕	草堂外檐口
53	明	曲水流觞图轴	无名氏	厅堂外檐口
54	明	城关聚雨图	刘原起	楼阁外檐口
55	明	雪居图	文从简	草堂外檐口
56	明	水阁听泉图	蓝瑛	草堂外檐口
57	明	秋山图	蓝瑛	厅堂外檐口
58	明	清溪九夏图	蓝瑛	厅堂外檐口
59	明	山水花鸟	蓝瑛	厅堂外檐口
60	明	江皋暮雪图	蓝瑛	厅堂外檐口
61	**明**	**仿董源山水**	**蓝瑛**	**楼阁、水阁外檐口**
62	明	秋壑高隐图	蓝瑛	草堂外檐口
63	明	仿梅道人山水	蓝瑛	水阁外檐口
64	明	为子口作山水	蓝瑛	廊道外檐口
65	明	苍林岳峙图	蓝瑛	水阁外檐口
66	明	玄亭清秋图	蓝瑛	水阁外檐口
67	明	仿王蒙秋山高逸图	蓝瑛	草堂外檐口

序号	朝代	画作名称	画家	长窗的位置
68	明	仿王蒙山水	蓝瑛	草堂外檐口
69	明	江阁清音图	蓝瑛	水阁外檐口
70	明	春山水阁图	蓝瑛	水阁外檐口
71	明	春阁听泉图	蓝瑛	楼阁及走廊外檐口
72	明	虚阁晚凉图	唐寅	厅堂外檐口
73	明	孤山续胜图	谢时臣	厅堂、水阁外檐口
74	明	水阁对弈图	谢时臣	水阁外檐口
75	明	溪亭逸思图	谢时臣	水阁外檐口
76	明	匡山积润图	谢时臣	水阁外檐口
77	明	名园雅集图	谢时臣	厅堂内檐口
78	明	层峦飞瀑图	谢时臣	水阁外檐口
79	明	江干秋色图	谢时臣	水阁内檐口
80	明	山斋对客图	陈谟	厅堂外檐口
81	明	山水	常莹	草堂外檐口
82	明	山水	无名氏	楼阁外檐口
83	明	草书闲居杂咏五律诗	杜大绶	楼阁外檐口
84	明	溪雪初起图	盛茂烨	草庐外檐口
85	明	西山秋爽图	张宏	水阁外檐口
86	明	山水	黄子锡等	水阁外檐口
87	明	西林风景	张复	水阁外檐口
88	明	溪山读书图	张复	楼阁、水阁外檐口
89	明	辋川图	宋旭	楼阁外檐口
90	明	观潮图	无名氏	楼阁内檐口
91	明	山庄图	邵弥	厅堂外檐口
92	明	草阁枫林图	陆治	水阁外檐口
93	明	松斋高士图	关思	草堂外檐口
94	明	溪山访友图	关思	水阁外檐口
95	明	梅园围炉图	朱士瑛	厅堂外檐口
96	明	天香书屋图	蒋蔼	厅堂外檐口
97	明	仿子久山水	蒋蔼	草堂外檐口
98	明	花卉山水	陈洪绶等	楼阁外檐口
99	明	竹亭听秋图	无名氏	水阁外檐口
100	明	南村别墅图	杜琼	楼阁外檐口
101	明	九龙山居图	孙枝	水阁外檐口
102	明	峰回径转图	孙枝	水阁外檐口
103	明	为鹿门作山水	李芳	厅堂内檐口

序号	朝代	画作名称	画家	长窗的位置
104	明	嶷然图	程嘉燧	水阁外檐口
105	明	杂画	邵弥	楼阁外檐口
106	明	山水	秦懋德	草堂外檐口
107	明	山楼绣佛图	卞文瑜	草堂及楼阁外檐口
108	明	仿古山水	卞文瑜	厅堂外檐口
109	明	林泉高致图	王綖	水阁外檐口
110	明	春泉小隐图	周臣	草堂外檐口
111	明	停云小集图	文嘉	草堂外檐口
112	明	秋堂读书图	钱毂	草堂外檐口
113	明	蕉亭会棋图	钱毂	草堂内檐口
114	明	楸枰一局图	唐寅	水阁外檐口
115	明	玩蒲图	丁云鹏	水阁及草堂外檐口
116	明	北固山图	王鉴	厅堂外檐口
117	明	仿夏禹玉山水	王锡绶	楼阁外檐口
118	**明**	**仿巨然山水**	**黄鼎**	**水阁外檐口**
119	明	山水	王峻	草堂外檐口
120	明	仿王蒙山水	董其昌	水阁外檐口
121	明	泉声山色图	张宏	水阁外檐口
122	明	江左名胜图	陆士仁等	楼阁外檐口
123	明	山水	沈士允	水阁外檐口
124	明	秋山读易图	沈宜	水阁外檐口
125	明	春庭行乐图	无名氏	厅堂内檐口
126	明	醉翁亭图	仇英	水阁内檐口
127	明	约斋图	无名氏	厅堂外檐口
128	清	白云红树图轴	刘度	厅堂外檐口
129	清	山水楼阁图	刘度	楼阁外檐口
130	清	山水册	程正揆	厅堂外檐口
131	清	山水	程正揆	厅堂外檐口
132	清	水竹茆斋图轴	查士标	厅堂外檐口
133	清	山林逸趣图	查士标	厅堂外檐口
134	清	仿梅道人山水	查士标	厅堂外檐口
135	清	华岳十二景图册	戴本孝	厅堂外檐口
136	清	水阁深秋图轴	祝昌	水阁外檐口
137	清	春景山水联屏	高岑	殿堂外檐口
138	清	柘溪草堂图轴	吴宏	楼阁及厅堂外檐口
139	清	秋景山水图轴	吴宏	厅堂外檐口

序号	朝代	画作名称	画家	长窗的位置
140	清	秋林读书图	吴宏	草堂外檐口
141	清	秋帆旷揽图卷	王概	厅堂外檐口
142	清	仿南宋诸家山水	沈颢	水阁、楼阁外檐口
143	清	当窗竹影图	恽寿平	水阁、厅堂外檐口
144	清	山水	姚宋	水阁外檐口
145	清	仿古山水	刘焜	水阁口
146	清	杂画	华嵒	草堂外檐口
147	清	梅花书屋图	华嵒	水阁外檐口
148	清	秋堂读骚图	华嵒	厅堂外檐口
149	清	山水	华嵒	殿堂外檐口
150	清	白云松舍图	华嵒	楼阁外檐口
151	清	深山客话图	华嵒	草堂外檐口
152	清	花鸟人物	居巢	草堂外檐口
153	清	读书人家图	吴锦	厅堂外檐口
154	**清**	**仿巨然山水**	**祁豸佳**	**草堂外檐口**
155	**清**	**仿董源山水**	**祁豸佳**	**草堂外檐口**
156	清	仿古山水	祁豸佳	草堂外檐口
157	清	山水	任有刚	草堂外檐口
158	清	山水	樊圻　樊沂	水阁、楼阁外檐口
159	清	雪景溪山图	樊沂	水阁外檐口
160	清	山水	杨忠	楼阁外檐口
161	清	山水	杨昌绪	水阁外檐口
162	清	溪桥钓艇图	鲁集	水阁外檐口
163	清	山楼客话图	武丹	楼阁外檐口
164	清	松阁高吟图	陆远	水阁外檐口
165	清	仿李成雪景山水	上叡	水阁外檐口
166	清	看泉图	钱莹	草堂外檐口
167	清	松隐庵读书图	陆恢	厅堂外檐口
168	清	杂画	汪中	水阁外檐口
169	清	山水	叶欣	楼阁外檐口
170	清	江左文心集	叶欣等	水阁外檐口
171	清	松林观瀑图	萧一芸	厅堂外檐口
172	清	霜哺图	高简	厅堂外檐口
173	清	静坐日长图	高简	厅堂外檐口
174	清	草阁云封图	王口	草堂外檐口
175	清	水阁远山图	夏森	水阁外檐口

序号	朝代	画作名称	画家	长窗的位置
176	清	饯书图	张祥河	草堂外檐口
177	清	松鹤观泉图	袁江	楼阁外檐口
178	清	江天楼阁图	袁江	厅堂及楼阁外檐口
179	清	瞻园图	袁江	厅堂内檐口
180	清	汉宫春晓图	吕焕成	殿堂、厅堂外檐口
181	清	寿许青峪山水	吴历	水阁内檐口
182	清	凤阿山房图	吴历	草堂外檐口
183	清	山斋读书图	顾殷	草堂外檐口
184	清	仿王蒙山水	蓝孟	厅堂外檐口
185	清	峡口松风图	袁耀	楼阁外檐口
186	清	山雨欲来图	袁耀	楼阁及走廊外檐口
187	清	山水楼阁图	袁耀	水阁外檐口
188	清	九如图	袁耀	厅堂及走廊外檐口
189	清	一曲湖亭图	史鑑宗	水阁外檐口
190	清	落木庵图	徐枋	落木庵外檐口
191	清	秋山图	高岑	水阁外檐口
192	清	松窗飞瀑图	高岑	水阁及楼阁外檐口
193	清	石城纪胜图	高岑	水阁外檐口
194	清	木落西风图	蔡嘉	水阁外檐口
195	清	黄叶诗意图	潘恭寿	厅堂外檐口
196	清	山水	黄吕	临水廊道外檐口
197	清	人物故事	王素	草堂外檐口
198	清	看梅图	王翚 杨晋	厅堂外檐口
199	清	山水	王翚等	楼阁外檐口
200	清	八家寿意图	王翚等	楼阁外檐口
201	清	晚桐秋影图	王翚	水阁外檐口
202	清	仿王蒙溪山逸趣图	王翚	厅堂外檐口
203	清	乐志图	王翚	厅堂外檐口
204	清	草阁吟诗图	上官周	水阁外檐口
205	清	风波吹笛处	禹之鼎	楼阁内檐口
206	清	晚烟楼图	禹之鼎	楼阁内檐口
207	清	夜雨对床图	禹之鼎	厅堂外檐口
208	清	仙山云隐图	王云	厅堂外檐口
209	清	唐人诗意图	柳堉	楼阁外檐口
210	清	桐华庐主像	丁皋等	厅堂内檐口
211	清	溪山游艇图	高翔	厅堂外檐口

序号	朝代	画作名称	画家	长窗的位置
212	清	金农诗意图	罗聘	水阁外檐口
213	清	人物山水	罗聘	草堂外檐口
214	清	书画	黄易	水阁外檐口
215	清	山水人物	明俭	水阁外檐口
216	清	临王蒙听雨楼图	李恩庆	楼阁内檐口
217	清	十万图	任熊	楼阁内檐口
218	清	大梅诗意图	任熊	水阁外檐口
219	清	山水	顾洄	厅堂外檐口
220	清	仿古山水	翟大坤	草堂外檐口
221	清	荷塘清暑图	王翚	水阁内檐口
222	清	松阁论文图	吕学	水阁及楼阁外檐口
223	清	溪山访友图	顾符稹	草堂外檐口
224	清	山水	王㮮	水阁外檐口
225	清	仿石田山水	罗烜	水阁内檐口
226	清	钟馗听萧图	程鸣	楼阁外檐口
227	清	张乐训诗图	苏溶	厅堂外檐口
228	清	雪窦幽居图	钱杜	水阁外檐口
229	清	山水	程庭鹭	草堂外檐口
230	清	山水	文枏	水阁外檐口
231	清	垂纶图	蒋垣　原济	水阁外檐口
232	清	屈原卜居图	黄应谌	厅堂内檐口

附录七：江南各气候区宅居天井设置

江南各气候区宅居天井设置（作者自绘，底图来自《苏州民居》、《东阳民居》等资料）

	宅名	天井位置（标黑部分）	备注
1	苏州富郎中巷陈宅		前街后河大进深大宅三落五进式，其中备弄中有狭长天井解决了备弄中的采光通风问题
2	苏州饮马桥某宅		住宅跨河而建，桥上设暖屋
3	苏州吴江莘塔镇某宅		临河住宅，天井朝向垂直于河道流向
4	苏州留园东宅		天井形态和位置多样，包含备弄天井和蟹眼天井
5	苏州鹤园		天井集中在宅区部分
6	苏州东北街旧陈宅		多个临河天井的设置，天井朝向与河道流向垂直

	宅名	天井位置（标黑部分）	备注
7	苏州金狮巷沿河某住宅		天井朝向与河道流向垂直
8	苏州马大箓旧张宅		天井以三面建筑一面界墙的围合方式为主
9	苏州铁瓶巷任宅		天井形式较为多样
10	苏州黎里镇许浒路 14 号民居		
11	昆山周庄沈宅		
12	常熟市男泾堂 42 号明代大宅		
13	吴江县同里镇街 122 号侍卸弟宅		局部建筑被毁，遗留部分天井分布在书房的两侧

	宅名	天井位置（标黑部分）	备注
14	吴江县同里镇叶家墙门叶宅		
15	吴县东山明善堂		
16	杨湾叶宅平面		
17	吴县西山梧巷凤宅		部分建筑被毁，遗留的天井位于正厅前和船厅、门厅之间
18	同里三元街 67 号某宅平面		临河住宅，门前设有码头和过渡空间，天井分为四面建筑与两面建筑一面备弄一面墙围合
19	吴县西山明湾旺宅		
20	苏州东山镇杨湾朱宅		由外凸天井和蟹眼天井组成
21	苏州杨湾王宅		因用地限制出现了异形天井

续表

	宅名	天井位置（标黑部分）	备注
22	吴县西山东蔡镇蔡宅		
23	苏州杨湾冯宅		
24	浙江东阳厦里墅厉宅		天井形态较为规则，与建筑基地在山区有关
25	浙江东阳小村上新屋		正落的天井都呈规整形式，边落天井形式与分布较为自由
26	浙江东阳城东梅树巷 1 号		
27	浙江东阳马上桥一经堂		门厅两侧开小天井满足采光需要

	宅名	天井位置（标黑部分）	备注
28	浙江东阳厦里墅瑞蔼堂		
29	歙县雄村竹山书院		
30	屯溪黎阳镇 13-15 号石宅民居		
31	歙县呈坎程宅		

附录八：传统典籍中出现的江南地区常见植物种类及形态

种类	文本		出处
园林中出现的植物种类及形态			
松林	平山之万松林已列于前矣	平山堂	（清）沈复《浮生六记》
	万松垒翠所由名也	万松亭	（清）赵之璧《平山堂图志》
梅林	另种数亩，花时坐卧其中，令神骨俱清		（明）文震亨《长物志》
	锄岭栽梅		（明）计成《园冶》
	但觉篱残菊晚，应探岭暖梅先		
	居人种梅为业，花开数十里，一望如积雪，故名"香雪海"	邓蔚山	（清）沈复《浮生六记》
	十亩梅园	小香雪	（清）赵之璧《平山堂图志》
	山上山下皆种梅	香露亭	
	房外小山环抱，山上为梅	熙春台	
	东为梅岭，春探梅花最盛	长春岭	
	栊翠庵中有十数支红梅，如胭脂一般，映着雪色，分外显得有精神，好不有趣	稻香村	（清）曹雪芹《红楼梦》
	岭梅绽绿	小秦淮	（清）李斗《扬州画舫录》
桃林	种桃之成林，如入武陵桃源，亦自有致		（明）文震亨《长物志》
	绯桃无际，绚烂若锦绣	勺泉亭	（清）赵之璧《平山堂图志》
	水边山际俱种桃花	临水红霞	
杏林	宜筑一台，杂植数十本		（明）文震亨《长物志》
	林杏飘红	小秦淮	（清）李斗《扬州画舫录》
	有几百枝杏花，如喷火蒸霞一般	稻香村	（清）曹雪芹《红楼梦》
竹林	风动竹梢，如翻麦浪	无隐禅院	（清）沈复《浮生六记》
	种竹辟地数亩，尽去杂树者		（明）文震亨《长物志》
	有千百竿翠竹遮映	大观园	（清）曹雪芹《红楼梦》
	竹里寻幽径	平岗	（清）赵之璧《平山堂图志》
柳林	绕城傍水，尽植垂杨		（清）沈复《浮生六记》
	绿柳周垂	大观园	（清）曹雪芹《红楼梦》
	池外堤上多高柳，柳外长河，河对岸又多高柳，柳间诸园	影园	（清）李斗《扬州画舫录》
桂林	宜辟地二亩，取各种并植，结亭其中，不得颜以"天香"、"小山"等语，更勿以他树杂之		（明）文震亨《长物志》
枫林	一路霜林	来鹤庵	（清）沈复《浮生六记》

种类	文本		出处
芍圃	屋后芍园数亩	芍园	（清）赵之璧《平山堂图志》
	芍田百亩，载在旧谱者多至三十九种	筱园花瑞	
	芍药田低	小秦淮	（清）李斗《扬州画舫录》
	度芍药圃	大观园	（清）曹雪芹《红楼梦》
菊丛	黄花满地	宁府花园	（清）曹雪芹《红楼梦》
	篱边丛菊		（清）陈溟子《花镜》
柳、桃	风生寒峭，溪湾柳间栽桃		（明）计成《园冶》
桃、李	桃李成蹊		
柳、桃	南城脚岸，皆植桃柳	影园	（清）李斗《扬州画舫录》
槐、榆	槐、榆，宜植门庭，板扉绿映，真如翠幄		（明）文震亨《长物志》
汀蒲、芦苇	或长堤横隔，汀蒲、芦苇杂植其中，一望无际，乃称巨浸		
柳、桃、杏	池边两行垂柳，杂以桃杏遮天蔽日	大观园	（清）曹雪芹《红楼梦》
桑、榆、槿、柘	里面数楹茅屋，外面却是桑、榆、槿、柘，各色树稚新条，随其曲折，编就两溜青篱		
梅、桃、柳	阜自南而北遍植梅花、桃、柳	水云胜概	（清）赵之璧《平山堂图志》
松、槐、榆	池右古松参天与槐、榆相间	双清阁	
松、柏、桧、棕榈、梧桐、安石榴	阁下多松柏、桧、棕榈、梧桐，而安石榴最繁	涵虚阁	
槐、榆、椐、柳、海棠、玉兰	麓间多古树，槐、榆、椐、柳、海棠、玉兰、皆百年前物	柳湖范春	
松、梅、石楠、棕榈、桐、桂	列石为坡，杂植松、梅、石楠，左右棕榈、桐、桂	九峰园	
梅、柳、桂、竹、牡丹、荷花	园内外皆水，缭以周垣列置湖石，杂植梅、柳、桂、竹、牡丹、荷花，春夏延览不尽	青桂山房	
松、杉、梅、杏、梨、栗	入门山径数折，松杉密布，间以梅杏梨栗	影园	（清）李斗《扬州画舫录》
木芙蓉、梅、玉兰、垂丝、海棠、白桃	水际多木芙蓉，池边有梅，玉兰、垂丝海棠、绯白桃		
兰、蕙、虞美人、良姜等	石隙间种兰、蕙及虞美人，良姜洛阳诸花草		
桂、牡丹、垂丝海棠、玉兰、山茶、磬口腊梅、千叶榴、青白紫薇、香园	庭隅作两岩，岩上植桂、岩下牡丹、垂丝海棠、玉兰、黄白大红宝珠山茶，磬口腊梅、千叶榴、青白紫薇、香园，备四时之色		

其他环境（自然风光、田园风光）中出现的植物种类及形态

种类	文本		出处
柳、杏	春犹浅，柳初芽，杏初花		程垓《愁倚阑》
	红杏飘香，柳含烟翠拖轻缕		苏轼《点绛唇》
梅、柳	江南腊尽，早梅花开后，吩咐新春与垂柳		苏轼《洞仙歌》
	候馆梅残，溪桥柳细，草熏风暖摇征辔		欧阳修《踏莎行》
杨、杏	绿杨烟外晓寒轻，红杏枝头春意闹		宋祁《木兰花》

种类	文本	出处
桃、柳	小桃灼灼柳鬖鬖，春色满江南	黄庭坚《诉衷情》
	……小桃开……柳摇台榭东风软	阮逸女《花心动》
芳草、杏	孤村芳草远，斜日杏花飞	寇准《江南春》
槐、柳、荷、石榴	绿槐高柳咽新蝉，熏风入弦……微雨过，小荷翻。榴花开欲燃	苏轼《阮郎归》
	槐绿低窗暗，榴红照眼明	黄庭坚《南歌子》
枫、蕙草	江枫渐老，汀蕙半凋，满目败红衰翠	柳永《卜算子》
荷、柳	败荷零落，衰柳掩映	柳永《夜半乐》
梧、蕉花	水风轻，蕉花渐老，月露冷，梧叶飘黄	柳永《玉蝴蝶》
芙蓉、菊	芙蓉金菊斗馨香，天气欲重阳	晏殊《诉衷肠》
枫、菊	红叶黄花秋意	晏几道《思远人》
棘、藕	棘树寒云色，茵陈春藕香	杜甫《陪郑广文游何将军山林》
梨、青苔	……梨花落后清明。池上碧苦三四点	晏殊《破阵子》
竹、榆、木槿	水绕陂田竹绕篱，榆钱落尽槿花稀	张舜民《村居》
柳、菜花	移家杨柳湾，小筑田家坞。一宵春雨晴，满地菜花吐	郭仁《村居》
枫、豆花	无边曲径藏枫叶，半倒疏篱着豆花	严羽《村居》
牵牛花、青苔	篱落牵牛放晚花，西风吹叶满人家。闭门久雨青苔滑，时见鸳鸯下白沙	方千里《杨休烈村居》
水稻	村村水满稻吹花	释惠高《郊行》
竹、梧桐	风梢解箨竹过母，露叶成阴桐有孙	陆游《胡村》
桑、柘、麦	桑柘村村烟树浓，新秧刺水麦梳风	刘过《寄湖州赵侍郎》
蔷薇、忍冬	忍冬清馥蔷薇醉	范成大《余杭》
梅、麦	访梅桥断呼渡，芟麦天寒倚锄	陈著《村景四首》
桑、菜花	桑叶露枝蚕向老，菜花成荚蝶犹来	范成大《初夏两首》之一
槐、麦	永日屋头槐影暗，微风扇里麦花香	范成大《初夏两首》之二
桑、麦	桑麦暖逢春	王操《村家》
竹、稻	……竹树出檐齐……稻畦新雨足	邹登龙《溪村》
柳、草	并柳禅分韵，行空雁草啼	陈兴《晚村》
桑、瓜蔓	桑枝碍行路，瓜蔓网疏篱	戴复古《山村》
梅、菜花	细雨肥梅实，轻风动菜花	潘玙《野人家二首》
杨	争信春风红袖女，绿杨庭院正秋千	叶绍翁《田家三咏》
桑、栗、稻	栗留啄椹桑叶老，科斗出畦新稻齐	张耒《田家三首》其三

附录九：传统室内装饰纹样及其寓意

类别	图案	组成	寓意
动物	翔凤	凤	象征皇帝后妃的尊贵地位；祥瑞的象征；预兆人间太平
	夔龙夔凤	夔式龙、凤	多用于家具、床榻、花牙子等处
	云龙腾飞	龙、云纹	权力
	龙凤呈祥	龙、凤	高贵吉祥
	夔蝠式	夔式蝙蝠	用于室内外装修，象征幸福
	鹿	梅花鹿	禄
	鱼		富足
	喜鹊	祥鸟类	表喜庆，如喜从天降、喜报平安、喜报三元
	象		万象更新、吉祥如意、气象万千
	天鸡纹		吉祥
	蝉纹		吉祥
	狮	九只狮子	隐喻九世同堂、事事平安、师出名门、官登太师
植物	松、竹、梅、兰	采用自然花草图	象征清雅、高洁、脱俗
	兰	兰草、芝兰同春	象征子孙与先辈一样有出息
	蕃草式	采用自然花草图案	广泛用于宗教、民居园林建筑内外装修，如雀替、花牙子、裙板
	竹梅双喜	竹、梅	夫妻生活美满、同喜同乐
	岁寒三友	以松、竹、梅三种不畏严寒的植物构成图案	"松"常青不老，以静延年。"竹"称君子，因虚受益，有君子志道四焉
	四君子	梅、兰、竹、菊	象征品格的高尚
	荷花	采用自然花草图案	象征富贵高雅，多用于室内外花罩、花牙子处
	牡丹	采用自然花草图案	富贵高雅、满堂富贵
	榴开百子	多子植物	象征多福多寿多子孙，希望能够延续后代
花草变形纹样	宝相花、莲纹、香草纹、菊纹、竹纹		吉祥
爬藤植物	葫芦		子孙万代绵长
	藤萝		象征事物的绵延不断，隐喻子孙万代
爬藤植物	葡萄		多子
	佛手		象征福
山水			文人情怀

类别	图案	组成	寓意
人物	杨门女将、木兰从军、王佐断臂、关公夜读、文姬归汉等		历史典故，劝人效忠国家
	三娘教子、西厢记、白蛇传等		劝人为善
	百子图		子孙兴旺
	贵妃醉酒、贵妃出浴、昭君出塞、貂蝉拜月、西施浣纱、汉宫飞燕、文君听琴、清照赋诗、红楼人物等		历史典故、戏文人物
几何纹	回纹、十字、人字、万字	采用古汉文回纹花样图案	子孙延绵、富贵万代
	博古		
	文字、棋盘纹	十字、人字、万字、回纹	书香气息
	锦纹菱花		织物纹样，疑为以前锦缎包裹梁柱的遗风
	锁纹、盔甲纹、连钱纹、曲水纹、槟榔纹		
	回纹、冰纹、波纹、锦纹、菱花、六角景、绦环、龟背纹	直线、弧线、圆形等组成	万福万寿
仙佛道人物及用具	佛八宝	双鱼、百结、莲花、宝壶、天盖、法螺、宝伞、法轮	法螺——宣传佛教妙言；法轮——轮回永生；宝伞——普度众生；白盖——普度众生；莲花——清净；宝瓶——功德圆满；金鱼——活泼；盘肠——万劫不灭。八吉祥——向善的心理乃至追求永生的理想
	道八宝（暗八仙）	芭蕉扇、宝剑、花篮、笛子、宝葫芦、鱼鼓、阴阳板、莲花（或荷叶）	传说中八仙手持宝物
	杂八宝	由诸如祥云、金锭、银锭、宝珠、犀角、珊瑚、方胜、古钱、灵芝、磬、鼎、芭蕉叶等，任选八种构成的图案	吉祥
神仙题材	嫦娥奔月、女娲补天、八仙过海、群仙集庆、汉宫赴会、八仙逗龙王、牛郎织女、十八罗汉、老寿星		吉祥
	百事如意	柏、柿子、如意或灵芝组成	喻事事称心如意
	福寿长庆	用蝠或佛手、盘长、磬组成	喻福多寿长

续表

类别	图案	组成	寓意
神仙题材	福寿三多	由佛手、桃子、石榴组成	喻福多寿长
	五福捧寿	多用五个蝙蝠围绕一个团寿字或长寿字	传统五福是指寿、富、康、德、考
	锦上添花	底子上雕饰精美细致的几何纹样	喻美上加美
	牡丹戏凤		牡丹象征富贵，凤凰代表吉瑞，喻富贵吉祥之意
	玉堂富贵	玉兰、海棠	谐音
	白头富贵	白头翁与牡丹	谐音
	竹梅双喜	栖在竹与梅上的两只喜鹊	竹梅比喻夫妻，竹为君子，梅为佳人。同喜同乐，寓意夫妻生活美满
	喜上眉梢 喜报早春 喜报春先	在梅梢上啼叫之喜鹊图	谐音，寓意吉祥
	天地长春	图案为天竹、南瓜与长春花的组合	天竹又名南天竹，根、茎、果实均可入药；南瓜又有名曰地瓜，蔓生植物，全爵子多，藤蔓绵长，被视为吉祥物。三者组合取其"天地长春"之意
	松林鹤寿	松与鹤组合在一个画面	寓意健康长寿
	鹤鹿同春 六合同春	梧桐树、鹤与鹿	传说鹿与鹤一起护卫灵芝仙草。梧桐树的"桐"字与"同"字谐音，梧桐树是桐树的一种，旧时民间视为"灵树"。祝寿并获得高官厚禄
	鹤寿龟龄	乌龟	谐音，表示长寿
	麒鹿同春	麒麟、鹿	健康长寿、永享天年
	柴、耕、渔、猎		劝人勤劳
	狮子滚绣球	狮子、绣球	表示好事在后头
	狮子盘绶带	狮子、绶带	表示好事不断
	狮子驮瓶	狮子、花瓶	表示事事平安
	狮子戏铜钱	狮子、铜钱	表示财势茂盛
神仙题材	四季平安	四季不同的花卉与瓶	寓意平安
	吉庆有余	百结、鱼	寓意吉祥
	平升三级	瓶、笙、戟	寓意官运亨通、连升三级
	天官赐福	天官、蝙蝠	寓意天官降福
	马上封侯	马、猴	升官、富裕

附录十：传统环境营造技艺生态审美评价因素集调查问卷

江南地区传统环境营造技艺生态审美评价因素集调查问卷

尊敬的专家老师：

您好！现就传统环境营造技艺生态审美评价因素集作调查，非常感谢您抽出宝贵的时间填写问卷。

传统环境营造技艺是一种经验技术，是古人在与自然不断地对话与磨合的过程中产生的，对自然元素的巧妙应用是其中关键的部分，古人以因借和顺迎为原则巧妙地利用自然光、气流与水、植物等自然元素，创造出宜人的居住环境，某些经济成本低、易操作与维护的技艺仍然可以为今天的环境营造带来借鉴，而传统环境营造技艺应用于当代环境设计需要进行客观的设计前评估，本次调研的目的就是对传统环境营造技艺在现代应用时会涉及的评估因子进行调查，谢谢您给予的宝贵意见！

一、您的专业（请您在所选项前打√）：

环境设计□　建筑学□　城市规划□　景观和园林设计□　工业设计□

建筑技术及相关专业（包括结构、暖通、水电等）□　工艺美术□　地理学□

美学□　旅游学□　管理学□　民俗学□　其他□

二、您对传统环境营造技艺的熟悉程度（请您在所选项前打√）：

很熟悉□　比较熟悉□　一般□　不是很熟悉□　不熟悉□

三、问卷调研方法的说明：

A 总目标层	生态审美价值												
B 准则层	生态效益层B1					文化特质层B2				审美感知层B3			
C 指标层	材料选择方式 C1	结构类型和组合方式 C2	能源利用方式 C3	施工工具 C4	适人性 C5	技艺与历史事件的关联度 C6	技艺的典型性 C7	自然环境的影响 C8	特有生活方式的影响 C9	视觉因子 C10	听觉因子 C11	嗅觉因子 C12	触觉因子 C13
D 指标细化层	材料的易得性 D1 / 选材方式的科学性 D2	节材方式的多样性 D3 / 结构的长效性 D4	结构的易施工性 D5 / 被动式利用程度 D6	能源消耗量 D7 / 经济成本 D8	多功能性 D9 / 手工参与程度 D10	技艺控制的直观性 D11 / 与历史情况或人物的关联 D12	在相关典籍中的出现频次 D13 / 在江南地区产生的年代 D14	高使用频次区域 D15 / 对多水环境的适应 D16	对冷暖热环化之境间的适应联系 D17 / 与四季变化的适应度 D18 D19	与地区民俗的联系 D20 / 地区影响 D21	尺度比例的适宜度 D22 / 结构的肌理性及丰富度 D23	界面的装饰性及丰富度 D24 / 对自然光的利用度 D25 D26	自然声响的引入度 D27 / 声音和谐度 D28	自然气息的引入度 D29 / 清洁度 D30	近距离触感特征 D31 / 远距离触感特征 D32

经过相关的文献搜集和田野考察，现暂时确定了对传统环境营造技艺生态审美评估的四层结构，现在就最后一层的细化评估指标进行评估因素集的评定。

评估因素依据准则层分为三个模块，分别为生态效益层、文化特质层和审美感知层，每个模块将隶属于不同准则层的指标列出进行评估，每个指标都由两部分组成：评价因素名称和指标说明，您可以根据说明了解该指标是针对传统环境营造技艺现代应用时的哪个方面进行评估的。

对评估因素本身的评估标度共 5 级，1 代表影响度不高，2 代表影响度不太高，3 代表影响度一般，4 代表影响度高，5 代表影响度非常高，为了获取更为准确的信息，增加了一个 0 的标度，当您觉得该评价因素对于传统环境营造技艺的生态审美评价无影响时，可以选择 0。

四、请您根据个人的专业知识及经验，在以下列出的指标选项后打√，谢谢（指标后的对比标度分为 0-5 级，0 代表此指标可以删除，1 代表影响度不高，2 代表影响度不太高，3 代表影响度一般，4 代表影响度高，5 代表影响度非常高）。

1. 与生态效益相关的评估指标（本部分所涉及评估因子在指标体系中的位置即下表中标灰部分）

A　总目标层	生态审美价值												
B　准则层	生态效益层B1					文化特质层B2				审美感知层B3			
C　指标层	材料选择方式C1	结构类型和组合方式C2	能源利用方式C3	施工工具C4	适人性C5	技艺与历史事件的关联度C6	技艺的典型性C7	自然环境的影响C8	特有生活方式的影响C9	视觉因子C10	听觉因子C11	嗅觉因子C12	触觉因子C13
D　指标细化层	材料的易得性D1 / 选材方式的科学性D2 / 节材方式的多样性D3	结构的长效性D4 / 结构的易庭工性D5	被动式利用程度D6 / 能源消耗量D7	经济成本D8 / 操作准易程度D9 / 多动能度D10	手工参与程度D11 / 技艺控制的直观性D12	与历史传说或人物的关联D13 / 在典籍中的出现频次D14	在江南地区产生的年代D15 / 高使用频次区域D16	对多水环境的适应D17 / 对冷暖热变化的适应D18 / 与四季变化之间的联系D19	与地民俗的联系D20 / 地区禁忌的影响D21	尺度比例的适宜度D22 / 结构的装饰性及适宜度D23 / 界面肌理的丰富性D24 / 色彩特征D25 / 对自然光的利用D26	自然声响的引入度D27 / 声音和谐度D28	自然气息的引入度D29 / 清洁度D30	近距离触感特征D31 / 远距离触感特征D32

1）材料的易得性。

说明：相关研究表明许多建材是否对环境产生影响不在建造过程，而在于建材的生产过程，这个指标是对传统环境营造技艺在当代运用时所用材料在获得过程是否生态进行评价，比如是否就地取材、短距离运输等，请您就该指标对评价材料选择方式是否生态的影响度进行评估。

请勾选：

0	1	2	3	4	5
可以删除	影响度不高	影响度不太高	影响度一般	影响度高	影响度非常高

2）选材方式的科学性。

说明：该指标是对传统环境营造技艺在当代运用时在选择材料的过程中能否根据营造需要选择适宜的材料进行评价，比如是否能顺应物性、物尽其用等，请您就该指标对评价材料选择方式是否生态的影响度进行评估。

请勾选:	0	1	2	3	4	5
	可以删除	影响度不高	影响度不太高	影响度一般	影响度高	影响度非常高

3）节材方式的多样性。

说明：该指标是对传统环境营造技艺在当代运用过程中是否利用多种方式对材料进行节约使用进行评价，比如是否采用了小料拼接、废料再利用等方式，请您就该指标对评价材料选择方式是否生态的影响度进行评估。

请勾选:	0	1	2	3	4	5
	可以删除	影响度不高	影响度不太高	影响度一般	影响度高	影响度非常高

4）结构的长效性。

说明：该指标是对传统环境营造技艺在当代应用时所采用的营造结构的延续时间长度进行评价，比如结构是否可逆、是否容易维护和更换部件等，请您就该指标对评价结构类型和组合方式是否生态的影响度进行评估。

请勾选:	0	1	2	3	4	5
	可以删除	影响度不高	影响度不太高	影响度一般	影响度高	影响度非常高

5）结构的易施工性。

说明：该指标是对传统环境营造技艺营造的结构是否容易施工进行评价，比如结构的逻辑性是否易于理解，施工人员是否有自由发挥空间等，请您就该指标对评价结构类型和组合方式是否生态的影响度进行评估。

请勾选:	0	1	2	3	4	5
	可以删除	影响度不高	影响度不太高	影响度一般	影响度高	影响度非常高

6）被动式利用程度。

说明：该指标是对传统环境营造技艺在当代实施过程中是否以非机械电气设备干预手段为主进行评价，比如巧妙地利用各种可再生能源（水能、风能、太阳能等），请您就该指标对能源利用方式是否生态的影响度进行评估。

请勾选:	0	1	2	3	4	5
	可以删除	影响度不高	影响度不太高	影响度一般	影响度高	影响度非常高

7）能源消耗量。

说明：该指标是对传统环境营造技艺应用后是否有利于降低建成环境能源消耗的评估，比如利用空斗墙技艺能够降低室内采暖能耗，引水入宅能够降低夏日降温所需能耗，请您就该指标对能源利用方式是否生态的影响度进行评估。

请勾选： 0	1	2	3	4	5
可以删除	影响度不高	影响度不太高	影响度一般	影响度高	影响度非常高

8）施工工具的经济成本。

说明：该指标是对传统环境营造技艺实施时所用工具所需花费的经济成本高低进行评估，主要从工具材料和应用能耗两个方面进行评价。请您就该指标对施工工具是否生态的影响度进行评估。

请勾选： 0	1	2	3	4	5
可以删除	影响度不高	影响度不太高	影响度一般	影响度高	影响度非常高

9）施工工具的操作难易程度。

说明：该指标是对施工工具是否利于传播和掌握进行评价，比如工具是否符合人体工学、技术原理是否易于理解等，主要从工具材料和应用能耗两个方面进行评价请您就该指标对施工工具生态性的影响度进行评估。

请勾选： 0	1	2	3	4	5
可以删除	影响度不高	影响度不太高	影响度一般	影响度高	影响度非常高

10）施工工具的多功能性。

说明：该指标是对施工工具的适用性进行评价，比如工具是否能够同时应用于不同的传统环境营造技艺或同时适用于技艺实施的不同步骤中等，请您就该指标对施工工具是否生态的影响度进行评估。

请勾选： 0	1	2	3	4	5
可以删除	影响度不高	影响度不太高	影响度一般	影响度高	影响度非常高

11）营造过程中手工劳动的参与程度。

说明：从审美愉悦的角度来说，手工劳动带给人的愉悦感较强，因此该指标是从这个角度对传统环境营造技艺中手工劳动的参与度进行评价，请您就该指标对评估适人性对减少能耗、创造生态效益的影响度进行评估。

请勾选： 0	1	2	3	4	5
可以删除	影响度不高	影响度不太高	影响度一般	影响度高	影响度非常高

12）营造过程中技艺控制的直观性。

说明：传统环境营造技艺中有很大一部分是依靠工匠的经验进行施工控制，该指标就是对技艺施工控制对仪器的依赖程度进行评价，比如夯土墙砌筑过程中对泥坯是否适合施工的依据是工匠对泥球落地形状的判断，请您就该指标对适人性对减少能耗、创造生态效益的影响度进行评估。

请勾选： 0	1	2	3	4	5
可以删除	影响度不高	影响度不太高	影响度一般	影响度高	影响度非常高

2. 与文化特质相关的评价指标（本部分所涉及评估因子在指标体系中的位置即下表中标灰部分）：

A 总目标层	生态审美价值		
B 准则层	生态效益层B1	文化特质层B2	审美感知层B3
C 指标层	材料选择方式 C1 / 结构类型和组合方式 C2 / 能源利用方式 C3 / 施工工具 C4 / 适人性 C5	技艺与历史事件的关联度 C6 / 技艺的典型性 C7 / 自然环境的影响 C8 / 特有生活方式的影响 C9	视觉因子 C10 / 听觉因子 C11 / 嗅觉因子 C12 / 触觉因子 C13
D 指标细化层	材料的易得性 D1 / 选材方式的科学性 D2 / 节材方式的多样性 D3 / 结构的长效性 D4 / 结构的易施工性 D5 / 被动式利用程度 D6 / 能源消耗量 D7 / 经济成本 D8 / 操作难易度 D9 / 多功能性 D10 / 手工参与程度 D11 / 技艺控制的直观性 D12	与历史传说或人格的关联度 D13 / 在相关籍中的出现频次 D14 / 在江南地区产生的年代 D15 / 高频次区域 D16 / 对多水环境的适应 D17 / 对冬季寒冷环境之的适应 D18 / D19 / 与地民俗的联系 D20 / 地区类别的影响 D21	尺度比例构件的装饰性及适宜度 D22 / D23 / 界面肌理的丰富性及适宜度 D24 / 色彩的延续性 D25 / 对自然光的利用 D26 / 自然声的引入度 D27 / 声音和谐度 D28 / 自然气息的引入度 D29 / 清洁度 D30 / 近距离高触感特征 D31 / 远距离高触感特征 D32

1）技艺与历史传说或人物的关联度。

说明：巧匠现象是江南地区特有的文化现象，巧匠现象的盛行与发展与江南文人参与的技艺创新与改良活动有很大关系，因此技艺的改良或产生与历史传说或人物关联度越紧密其文化价值就越高，请您就该指标对评估"技艺与历史事件关联度"的影响度进行评估。

请勾选：　0　　　1　　　2　　　3　　　4　　　5

可以删除　影响度不高　影响度不太高　影响度一般　影响度高　影响度非常高

2）技艺在相关典籍中出现的频率和次数。

说明：江南地区文化发达，这使得对传统环境营造技艺的典籍记载也较为丰富，在相关技术典籍中出现的频率和次数越高则文化价值越高，请您就该指标对评估"技艺与历史事件关联度"的影响度进行评估。

请勾选：　0　　　1　　　2　　　3　　　4　　　5

可以删除　影响度不高　影响度不太高　影响度一般　影响度高　影响度非常高

3）技艺在当地产生的历史年代。

说明：传统环境营造技艺的演变是所在地域文化中的一部分，它的产生与演变不能摆脱社会经济、气候条件等的影响，技艺在当地存在的时间越长则其典型性越强，请您就该指标对评估"技艺典型性"的影响度进行评估。

请勾选：　0　　　1　　　2　　　3　　　4　　　5

可以删除　影响度不高　影响度不太高　影响度一般　影响度高　影响度非常高

4）技艺在研究地域使用的区域范围大小。

说明：该指标是对传统环境营造技艺在该地区的传播范围进行评价，比如香山帮营造技艺不仅是苏州地区的主流技艺，使用范围还辐射到周边的无锡、常熟、常州等地区，部分北方地区，甚至是海外，技艺应用辐射范围越广则说明其（特征性）典型性越强，请您就该指标对评估"技艺典型性"的影响度进行评估。

请勾选：	0	1	2	3	4	5
	可以删除	影响度不高	影响度不太高	影响度一般	影响度高	影响度非常高

5）技艺对江南地区多水环境的适应性。

说明：该指标具有较强的地域性，对不同类型水环境的适应是江南地区传统环境营造技艺的重要特征。该指标是对技艺是否能较好地适应或者利用环境中的水资源进行评价，例如利用歇山顶防止雨水对墙面的侵蚀，技艺对多水环境的适应度越高则其文化性越强，请您就该指标对评估"技艺对江南地区自然环境适应度"的影响度进行评估。

请勾选：	0	1	2	3	4	5
	可以删除	影响度不高	影响度不太高	影响度一般	影响度高	影响度非常高

6）技艺对江南地区冬冷夏热环境的适应性。

说明：江南大部分地区都处于冬冷夏热的气候条件下，不少技艺的形成都受到这种气候的影响。该指标是对传统环境营造技艺对当地气候顺应程度进行评价，顺应度越高则文化性越强，例如传统的防太阳辐射技艺、自然通风技艺等，请您就该指标对评估"技艺对江南地区自然环境适应度"的影响度进行评估。

请勾选：	0	1	2	3	4	5
	可以删除	影响度不高	影响度不太高	影响度一般	影响度高	影响度非常高

7）技艺是否受江南地区四季变化的影响。

说明：江南地区四季分明的特点既影响到室外景观的季相又影响到室内陈设的布局，技艺随四季变化的适应度越高则其文化性越强，请您就该指标对评估"技艺对江南地区自然环境适应度"的影响度进行评估。

请勾选：	0	1	2	3	4	5
	可以删除	影响度不高	影响度不太高	影响度一般	影响度高	影响度非常高

8）技艺与地区民俗之间的联系。

说明：每个地区在长期的发展过程中都形成了本地区特有的民俗，该指标就是对技艺因民俗而形成或改良的程度进行评价，与地区民俗之间的关联度越高则文化性越强，比如江南地区的昆曲盛行影响了住宅的布置和相关的建筑隔声传声技艺，请您就该指标对评估"技艺对江南地区特有生活方式的适应度"的影响度进行评估。

请勾选：	0	1	2	3	4	5
	可以删除	影响度不高	影响度不太高	影响度一般	影响度高	影响度非常高

9）技艺是否受地区禁忌的影响。

说明：禁忌起源于人们为了趋利避害而形成的一系列行为法则，对居住环境的禁忌是其中的重要组成部分，该指标是对技艺受到地区禁忌影响的程度进行评价，受影响程度越高则文化性越强，比如风水学说对村落选址、居室朝向的影响，请您就该指标对评估"技艺对江南地区特有生活方式的适应度"的影响度进行评估。

请勾选：

0	1	2	3	4	5
可以删除	影响度不高	影响度不太高	影响度一般	影响度高	影响度非常高

3. 与审美感知相关的评价指标（所涉及评估因子在指标体系中的位置即下表中标灰部分）：

A 总目标层	生态审美价值												
B 准则层	生态效益层B1					文化特质层B2				审美感知层B3			
C 指标层	材料选择方式 C1	结构类型和组合方式 C2	能源利用方式 C3	施工工具 C4	适人性 C5	技艺与历史事件的关联度 C6	技艺的典型性 C7	自然环境的影响 C8	特有生活方式的影响 C9	视觉因子 C10	听觉因子 C11	嗅觉因子 C12	触觉因子 C13
D 指标细化层	材料的易得性D1 / 选材方式的科学性D2	节材方式的多样性D3 / 结构的长效性D4 / 结构的易施工性D5	被动式利用程度D6 / 能源消耗量D7	经济成本D8 / 操作难易程度D9	多功能性D10 / 手工参与程度D11 / 技艺控制的直观性D12	与历史故人物的关联D13 / 在经典籍中的出现频次D14	在江南地区产生的年代D15 / 高使用频次区域D16	对多水环境的适应D17 / 对冬冷夏热环境之间的适应D18 D19	与地区民俗的联系D20 / 地区禁忌的影响D21	尺度比例的适宜度D22 D23 / 界面的装饰性及丰富度D24 D25 / 对自然光的利用度D26	自然声响的引入度D27 / 声音和谐度D28	自然气息的引入度D29 / 清洁度D30	近距离触感特征D31 / 远距离触感特征D32

1）技艺应用对环境尺度比例适宜性的影响。

说明：该指标拟通过对技艺介入后的环境构筑物尺度进行感知度量化，以环境中不同视觉面上空间面积与总面积的比值方差和离散度来评测各构筑物之间的尺度连续性（比值方差和离散度越小则说明新建成构筑物尺度与环境尺度越接近），连续性越强则审美感知度越优，请您就该指标对评估技艺应用后尺度比例适宜度对视觉因子优化的影响度进行评估。

请勾选：

0	1	2	3	4	5
可以删除	影响度不高	影响度不太高	影响度一般	影响度高	影响度非常高

2）技艺应用对环境结构装饰性或适应性的影响。

说明：结构关系的处理是评判建成环境美感和意义的重要标准，技艺应用后结构装饰性增强或者适应性增强则审美感知度越优，请您就该指标对评估技艺应用后结构变化对视觉因子优化的影响度进行评估。

请勾选：	0	1	2	3	4	5
	可以删除	影响度不高	影响度不太高	影响度一般	影响度高	影响度非常高

3）技艺应用对环境界面肌理丰富度的影响。

说明：环境营造物的外表面是与使用者视觉接触的直接媒介，技艺应用后界面肌理越丰富则审美感知度越优，请您就该指标对评估技艺应用后界面肌理变化对视觉因子优化的影响度进行评估。

请勾选：	0	1	2	3	4	5
	可以删除	影响度不高	影响度不太高	影响度一般	影响度高	影响度非常高

4）技艺应用对环境色彩特征性的影响。

说明：以色彩地理学为理论依据，环境中新增加的构筑物色彩应该以促进该环境的整体色彩特征为目标，技艺应用后促进环境整体色彩特征性则审美感知度越优，请您就该指标对评估技艺应用后环境色彩变化对视觉因子优化的影响度进行评估。

请勾选：	0	1	2	3	4	5
	可以删除	影响度不高	影响度不太高	影响度一般	影响度高	影响度非常高

5）技艺应用对环境中自然光利用的影响。

说明：该指标是对技艺应用后促进环境中自然光利用的程度进行评价，例如采光天井技艺对室内光环境的改善，对自然光利用度越高则审美感知度越优，请您就该指标对评估技艺应用后环境中自然光的变化对视觉因子优化的影响度进行评估。

请勾选：	0	1	2	3	4	5
	可以删除	影响度不高	影响度不太高	影响度一般	影响度高	影响度非常高

6）技艺应用对环境中自然声响引入度的影响。

说明：该指标是从听觉的角度对技艺应用后是否能够促进环境中自然声响的引入进行评价，自然声响引入度越高则审美感知度越优，例如利用流水声营造室内外声景的技艺，请您就该指标对评估技艺应用后环境中自然声响的介入对听觉因子优化的影响度进行评估。

请勾选：	0	1	2	3	4	5
	可以删除	影响度不高	影响度不太高	影响度一般	影响度高	影响度非常高

7）技艺应用对环境中声音和谐性的影响。

说明：某些技艺的应用可能会使得环境中的声音种类增加，比如江南水乡常见的廊街使得居室外部随时可以成为商业销售或交流空间，叫卖声、交谈声与河流中的舟楫划水声混杂在一起形成特殊的声音效果，请您就该指标对评估技艺应用后环境中各种声响的混杂对听觉因子优化的影响度进行评估。

请勾选：	0	1	2	3	4	5
	可以删除	影响度不高	影响度不太高	影响度一般	影响度高	影响度非常高

8）技艺应用对环境中自然气味引入度的影响。

说明：该指标是从嗅觉的角度对技艺应用后是否能够促进环境中自然气味的引入进行评价，例如利用香味植物营造室内氛围，请您就该指标对评估技艺应用后环境中自然气味的变化对嗅觉因子优化的影响度进行评估。

请勾选：	0	1	2	3	4	5
	可以删除	影响度不高	影响度不太高	影响度一般	影响度高	影响度非常高

9）技艺应用对环境中空气清洁度的影响。

说明：该指标是对技艺应用后能否提高空气清洁度进行评价，例如利用可拆卸的隔断改善室内通风的技艺，请您就该指标对评估技艺应用后环境中空气清洁度的变化对嗅觉因子优化的影响度进行评估。

请勾选：	0	1	2	3	4	5
	可以删除	影响度不高	影响度不太高	影响度一般	影响度高	影响度非常高

10）技艺应用对环境中近距离触觉特征性的影响。

说明：该指标是从视触觉的角度对技艺应用后是否能够促进环境中近距离触摸时产生有特征的触觉感受（主要指触摸材质时产生的触觉感受），近距离触摸特征感越强则对审美知觉的优化度越高，请您就该指标对评估技艺应用后环境中近距离触觉特征的变化对触觉因子优化的影响度进行评估。

请勾选：	0	1	2	3	4	5
	可以删除	影响度不高	影响度不太高	影响度一般	影响度高	影响度非常高

11）技艺应用对环境中远距离触觉特征的影响。

说明：该指标是从视触觉的角度对技艺应用后是否能够促进环境中远距离观看时产生有特征的视触觉感受，比如远远看到草坪会产生毛茸茸的感觉，请您就该指标对评估技艺应用后环境中远距离触觉特征的变化对触觉因子优化的影响度进行评估。

请勾选：	0	1	2	3	4	5
	可以删除	影响度不高	影响度不太高	影响度一般	影响度高	影响度非常高

四、如果您觉得还有需要补充的评价因素，请您填写在以下横线处：

_____

_____

附录十一：江南地区传统环境营造技艺生态审美评价指标权重调研问卷

江南地区传统环境营造技艺生态审美评价指标权重调研问卷

尊敬的专家：

您好！经过上一次的因素集调查，已经确定了评价体系包含的基本指标，为了确定江南地区传统环境营造技艺生态审美的权重，我需要您提供宝贵的时间完成以下问卷。请您针对问卷中提到的两个指标的相对重要性加以比较，非常感谢。

A 总目标层	生态审美价值		
B 准则层	生态效益层B1	文化特质层B2	审美感知层B3
C 指标层	材料选择方式C1 / 结构类型和组合方式C2 / 能源利用方式C3 / 施工工具C4 / 适人性C5	技艺与历史事件的关联度C6 / 技艺的典型性C7 / 自然环境的影响C8 / 特有生活方式的影响C9	视觉因子C10 / 听觉因子C11 / 嗅觉因子C12 / 触觉因子C13
D 指标细化层	材料的易得性D1 / 选材方式的科学性D2 / 选材方式的多样性D3 / 结构的长效性D4 / 结构的易施工性D5 / 被动式利用程度D6 / 能源消耗量D7 / 经济成本D8 / 操作难易程度D9 / 多功能性D10 / 手工参与程度D11 / 技艺控制的直观性D12	与历史或人物的关联D13 / 在相关典故的出现频次D14 / 在江南地区产生的年代D15 / 高使用频次区域D16 / 对冷湿热环境的适应D17 / 对客观热环境的适应D18 / 与四季变化的联系D19 / 与地区民俗的联系D20 / 地区禁忌的影响D21	尺度比例的适宜度D22 / 结构的适宜性D23 / 界面材料的丰富性D24 / 色彩的合理性D25 / 对自然光的利用度D26 / 自然声的引入度D27 / 声音的和谐度D28 / 自然气息的引入度D29 / 清洁度D30 / 近距离触觉特征D31 / 远距离触觉特征D32

填表示例说明：相对于传统环境营造技艺的生态审美价值，请您用两两比较来判断生态审美价值包含的三种因素（A. 生态效益 B. 文化特质 C. 审美感知）的相对重要性。

例如，A（生态效益）与B（文化特质）相比，如果你认为A相对来讲比较重要，则在"重要"栏下相应的空格内填写"A"；如果你认为A与B相比，A非常重要，则在"非常重要"栏下相应的空格内填写"A"。反之，如果您认为A与B相比，B比较重要，则在"较重要"栏下相应的空格内填写"B"；如果您认为A与B相比，B很重要，则在"很重要"栏下相应的空格内填写"B"。如果您认为A与B同等重要，则在"同等重要"栏下空格内填写"AB"。

在A与B比较的这一行中，在"同等重要"下的相应空格中只能填写"AB"，其他空格内只能填写"A"或"B"。

对每一类问题，请您先阅读后回答，非常感谢您的支持与合作。

第一层指标比较："准则层"要素层重要性两两比较

两两比较判断的因素		同等重要	较重要	重要	很重要	非常重要
A. 生态效益	B. 文化特质					
A. 生态效益	C. 审美感知					
B. 文化特质	C. 审美感知					

第二层指标比较：

1. "生态效益"要素层下各指标重要性两两比较

两两比较判断的因素		同等重要	较重要	重要	很重要	非常重要
A. 材料选择方式	B. 结构类型和组合方式					
A. 材料选择方式	C. 能源利用方式					
A. 材料选择方式	D. 施工工具					
A. 材料选择方式	E. 适人性					
B. 结构类型和组合方式	C. 能源利用方式					
B. 结构类型和组合方式	D. 施工工具					
B. 结构类型和组合方式	E. 适人性					
C. 能源利用方式	D. 施工工具					
C. 能源利用方式	E. 适人性					
D. 施工工具	E. 适人性					

2. "文化特质"要素层下各指标重要性两两比较

两两比较判断的因素		同等重要	较重要	重要	很重要	非常重要
A. 技艺与历史事件的关联度	B. 技艺的典型性					
A. 技艺与历史事件的关联度	C. 自然环境的影响					
A. 技艺与历史事件的关联度	D. 特有生活方式的影响					
B. 技艺的典型性	C. 自然环境的影响					
B. 技艺的典型性	D. 特有生活方式的影响					
C. 自然环境的影响	D. 特有生活方式的影响					

3. "审美感知"要素层下各指标重要性两两比较

两两比较判断的因素		同等重要	较重要	重要	很重要	非常重要
A.视觉因子	B.听觉因子					
A.视觉因子	C.嗅觉因子					
A.视觉因子	D.触觉因子					
B.听觉因子	C.嗅觉因子					
B.听觉因子	D.触觉因子					
C.嗅觉因子	D.触觉因子					

第三层指标比较：

1. "材料选择方式"要素层下各指标重要性两两比较

两两比较判断的因素		同等重要	较重要	重要	很重要	非常重要
A.材料的易得性	B.选材方式的科学性					
A.材料的易得性	C.节材方式的多样性					
B.选材方式的科学性	C.节材方式的多样性					

2. "结构类型和组合方式"要素层下各指标重要性两两比较

两两比较判断的因素		同等重要	较重要	重要	很重要	非常重要
A.结构的长效性	B.结构的易施工性					

3. "能源利用方式"要素层下各指标重要性两两比较

两两比较判断的因素		同等重要	较重要	重要	很重要	非常重要
A.被动式利用程度	B.能源消耗量					

4. "施工工具"要素层下各指标重要性两两比较

两两比较判断的因素		同等重要	较重要	重要	很重要	非常重要
A.经济成本	B.操作难易程度					
A.经济成本	C.多功能性					
B.操作难易程度	C.多功能性					

5. "适人性"要素层下各指标重要性两两比较

两两比较判断的因素		同等重要	较重要	重要	很重要	非常重要
A.手工参与程度	B.技艺控制的直观性					

6. "技艺与历史事件的关联度"要素层下各指标重要性两两比较

两两比较判断的因素		同等重要	较重要	重要	很重要	非常重要
A. 与历史传说或人物的关联度	B. 在相关典籍中出现的频率与次数					

7. "技艺的典型性"要素层下各指标重要性两两比较

两两比较判断的因素		同等重要	较重要	重要	很重要	非常重要
A. 在江南地区产生的年代	B. 使用的区域范围大小					

8. "自然环境影响"要素层下各指标重要性两两比较

两两比较判断的因素		同等重要	较重要	重要	很重要	非常重要
A. 对多水环境的适应	B. 对冬冷夏热环境的适应					
A. 对多水环境的适应	C. 与四季变化之间的联系					
B. 对冬冷夏热环境的适应	C. 与四季变化之间的联系					

9. "特有生活方式"要素层下各指标重要性两两比较

两两比较判断的因素		同等重要	较重要	重要	很重要	非常重要
A. 与地区民俗的联系	B. 地区禁忌的影响					

10. "视觉因子"要素层下各指标重要性两两比较

两两比较判断的因素		同等重要	较重要	重要	很重要	非常重要
A. 尺度比例的适宜度	B. 结构的装饰性及适宜性					
A. 尺度比例的适宜度	C. 界面肌理的丰富度					
A. 尺度比例的适宜度	D. 色彩的特征性					
A. 尺度比例的适宜度	E. 对自然光的利用度					
B. 结构的装饰性及适宜性	C. 界面肌理的丰富度					
B. 结构的装饰性及适宜性	D. 色彩的特征性					
B. 结构的装饰性及适宜性	E. 对自然光的利用度					
C. 界面肌理的丰富度	D. 色彩的特征性					
C. 界面肌理的丰富度	E. 对自然光的利用度					
D. 色彩的特征性	E. 对自然光的利用度					

11. "听觉因子"要素层下各指标重要性两两比较

两两比较判断的因素		同等重要	较重要	重要	很重要	非常重要
A. 自然声响的引入度	B. 声音的和谐度					

12. "嗅觉因子"要素层下各指标重要性两两比较

两两比较判断的因素		同等重要	较重要	重要	很重要	非常重要
A. 自然气味的引入度	B. 空气的清洁度					

13. "触觉因子"要素层下各指标重要性两两比较

两两比较判断的因素		同等重要	较重要	重要	很重要	非常重要
A. 近距离触觉特征	B. 远距离触觉特征					

谢谢您的支持与参与!

附录十二：相关联评价体系及评价标准

（1）《传统村落评价认定指标体系（试行）》

一、村落传统建筑评价指标体系

类别	序号	指标	指标分解	分值标准及释义	满分	得分
定量评估	1	久远度	现存建筑最早修建年代	明代及以前，4分；清代，3分；民国，2分；新中国成立至1980年以前，1分	4	
			传统建筑群集中修建年代	清代及以前，6分；民国，4分；新中国成立初至1980年以前，3分	6	
	2	稀缺度	文物保护单位等级	国家级，5分，超过1处每处增加2分；省级，3分，超过1处每处增加1.5分；市县级，2分，超过1处每增加处1分；列入第三次文物普查的登记范围，1分，超过1处每处增加0.5分。满分10分	10	
	3	规模	传统建筑占地面积	5公顷以上，15～20分；3～5公顷，10～14分；1～3公顷，5～9分；0～1公顷，0～4分	20	
	4	比例	传统建筑用地面积占全村建设用地面积比例	60%以上，12～15分；40～60%，8～11分；20%～40%，4～7分；0～20%，0～3分	15	
	5	丰富度	建筑功能种类	居住、传统商业、防御、驿站、祠堂、庙宇、书院、楼塔及其他类。每一种得2分，满分10分	10	
定性评估	6	完整性	现存传统建筑（群）及其建筑细部乃至周边环境保存情况	1. 现存传统建筑（群）及建筑细部乃至周边环境原貌保存完好，建筑质量良好且分布连片集中，风貌协调统一，仍有原住居民生活使用，保持了传统区的活态性，12～15分； 2. 现存传统建筑（群）及细部乃至周边环境基本上原貌保存较好，建筑质量较好且分布连片，仍有原住居民生活使用，不协调建筑少，8～11分； 3. 现存传统建筑（群）部分倒塌，但"骨架"存在，部分建筑细部保存完好，有一定时期风貌特色，周边环境有一定破坏，不协调建筑较多，4～7分； 4. 传统建筑（群）大部分倒塌，存留部分结构构件及细部装饰，具有一定历史与地域特色风貌，周边环境破坏较为严重，0～3分	15	
定性评估	7	工艺美学价值	现存传统建筑（群）所具有的建筑造型、结构、材料或装饰等美学价值	1. 现存传统建筑（群）所具有的造型（外观、庭院、形体、屋面等）、结构、材料（技巧、配置对比、精细加工、地域材料）、装修装饰（木雕、石雕、砖雕、彩画、铺地、门窗隔断）等具有典型地域性或民族性特色，建造工艺独特，建筑细部及装饰十分精美，工艺美学价值高，9～12分； 2. 建筑造型、结构、材料或装饰等具有本地域一般特征，代表本地文化与审美，部分建筑具有一定装饰文化，美学价值较高，5～8分； 3. 建筑造型、结构、材料或装饰等在不具备典型民族或地域代表性，建造与装饰仅体现当地乡土特色，美学价值一般，0～4分	12	

类别	序号	指标	指标分解	分值标准及释义	满分	得分
定性评估	8	传统营造工艺传承	至今仍大量应用传统技艺营造日常生活建筑	1. 至今日常生活建筑营造中大量应用传统材料、传统工具和工艺，采用传统建筑形式、风格与传统风貌相协调，具有传统禁忌等地方习俗，成为非物质文化遗产，技术工艺水平有典型地域性，8～10分； 2. 至今日常生活建筑中较多应用传统材料、传统工具和工艺，采用传统建筑形式、风格与传统风貌相协调，具有传统禁忌等地方习俗，技术工艺水平有地域代表性，5～7分； 3. 至今日常生活建筑中较少应用地域性传统材料、传统工具和工艺，采用传统建筑形式与风格或与传统风貌相协调，营造特色有地域代表性0～4分	8	
合计					100	

二、《苏南建筑遗产综合价值评估体系》

评估内容	评估标准			
	一	二	三	四
年代的久远成程度	明代及明代以前	清乾隆以前	清光绪以前	清光绪以后
建筑结构的完整程度	完整	大部分完整	仅剩部分特征	
相关历史名人与历史事件	全国著名人物与事件	地方知名人物与事件	一般人物与事件	缺少记载
反映地方文化特色与历史背景的程度	突出	较多	一般	
在城市规划布局中的作用	对保护原有河道、街道布局作用突出	有一定作用	基本没有作用	
结构技术特色	突出	较高	一般	
施工技术水平	精细	一般	粗糙	
材料的使用（木材、石料、砖瓦）	好	较好	一般	
水作工艺水平（图案、做工、用材、完整性）	高	较高	一般	
石作工艺水平（图案、做工、用材、完整性）	高	较高	一般	
木作工艺水平（图案、做工、用材、完整性）	高	较高	一般	
对形成环境及景观所起的作用	很大	有一定作用	作用很小	
空间布局的合理性	合理	较合理	不合理	
空间布局的特殊性	有	无		
空间布局的完整性	完整	较完整	主体建筑仍在	
群体的规模	三轴线以上	二轴线	一轴线	
建筑的质量（屋顶、墙、门窗等）	高	较高	一般	

评估内容	评估标准			
	一	二	三	四
能否继续作为民居使用	仍适宜作民居使用	需适度改造	不宜继续作民居使用	
相对位置的重要性	与文保单位相邻	与其他控制保护单位相邻	不与文保单位及其他控制保护单位相邻	
周围构筑物与它的协调性	协调	不很协调	起破坏作用	
山石花木的配置	好	较好	一般	无
建筑使用的合理性	合理	需适当调整	不合理	

附录十三：客观评价指标评分依据及得分

1. 材料的易得性 D1（权重值 6.7）

评估对象	评分依据	分值（打分 × 权重）
黄道砖	取自苏州陆慕御窑，57.3 公里	8 × 0.067=0.536
方砖	取自苏州陆慕御窑，57.3 公里	8 × 0.067=0.536
竹帘	无锡本地，5.1 公里	10 × 0.067=0.67
花格窗	苏州吴中区易都雕刻厂，67.1 公里以内	8 × 0.067=0.536

2. 选材方式的科学性 D2（权重值 3.2）

评估对象	评分依据	分值（打分 × 权重）
黄道砖	黄道砖选择当地黄泥，出窑成品率在 80% 以上	10 × 0.032=0.32
方砖	方砖选择当地黄泥，体量较大，烧制要求高，出窑成品率在 60% ~ 70%	8 × 0.032=0.256
竹帘	选择本地产竹材，材料废弃率低于 20%	10 × 0.032=0.32
花格窗	小木作要求榫卯准确，一旦计算出现误差就容易出现废料	6 × 0.032=0.192

3. 节材方式的多样性 D3（权重值 3.4）

评估对象	评分依据	分值（打分 × 权重）
黄道砖	砖废料可全部混入回填土中	10 × 0.034=0.34
方砖	砖废料可全部混入回填土中	10 × 0.034=0.34
竹帘	废弃材料一般利用率在 50%	6 × 0.034=0.204
花格窗	废置小料仅可用在修补填缝工序中	4 × 0.034=0.136

4. 结构的长效性 D4（权重值 9.9）

评估对象	评分依据	分值（打分 × 权重）
黄道砖	90% 可更换	10 × 0.099=0.99
方砖	90% 可更换	10 × 0.099=0.99
竹帘	100% 可更换	10 × 0.099=0.99
花格窗	内部花格结构不可逆，破损无法更换，但单扇花格窗可替换	4 × 0.099=0.396

5. 被动式利用程度（权重值 5.9）

评估对象	评分依据	分值（打分 × 权重）
黄道砖	陆慕御窑厂部分利用土窑烧制，部分采用电炉烧制。施工过程采用电力搅拌水泥砂浆。铺设后可以调节室内湿度	6×0.059=0.354
方砖	陆慕御窑厂利用土窑烧制。施工过程采用电力搅拌水泥砂浆。铺设后可以调节室内湿度，还有冬暖夏凉的微气候调节作用	8×0.059=0.472
竹帘	手工制作。可以随时调整阳光入射程度，调节室内微气候	10×0.059=0.59
花格窗	大部分工艺采用电刨，安装后无法调节阳光入射量	0×0.059=0.0

6. 能源消耗量（权重值 4.6）

评估对象	评分依据	分值（打分 × 权重）
黄道砖	铺设后可以调节室内湿度，在夏季、秋季两季效果明显	6×0.046=0.276
方砖	铺设后可以调节室内湿度，还有冬暖夏凉的微气候调节作用，在夏季、秋季和冬季效果明显	8×0.046=0.368
竹帘	可以随时调整阳光入射程度，调节室内微气候，在夏季、秋季、冬季效果明显	8×0.046=0.368
花格窗	安装后对环境能源消耗无明显影响	0×0.046=0.0

7. 操作难易程度（权重值 1.0）

评估对象	评分依据	分值（打分 × 权重）
黄道砖	技术原理较复杂、培训时间在 12 周以内，施工能耗少（非电动工具）	6×0.01=0.06
方砖	技术原理简明易懂，但培训时间在 1 年以上	4×0.01=0.04
竹帘	技术原理较复杂、培训时间在 12 周以内，施工能耗少（非电动工具）	6×0.01=0.06
花格窗	技术原理复杂，培训时间在 1 年以上	0×0.01=0.0

8. 多功能性（权重值 0.5）

评估对象	评分依据	分值（打分 × 权重）
黄道砖	铲子、曲尺、规方、灰板、细腻和鹤嘴等施工工具可用在其他施工工序中	8×0.005=0.04
方砖	铲子、曲尺、规方、灰板、细腻和鹤嘴等施工工具可用在其他施工工序中	8×0.005=0.04
竹帘	蔑刀工具只能应用于竹编工艺中	1×0.005=0.005
花格窗	锯、刨、凿、斧、锤同样应用于大木作的诸多工序中	6×0.005=0.03

9. 手工参与程度（权重值 3.5）

评估对象	评分依据	分值（打分 × 权重）
黄道砖	取土、制坯、阴干、烧制中的取土、制坯手工为主	6×0.035=0.21
方砖	取土、制坯、阴干、烧制中的制坯手工为主	4×0.035=0.14
竹帘	抽丝、备丝、制帘、上油中的抽丝、备丝手工为主	6×0.035=0.21
花格窗	机制花格窗手工劳动参与程度低	0×0.035=0.0

10. 技艺控制的直观性（权重值 2.0）

评估对象	评分依据	分值（打分 × 权重）
黄道砖	仅借助铅锤墨线定位，不借助现代仪器	10×0.02=0.02
方砖	仅借助铅锤墨线定位，不借助现代仪器	10×0.02=0.02
竹帘	不依靠任何仪器	10×0.02=0.02
花格窗	借助墨斗定位，不借助现代仪器	10×0.02=0.02

11. 与历史传说或人物的关联度（权重值 1.1）

评估对象	评分依据	分值（打分 × 权重）
黄道砖	计成设计的铺砌形制	2×0.011=0.022
方砖	明永乐皇帝赐名御窑、张问之亲自督造、太平府管工官知事郑玉阶、苏州末任知府何刚德等	10×0.011=0.11
竹帘	曹娥传说、《浮生六记》中的芸娘制帘	4×0.011=0.044
花格窗	计成、李渔设计花格窗形制	4×0.011=0.044

12. 在相关典籍中的出现频次（权重值 1.3）

评估对象	评分依据	分值（打分 × 权重）
黄道砖	《营造法原》、《造砖图说》、《园冶》、《工程致富》、《新安屋经》等	10×0.013=0.13
方砖	《营造法原》、《造砖图说》、《长物志》、《园冶》、《扬州画舫录》等	10×0.013=0.13
竹帘	《营造法式》、《竹谱》、《尚书》、《西京杂记》、《簟赋》等	10×0.013=0.13
花格窗	《园冶》、《闲情偶寄》、《鲁班经》、《长物志》（多版本）等	10×0.013=0.13

13. 在江南地区产生的年代（权重值 2.8）

评估对象	评分依据	分值（打分 × 权重）
黄道砖	秦代（公元前 221～前 210）开始❶，约 2236～2225 年	8×0.028=0.224
方砖	明永乐（1403～1424）❷，约 591～612 年	6×0.028=0.168
竹帘	河姆渡文化中始见竹编席具，距今 7000 多年	10×0.028=0.28
花格窗	北宋元佑（1086～1094）❸，约 921～929 年	6×0.028=0.168

❶ 无锡马圩荦村东北部出土一块秦代纪年砖，砖侧有阳文篆书："秦壬辰年"。
❷ 明永乐年间张问之所著《造砖图说》记载。
❸ 始见于《营造法式》"小木作"。

14. 高使用频次区域（权重值 4.6）

评估对象	评分依据	分值（打分 × 权重）
黄道砖	江苏、浙江、安徽、北京、天津等地区	10 × 0.046=0.46
方砖	江苏、浙江、安徽、北京、天津等地区	10 × 0.046=0.46
竹帘	江苏、浙江、安徽、福建、江西等地区	10 × 0.046=0.46
花格窗	海棠纹花格窗常见于苏南地区小木作	8 × 0.046=0.368

15. 对冬冷夏热环境的适应（权重值 3.6）

评估对象	评分依据	分值（打分 × 权重）
黄道砖	影响面积（15m²）/ 总面积（171m²）=0.088	0 × 0.036=0.0
方砖	影响面积（76m²）/ 总面积（171m²）=0.444	4 × 0.036=0.144
竹帘	影响面积（10m²）/ 总面积（171m²）=0.058	0 × 0.036=0.0
花格窗	影响面积（9m²）/ 总面积（171m²）=0.053	0 × 0.036=0.0

16. 与四季变化之间的联系（权重值 3.4）

评估对象	评分依据	分值（打分 × 权重）
黄道砖	相状不随四季变化	0 × 0.034=0.0
方砖	相状不随四季变化	0 × 0.034=0.0
竹帘	夏秋季竹帘形态变化明显	6 × 0.034=0.204
花格窗	相状不随四季变化	0 × 0.034=0.0

17. 与地区民俗的联系（权重值 7.5）

评估对象	评分依据	分值（打分 × 权重）
黄道砖	铺砖方式及铺砖日期的禁忌	4 × 0.075=0.3
方砖	铺砖方式及铺砖日期的禁忌	4 × 0.075=0.3
竹帘	无	0 × 0.075=0.0
花格窗	尺度禁忌	2 × 0.075=0.15

18. 地区禁忌的影响（权重值 3.8）

评估对象	评分依据	分值（打分 × 权重）
黄道砖	铺砖方式及铺砖日期的禁忌	4 × 0.038=0.152
方砖	铺砖方式及铺砖日期的禁忌	4 × 0.038=0.152
竹帘	无	0 × 0.038=0.0
花格窗	尺度禁忌	2 × 0.038=0.77

19.尺度比例的适宜度（权重值 2.4）

评估对象	评分依据	分值（打分 × 权重）
黄道砖 ❶	离散度 13.968	6 × 0.024＝0.144
方砖 ❷	离散度 44.171	4 × 0.024＝0.096
竹帘	离散度 0.1929	8 × 0.024＝0.192
花格窗	离散度 0.0971	10 × 0.024＝0.24

附表：计算截面

评估对象	截面 1	截面 2	截面 3
黄道砖	0.2 × 0.4/0.5 × 0.5＝0.32	0.2 × 0.4/0.9 × 1.2＝0.824	0.2 × 0.4/0.05 × 0.05＝32
方砖	0.5 × 0.5/0.5 × 0.5＝1	0.5 × 0.5/0.9 × 1.2＝0.231	0.5 × 0.5/0.05 × 0.05＝100
竹帘	0.065	0.099	0.516
花格窗	0.040	0.165	0.321

❶ φ 值为铺地材质间尺度比值，此空间衔接铺地材质分别为方砖、木地板、鹅卵石。
❷ 同①。

附录十四：主观评估指标评分调研问卷

主观评估指标评分调研问卷

各位设计师：

为了更好地对本项目中拟采用的几组传统技艺进行适用性评测，获取各位对这几组技艺组合的审美感知，请各位团队成员仔细阅读各项指标的释义与评分标准，并在相应的空格内填上分值。

非常感谢各位的参与

第一部分：请您根据自己的实际情况在下列选项中进行选择：

1. 您所从事的行业：

A 室内设计　　B 景观设计　　C 建筑设计　　D 城市规划

2. 您在江南地区的从业年限：

A 3～6 年　　B 7～10 年　　C 10 年以上　　D 3 年以下

第二部分：针对各指标评估进行评分

填表说明：请您在了解项目基本情况及传统营造技艺应用的区域后，根据以下指标对几组不同技艺进行评分，分值评定方法在表格第三列中，本次审美评估不是仅以视觉效果作为唯一判断标准，而是涉及"五感"，因此在评估时请各位设计师充分调动以往设计实践时的多感官体验来评判这四组技艺组合，非常感谢各位的参与。

1. 结构的易施工性

评估指标	指标解释	分值评定方法	评估对象	分值
结构的易施工性 D5	该指标是对传统环境营造技艺实施时的结构是否容易施工进行评价，比如结构的逻辑性是否易于理解，施工人员是否有自由发挥空间等	技艺实施过程中工匠自主发挥程度高，结构外露，结构逻辑易于理解评 10 分；工匠自主发挥程度一般，结构外露，结构逻辑易于理解评 8 分；工匠自主发挥程度较低，结构外露，结构逻辑不易理解评 6 分；工匠自主发挥程度较低，隐藏结构评 4 分；工匠无自主发挥空间，隐藏结构评 0 分	方砖地坪＋小木作隔断	
			方砖地坪＋竹作隔断	
			城砖地坪＋小木作隔断	
			城砖地坪＋竹作隔断	

2. 施工工具经济成本

评估指标	指标解释	分值评定方法	评估对象	分值
经济成本 D8	该指标是对传统环境营造技艺实施时所用工具所需花费的经济成本高低进行评估，主要从工具材料和应用能耗两个方面进行评价	技艺实施工具制作材料普通、工具运行能耗低，评 10 分；制作材料昂贵、工具运行能耗低，评 8 分；制作材料普通、工具运行能耗高（如运行需要长时熬电），评 4 分；制作材料昂贵、工具运行能耗高，评 0 分	方砖地坪＋小木作隔断	
			方砖地坪＋竹作隔断	
			城砖地坪＋小木作隔断	
			城砖地坪＋竹作隔断	

3. 对多水环境的适应性

评估指标	指标解释	分值评定方法	评估对象	分值
对多水环境的适应性 D17	该指标具有较强的地域性，对不同类型水环境的适应是江南地区传统环境营造技艺的重要特征。该指标是对技艺是否能较好地适应或者利用环境中的水资源进行评价，例如利用歇山顶防止雨水对墙面的侵蚀，技艺对多水环境的适应度越高则其文化性越强	技艺应用能够巧妙地利用当地的水资源（如水码头、引水入宅等），评 10 分；能够利用水资源，但是需要借助机械动力（如水泵），评 8 分；能够利用水资源，但需要稍微改变原有地形地貌的，评 6 分；能够利用水资源，但需要较多改变地形地貌，评 4 分；能够利用水资源，但需要较多改变地形地貌，并且后期运行需要较多机械动力，评 2 分；不能利用当地水资源，评 0 分	方砖地坪＋小木作隔断	
			方砖地坪＋竹作隔断	
			城砖地坪＋小木作隔断	
			城砖地坪＋竹作隔断	

4. 结构的装饰性及适应性

评估指标	指标解释	分值评定方法	评估对象	分值
结构的装饰性及适应性 D23	结构关系的处理是评判建成环境美感和意义的重要标准，技艺应用后结构装饰性增强或者适应性增强则审美感知度越优	技艺应用后建成环境中的结构关系更具整体性并且装饰性增强，评 10 分；整体性增强但装饰性削弱，评 8 分；装饰性增强但整体性削弱，评 6 分；无明显效果，评 4 分；应用后破坏整体性，评 0 分	方砖地坪＋小木作隔断	
			方砖地坪＋竹作隔断	
			城砖地坪＋小木作隔断	
			城砖地坪＋竹作隔断	

5. 界面肌理的丰富度

评估指标	指标解释	分值评定方法	评估对象	分值
界面肌理的丰富度 D24	环境营造物的外表面是与使用者视觉接触的直接媒介，技艺应用后界面肌理越丰富则审美感知度越优	技艺应用后界面的肌理效果非常丰富，且不破坏整体感，评 10 分；界面肌理丰富，且不破坏整体感，评 8 分；界面肌理丰富度稍有增强，且不破坏整体感，评 6 分；界面肌理丰富度无改变但不破坏整体感，评 4 分；界面整体感被破坏得 0 分	方砖地坪＋小木作隔断	
			方砖地坪＋竹作隔断	
			城砖地坪＋小木作隔断	
			城砖地坪＋竹作隔断	

6. 色彩的特征性

评估指标	指标解释	分值评定方法	评估对象	分值
色彩的特征性 D25	以色彩地理学为理论依据，环境中新增加的构筑物色彩应该以促进该环境的整体色彩特征为目标，技艺应用后促进环境整体色彩特征性则审美感知度越优	技艺应用后极大地促进了环境整体色彩特征，评 10 分；促进了整体色彩特征，评 8 分；较好地融入环境整体色彩中，评 6 分；对整体色彩特征无影响，评 4 分；对整体色彩特征有破坏作用，评 0 分	方砖地坪＋小木作隔断	
			方砖地坪＋竹作隔断	
			城砖地坪＋小木作隔断	
			城砖地坪＋竹作隔断	

7. 对自然光的利用度

评估指标	指标解释	分值评定方法	评估对象	分值
对自然光的利用度 D26	该指标是对技艺应用后促进环境中自然光利用的程度进行评价，例如采光天井技艺对室内光环境的改善，对自然光利用度越高则审美感知度越优	技艺应用后建成环境中自然光引入全天超过 8 小时，并且塑造良好的光环境，评10分；6～8 小时，并且塑造良好的光环境，评6分；虽然低于 8 小时，但能塑造良好的光环境，评4分；只有 2～4 小时，评2分；2小时以下，评0分	方砖地坪 + 小木作隔断	
			方砖地坪 + 竹作隔断	
			城砖地坪 + 小木作隔断	
			城砖地坪 + 竹作隔断	

8. 自然声响的引入度

评估指标	指标解释	分值评定方法	评估对象	分值
自然声响的引入度 D27	该指标是从听觉的角度对技艺应用后是否能够促进环境中自然声响的引入进行评价，自然声响引入越高则审美感知度越优，例如利用流水声营造室内外声景的技艺	技艺应用后环境中引入自然声响 3 种以上，能够营造气氛，评10分；引入自然声响 2 种，能够营造气氛，评8分；引入自然声响 1 种，能够营造气氛，评6分；引入自然声响，声环境不嘈杂，评4分；未引入自然声响或引入后声环境嘈杂，评0分	方砖地坪 + 小木作隔断	
			方砖地坪 + 竹作隔断	
			城砖地坪 + 小木作隔断	
			城砖地坪 + 竹作隔断	

9. 声音的和谐性

评估指标	指标解释	分值评定方法	评估对象	分值
声音的和谐性 D28	某些技艺的应用可能会使得环境中的声音种类增加，比如江南水乡常见的廊街使得居室外部随时可以成为商业销售或交流空间，叫卖声、交谈声与河流中的舟楫划水声混杂在一起形成特殊的声音效果	技艺应用后环境中引入声音种类 5 种以上，声景层次丰富，反映地域特色，评10分；引入声音种类 3～5 种，声景层次丰富，反映地域特色，评8分；引入声音种类 1～3 种，声景层次丰富，反映地域特色，评6分；引入声音种类 1 种，声景反映地域特色，评4分；未引入其他声音或引入后声环境嘈杂，评0分	方砖地坪 + 小木作隔断	
			方砖地坪 + 竹作隔断	
			城砖地坪 + 小木作隔断	
			城砖地坪 + 竹作隔断	

10. 自然气息的引入度

评估指标	指标解释	分值评定方法	评估对象	分值
自然气息的引入度 D29	该指标是从嗅觉的角度对技艺应用后是否能够促进环境中自然气味的引入进行评价，例如利用香味植物营造室内氛围	技艺应用后环境中引入自然气息 3 种以上，能够营造气氛，评10分；引入自然气息 2 种，能够营造气氛，评8分；引入自然气息 1 种，能够营造气氛，评6分；引入自然气息，对环境氛围无明显影响，评4分；未引入自然气息或气味不佳，评0分	方砖地坪 + 小木作隔断	
			方砖地坪 + 竹作隔断	
			城砖地坪 + 小木作隔断	
			城砖地坪 + 竹作隔断	

11. 清洁度

评估指标	指标解释	分值评定方法	评估对象	分值
清洁度 D30	该指标是对技艺应用后能否提高空气清洁度进行评价，例如利用可拆卸的隔断改善室内通风的技艺	技艺应用后能够促进建成环境中空气流通并抑尘杀菌，评10分；促进建成环境中空气流通或抑尘杀菌，评8分；促进建成环境中空气流通，评6分；能够对引入空气进行抑尘杀菌，评4分；无明显效果，评0分	方砖地坪 + 小木作隔断	
			方砖地坪 + 竹作隔断	
			城砖地坪 + 小木作隔断	
			城砖地坪 + 竹作隔断	

12. 近距触感特征性

评估指标	指标解释	分值评定方法	评估对象	分值
近距触感特征性 D31	该指标是从视触觉的角度对技艺应用后是否能够促进环境中近距离触摸时产生有特征的触觉感受（主要指触摸材质时产生的触觉感受）进行评价，近距离触摸特征感越强则对审美知觉的优化度越高	技艺应用后近距离触摸特征性非常突出，且不破坏整体感，评10分；近距离触摸特征性强，且不破坏整体感，评8分；近距离触摸特征性稍有增强，且不破坏整体感，评6分；近距离触摸特征性不明显但不破坏整体感，评4分；界面整体感被破坏得0分	方砖地坪＋小木作隔断	
			方砖地坪＋竹作隔断	
			城砖地坪＋小木作隔断	
			城砖地坪＋竹作隔断	

13. 远距触感特征性

评估指标	指标解释	分值评定方法	评估对象	分值
远距触感特征性 D32	该指标是从视触觉的角度对技艺应用后是否能够促进环境中远距离观看时产生有特征的视触觉感受进行评价，比如远远看到草坪会产生毛茸茸的感觉	技艺应用后远距离视触觉特征性非常突出，且不破坏整体感，评10分；远距离视触觉特征性强，且不破坏整体感，评8分；远距离视触觉特征性稍有增强，且不破坏整体感，评6分；远距离视触觉特征性不明显但不破坏整体感，评4分；界面整体感被破坏得0分	方砖地坪＋小木作隔断	
			方砖地坪＋竹作隔断	
			城砖地坪＋小木作隔断	
			城砖地坪＋竹作隔断	

第三部分 请您对本次评估活动回答以下几个问题，谢谢。

1. 请问您以前参与过这类评估活动吗？（ ）

A. 从没有　B. 1~2次　C. 3~5次　D. 5次以上

2. 请问通过评估能够帮助您更好地进行设计决策吗？（ ）

A. 不能　　　　B. 帮助不大

C. 有一定帮助　D. 很有帮助，以后做设计方案都会采用这种方式

3. 您觉得请影响设计实施的各方，比如甲方、设计师、使用者参与设计前评估，是否会更有利于提高设计效率（比如更有利于与甲方进行交流）？（ ）

A. 没有　　　　B. 帮助不大

C. 有一定帮助　D. 很有帮助，会明显提高设计效率

4. 此次评估列出的审美指标与您以往理解的审美评判标准有区别吗？（ ）

A. 没有区别　　B. 区别不大

C. 有很大区别　D. 与以往的审美评判标准完全不同

5. 请您对此次评估活动提出宝贵的意见（比如指标是否有设计不合理的、评估过程是否需要改进）：

_____

_____

_____

附录十五：主观指标打分分值表

设计团队一：无锡领秀名筑室内设计公司（既是设计者又是使用者）

评估指标 从业年限	技艺组合	1	2	3	4	5	6	7	8	9	10	11	12	13	14	最终得分（未乘权重）
		1.0	0.6	0.4	0.6	0.4	0.4	0.6	0.4	0.4	0.6	0.6	0.6	0.6	0.8	
D5 （5.1）	1	10	10		10	10		8	8	10	8	10	6		10	9.15
	2	8	8		10	10		8	10	10	10	10	10		8	8.97
	3	8	6		10	8		10	8	8	6	8	4		6	7.393
	4	6	6		10	8		6	6	6	8	8	8		6	7.03
D8 （1.6）	1	8	8		8	10		10		8	8	10	4		10	8.387
	2	10	10		4			8		10	10	10	10		10	9.355
	3	8	8		0	8		8		4	8	8	4		8	7.548
	4	8	8		10	4		4		8	10	8	8		8	7.742
D17 （4.1）	1	6	10		8				8	10	10	8	6		10	9.207
	2	8	8		0				8	8	10	8			8	9.196
	3	6	8		4				10	8	10	8	6		10	8.493
	4	6	6		10				10	6	8	8	10		8	8.731
D23 （3.0）	1	10	6	8	10	8	10	10	6	10	8	10	10		10	9.333
	2	8	8	4	4	10	8	8	8	8	10	10	8		10	8.333
	3	8	6	4	8	6	6	6	8	8	6	8	8		10	7.500
	4	8	10	10	6	6	6	6	8	6	8	6	6		10	7.722
D24 （1.4）	1	10	10	10	4	8	10	10	8	8	10	8	10	6	10	8.800
	2	10	10	8	10	8	10	8	8	8	8	8	6	8	8	7.649
	3	10	10	4	8	6	6	6	8	8	10	10	4	10	8	8.050
	4	8	6	10	0	6	8	6	6	6	8	8	6	10	8	6.900
D25 （1.5）	1	8	8	8	10	10	8	10	8	10	6	10	10	4	10	8.551
	2	8	8	6	4	10	10	8	10	8	8	10	6	10	8	8.050
	3	10	8	6	8	10	8	8	8	8	8	8	6	10	8	7.900
	4	8	10	10	6	8	6	4	8	8	10	8	4	8	8	7.550
D26 （2.6）	1	8	8	4	10	10	6	10	8	8	8	8	10	4	10	8.150
	2	10	8	6	6	6	10	6	10	10	10	10	6	10	10	8.551
	3	8	6	4	8	6	6	6	6	8	8	6	8	8	8	7.450
	4	10	10	6	4	6	10	4	6	10	10	6	8	10	10	7.900
D27 （0.9）	1	10	8	4	4	10	8	10	6	10	6	8	10	4	10	7.900
	2	10	10	6	6	10	10	8	8	10	10	10	8	8	10	8.950
	3	10	8	6	8	10	6	8	8	6	6	8	6	10	10	7.800
	4	10	8	4	10	10	8	8	8	8	10	6	10	10	10	8.650
D28 （1.6）	1	10	6	6	6	8	8	6	6	10	8	6	10	4	10	7.600
	2	10	10	8	8	8	10	8	8	10	10	8	6	8	8	8.600
	3	10	8	8	8	6	6	8	8	10	8	6	8	6	10	7.600
	4	10	8	8	10	8	8	8	10	10	10	8	6	10	8	8.750

续表

评估指标 从业年限	技艺组合	1 1.0	2 0.6	3 0.4	4 0.6	5 0.4	6 0.4	7 0.6	8 0.4	9 0.4	10 0.6	11 0.6	12 0.6	13 0.6	14 0.8	最终得分（未乘权重）
D29 (0.6)	1	10	6	8	6	8	8	10	6	10	6	8	10	4	10	7.999
	2	10	8	8	8	10	10	8	8	8	8	10	8	6	10	8.650
	3	10	6	6	4	8	6	8	8	10	6	6	10	8	10	7.751
	4	10	10	6	10	10	8	6	8	8	10	8	6	10	10	8.750
D30 (1.2)	1	8	10	8	6	8	8	4	10	0	10	8	6	6	6	7.450
	2	10	10	8	10	10	8	8	10	4	8	10	8	10	10	9.049
	3	8	8	6	4	8	6	4	6	0	8	6	4	4	10	6.451
	4	10	6	6	4	10	6	8	6	4	6	8	6	8	10	7.299
D31 (3.6)	1	8	10	10	8	10	8	10	8	8	6	10	10	8	10	8.850
	2	10	10	8	8	8	10	8	8	6	8	8	6	8	8	8.101
	3	8	8	8	6	8	6	8	8	8	8	8	4	10	8	7.649
	4	10	8	10	10	8	8	8	6	10	8	6	8	8	8	8.101
D32 (1.9)	1	10	8	8	10	8	8	10	8	6	6	10	10	10	10	8.950
	2	10	10	8	4	10	10	8	8	10	8	10	6	8	10	8.250
	3	10	8	6	8	6	6	6	6	8	10	8	4	8	8	7.450
	4	10	10	8	0	6	8	4	8	10	10	8	4	6	8	7.200

设计团队二：苏州金螳螂第五设计院

评估指标 从业年限	技艺组合	1 1.0	2 1.0	3 0.8	4 1.0	5 0.6	6 0.4	7 0.4	8 0.6	9 1.0	10 1.0	11 0.6	12 0.8	13 1.0	最终得分（未乘权重）
D5 (5.1)	1	10	8	8	8	8	8	8	10	8	8	8	8	8	8.314
	2	8	10	8	7	8	6	6	8	8	6	6	6	10	7.666
	3	8	4	10	9	6	8	8	6	10	8	8	10	6	7.785
	4	8	6	8	7	6	8	6	4	6	4	6	8	8	6.569
D8 (1.6)	1	8	8	4	8	8	8	10	8	8	8	6	8	8	7.647
	2	7	10	10	9	10	10	10	10	8	6	6	8	10	8.627
	3	8	4	4	7	6	6	10	4	10	10	6	8	8	7.118
	4	7	6	10	8	6	6	10	6	6	6	6	10	8	7.275
D17 (4.1)	1	8	4	4	8	8		2	10	8	8	8	8	8	7.142
	2	8	4	6	8	10		8	10	8	8	6	8	6	7.347
	3	6	4	8	8	6		2	8	10	4	8	8	8	6.817
	4	6	4	8	8	6		8	6	6	10	6	10	8	6.817
D23 (3.0)	1	8	10	10	8	8	6	10	10	8	8	8	8	8	6.646
	2	8	8	8	7	10	6	10	8	8	6	6	8	8	6.046
	3	6	4	6	9	6	4	10	6	10	6	8	10	8	5.646
	4	6	6	6	7	6	8	10	4	6	8	8	6	8	4.969

评估指标 从业年限	技艺组合	1 1.0	2 1.0	3 0.8	4 1.0	5 0.6	6 0.4	7 0.4	8 0.6	9 1.0	10 1.0	11 0.6	12 0.8	13 1.0	最终得分(未乘权重)
D24 (1.4)	1	6	8	10	7	8	6	8	10	10	10	8	6	8	8.138
	2	8	4	6	7	8	6	10	8	6	8	6	6	10	7.079
	3	8	6	8	8	6	4	8	6	8	8	4	8	10	7.373
	4	10	10	6	9	8	8	10	4	6	6	0	6	8	7.156
D25 (1.5)	1	8	10	8	8	8	4	6	10	10	8	6	6	8	8.000
	2	6	4	8	7	10	6	6	8	8	6	8	8	6	6.882
	3	8	6	6	9	8	6	6	6	10	8	6	6	8	7.392
	4	6	8	6	8	8	8	6	4	8	6	4	8	6	6.706
D26 (2.6)	1	4	6	10	7	6	8	10	6	6	6	6	10	6	6.765
	2	6	10	6	7	10	6	10	10	10	8	6	10	8	8.215
	3	4	4	6	8	6	6	10	4	8	6	4	8	6	6.078
	4	6	8	6		10	4	10	8	6	10	6	10	8	7.530
D27 (0.9)	1	4	6	8	7	8	8	8	10	6	6	10	6	8	5.492
	2	4	10	6	7	10	6	10	8	8	8	8	6	8	6.700
	3	4	4	6	7	8	6	8	6	6	8	6	8	8	7.509
	4	4	8	6	7	10	4	10	4	8	6	4	6	8	6.452
D28 (1.6)	1	6	6	8	8	6	8	6	10	6	6	8	6	8	8.372
	2	6	10	8	7	8	6	6	8	8	8	6	6	8	7.471
	3	6	4	6	9	6	6	6	6	6	6	6	6	8	6.294
	4	6	8	6	7	8	4	6	4	8	6	4	6	8	6.490
D29 (0.6)	1	8	6	6	6	6	4	6	10	8	8	8	8	8	7.313
	2	6	10	8	8	10	6	8	8	6	6	6	8	8	7.530
	3	6	4	6	7	8	6	6	6	8	4	4	6	8	6.099
	4	6	8	8	8	10	8	8	4	6	6	6	8	8	7.177
D30 (1.2)	1	4	8	6	7	8	6	6	8	8	8	4	10	4	6.726
	2	4	4	6	8	10	8	6	10	6	10	6	10	4	6.863
	3	0	6	4	8	6	6	6	4	8	6	8	8	4	5.608
	4	4	10	4	9	6	4	6	6	6	6	6	10	4	6.373
D31 (3.6)	1	6	8	10	7	6	6	6	10	8	6	8	8	6	7.313
	2	4	4	8	7	8	6	10	8	6	8	8	6	8	6.765
	3	6	6	8	7	6	6	6	6	8	6	6	10	6	6.765
	4	4	10	6	8	10	6	10	4	6	8	6	8	8	7.294
D32 (1.9)	1	6	10	10	7	8	8	8	10	6	8	8	6	6	7.628
	2	4	8	8	7	8	6	8	8	8	6	6	6	6	6.765
	3	6	6	8	8	8	6	8	6	6	6	6	8	6	6.784
	4	4	4	6	7	8	6	8	4	8	6	4	6	6	5.863

设计团队三：苏州顾天城装饰工程有限公司

评估指标 从业年限	技艺组合	1 1	2 0.8	3 0.8	4 0.4	5 0.4	6 0.4	最终得分（未乘 权重）
D5 （5.1）	1	8	10	10	8	6	10	8.842
	2	10	8	8	6	6	8	8.105
	3	10	10	4	8	8	6	7.895
	4	8	10	4	6	8	4	6.947
D8 （1.6）	1	0	10	8	8	8	8	6.316
	2	10	8	8	10	10	8	8.948
	3	0	4	0	8	8	4	2.948
	4	10	8	4	10	10	4	7.685
D17 （4.1）	1	0	10	10	6	6	8	6.316
	2	0	8	8	8	6	10	5.894
	3	0	6	2	6	8	2	3.368
	4	0	8	2	8	8	2	3.999
D23 （3.0）	1	10	10	10	10	10	10	6.333
	2	8	8	8	6	6	8	7.579
	3	10	10	6	6	10	6	8.316
	4	8	8	6	10	6	6	7.789
D24 （1.4）	1	10	10	8	6	8	8	8.736
	2	8	8	6	6	6	8	7.157
	3	8	4	10	8	8	10	7.789
	4	8	8	6	8	6	6	7.157
D25 （1.5）	1	8	8	10	8	8	10	8.632
	2	10	10	6	10	6	6	8.526
	3	8	10	8	8	8	8	8.421
	4	10	8	6	10	6	6	7.895
D26 （2.6）	1	4	10	10	10	8	10	8.211
	2	6	8	6	10	2	6	6.422
	3	4	10	10	10	8	10	8.211
	4	8	8	6	10	2	6	6.947
D27 （0.9）	1	0	10	8	8	4	8	5.894
	2	4	8	10	10	4	10	7.369
	3	0	6	8	8	4	8	5.053
	4	4	8	10	10	4	10	7.369
D28 （1.6）	1	0	10	8	8	4	8	5.894
	2	0	8	8	6	4	10	5.474
	3	0	6	8	8	4	8	5.503
	4	0	8	8	6	4	6	5.503
D29 （0.6）	1	6	10	8	10	6	8	7.895
	2	8	8	10	10	8	10	8.842
	3	6	6	8	10	6	8	7.053
	4	8	8	10	10	8	10	8.842

续表

评估指标 从业年限	技艺组合	1 1	2 0.8	3 0.8	4 0.4	5 0.4	6 0.4	最终得分（未乘权重）
D30 （1.2）	1	4	10	0	10	6	0	4.843
	2	6	8	0	8	6	0	4.737
	3	4	10	0	10	6	0	4.843
	4	6	8	0	8	6	0	4.737
D31 （3.6）	1	8	10	10	10	6	10	9.052
	2	10	8	10	8	8	10	9.158
	3	8	10	6	10	6	6	7.789
	4	10	8	6	8	8	6	7.895
D32 （1.9）	1	8	10	10	8	6	10	8.842
	2	10	8	6	6	8	6	7.685
	3	8	10	10	8	8	10	9.052
	4	10	8	6	6	8	6	7.685

设计团队四：无锡轻大建筑设计研究院

评估指标 从业年限	技艺组合	1 1.0	2 0.4	3 0.6	4 0.6	5 0.6	6 1.0	7 1.0	8 0.8	9 0.8	10 0.8	11 0.4	最终得分（未乘权重）
D5 （5.1）	1	6	8	4	8	8	8	8	6		8	8	5.160
	2	8	10	8	4	8	8	10	4	10	8	6	5.400
	3	4	8	6	6	6	6	4	4		8	4	3.920
	4	6	10	4	4	4	6	6	4		8	3	4.000
D8 （1.6）	1	6	4	8	8	8	8	8	8		10	8	9.267
	2	8	8	8	4	6	10	10	4	10	8	8	8.865
	3	4	4	4	8	6	4	6	4		4	6	5.867
	4	6	8	4	4	4	4	8	4		8	6	6.733
D17 （4.1）	1	8	8	4	4	8	8	4	8	10	8	6	8.000
	2	8	8	8	8	8	10	6	6		10	5	9.124
	3	8	8	6	4	6	6	6	6		6	8	7.600
	4	8	8	4	6	6	6	8	4		4	7	7.333
D23 （3.0）	1	8	8	6	4	8	10	6	10	10	10	8	9.533
	2	6	6	8	8	6	10	8	6		8	8	8.735
	3	4	8	6	6	6	10	4	6		8	6	7.600
	4	4	6	6	8	4	10	6	6		10	6	8.067
D24 （1.4）	1	6	8	6	6	6	8	6	8	10	6	8	7.733
	2	4	8	6	8	6	6	8	6		8	7	7.635
	3	6	8	6	6	8	6	4	6		10	5	7.667
	4	4	8	8	8	6	10	6	6		6	5	8.000
D25 （1.5）	1	6	8	4	6	8	6	6	6	10	10	8	8.000
	2	4	8	8	8	6	6	4	4		8	6	6.859
	3	6	6	6	6	6	6	8	4		10	7	7.867
	4	4	8	6	8	4	8	4	4		4	5	6.400

评估指标 从业年限	技艺组合	1 1.0	2 0.4	3 0.6	4 0.6	5 0.6	6 1.0	7 1.0	8 0.8	9 0.8	10 0.8	11 0.4	最终得分（未乘权重）
D26 （2.6）	1	4	6	6	8	8	8	4	6	10	10	10	8.067
	2	6	8	8	6	6	10	8	4		6	5	7.959
	3	4	6	6	6	6	8	4	6		10	8	7.533
	4	6	8	8	6	4	10	6	4		6	5	7.667
D27 （0.9）	1	6	6	8	6	8	6	6	8	10	6	10	8.133
	2	4	8	8	8	6	6	8	8		8	8	8.153
	3	6	6	6	6	8	6	4	8		4	8	7.200
	4	4	8	6	8	6	8	6	8		10	6	8.333
D28 （1.6）	1	4	8	6	4	8	8	6	4		8	9	7.467
	2	6	6	8	10	6	8	8	6		6	8	8.347
	3	4	8	6	6	6	4	6	4		8	8	6.800
	4	6	6	6	8	4	8	8	6	10	6	6	7.867
D29 （0.6）	1	6	8	6	6	8	4	6	4		8	9	7.400
	2	8	10	8	10	6	4	8	4		6	7	7.959
	3	8	8	4	6	8	4	4	4		8	8	7.133
	4	6	10	4	10	6	10	6	4	10	4	6	7.800
D30 （1.2）	1	8	6	8	8	6	4	8	0		8	7	7.467
	2	6	8	6	10	6	4	8	0	10	6	9	6.924
	3	4	6	4	8	4	4	8	0		6	6	5.867
	4	4	8	4	10	4	10	8	0		10	7	7.800
D31 （3.6）	1	6	8	6	8	8	4	6	10		8	8	8.333
	2	8	8	8	4	6	4	8	8		10	6	8.218
	3	6	8	6	6	6	4	6	8		6	9	7.467
	4	6	8	6	4	4	10	8	8	10	8	7	8.533
D32 （1.9）	1	6	8	8	6	8	4	4	8	10	8	9	7.800
	2	8	8	8	8	6	6	6	6		6	8	7.959
	3	8	8	8	6	6	6	4	6		10	8	8.200
	4	6	8	8	8	4	10	6	6		6	7	8.267